Creo Parametric 2.0 入門與實務
－進階篇

王照明　編著

全華圖書股份有限公司

序　言

　　近年來因資訊發展迅速，使個人電腦之應用極為普遍，在工程設計製圖方面，也由 2D 工程圖的繪製漸漸導入建構 3D 模型的領域，未來工程設計製圖之潮流，可預見的應是以 3D 實體模型為主，2D 工程圖為輔的情景，學習 3D 實體模型建構將是進入工業界必備的課程之一。

　　由於 3D 實體之變化原本比 2D 製圖複雜很多，Creo Parametric 2.0 在建構特徵時，為能含蓋所有可能之情況，其選項理應非常之多，這是必然之現象，它幾乎能建構您想畫的任何實體造型，也因此常聽說學習 Pro/E 是件不容易的事情，其實不然，尤其在 Creo 版大部份操作介面已改用對話方塊列及滑動面板，其操作方法比舊版的選單管理器方便很多，學習 Pro/E(Creo)應該已是一件容易的事情。

　　本書有基礎篇及進階篇兩冊，各章中先介紹相關基本功能與觀念，再練習建構零件，跟隨步驟學習實務操作，除提示相關細節外，最後並做重點歸納及提供習題練習。經由練習建構零件的步驟、範例圖示及其詳細操作過程，它將一步一步誘導建構實體模型的過程。且本書以中英文版依軟體內容顯示區分不同按鈕，例如(1)標籤：Home(首頁)對話方塊列，(2)群組工具列：Engineer(工程)，(3)功能表：→File(檔案)，(4)工具列圖像：⬜，(5)對話框：草繪(Sketch)對話框，(6)選對話框按鈕或選項：確定(OK)，草繪孔(Sketched Hole)，(7)鍵盤輸入：**100**，(8)鍵盤按鍵：<Ctrl>，(9)右側選單管理器選單：→內定預選，→使用者選按等，使操作步驟能順利完成。由基礎篇至進階篇的閱讀與操作練習，保証能讓您學會 Creo 的基本功能與過程。

　　書中之部份章節亦介紹投影工程圖的過程，包含最基本之尺度標註、剖面、局部視圖、等角圖、輔助視圖、零件表等及球標件號等，並附 CNS 標準第三角投影規劃檔案以及工程圖規劃、範本及格式檔案等供使用。

　　編著本書，筆者雖力求敘述及操作過程詳實正確，但恐仍有疏漏之處，還請各位先進不吝給予指正，俾能於再版時修正，不甚感激。

編者　僅識於 台北 大同大學機械系

編輯部序

「系統編輯」是我們的編輯方針，我們所提供給您的，絕不只是一本書，而是關於這門學問的所有知識，它們由淺入深，循序漸進。

在未來工程設計將以 3D 實體模型為潮流，設計製圖領域裡，已漸漸導入 3D 模型的建構，因此學習 3D 實體模型建構將是進入工業界必備的課程之一。本書「Creo Parametric2.0 入門與實務－進階篇」透過各章範例囊括了各實例上常用的功能與用法，進一步示範系統化繪製下強大功能的展現，也承接了入門與實務的學習方法，步驟操作、重點歸納、進階練習等逐步理解。在附書光碟內收錄了各章節建構完成之零件圖與練習檔，且提供了 CNS 標準公至第三角投影之範本(Template)、格式(Format)及環境規劃檔案等，供讀者在模型的建構的過程裡培養靈活的構想與作法，同時兼顧了堅實的核心觀念與實務操作。本書適合私大、科大機械工程系「電腦輔助製圖」、「電腦輔助設計」課程，及對此軟體有興趣者。

同時，為了使您能有系統且循序漸進研習相關方面的叢書，我們以流程圖方式，列出各有關圖書的閱讀順序，以減少您研習此門學問的摸索時間，並能對這門學問有完整的知識。若您在這方面有任何問題，歡迎來函連繫，我們將竭誠為您服務。

相關叢書介紹

書號：06118007
書名：PRO/E Wildfire 4.0
　　　基礎設計(附範例光碟)
編著：曾慶祺.劉福隆
16K/576 頁/500 元

書號：06207007
書名：Creo Parametric 2.0
　　　入門與實務－基礎篇
　　　(附範例光碟)
編譯：王照明
16K/520 頁/480 元

書號：06245007
書名：SolidWorks 2012 基礎範例應用
　　　(附範例光碟片)
編著：許中原
16K/520 頁/近期出書

書號：06220007
書名：深入淺出零件設計 Solid Works
　　　2012(附動態影音教學光碟)
編著：郭宏彬.江俊顯.康有評.向韋凱
16K/608 頁/730 元

書號：06174007
書名：循序學習 Solid Works2010
　　　(附範例光碟)
編著：康鳳梅.許榮添.詹世良
16K/600 頁/700 元

書號：05226017
書名：Mastercam 3D 繪圖與加工教學
　　　手冊(9.1SP2 版)(附範例光碟片)
　　　(修訂版)
編著：鐘華玉.李財旺
16K/624 頁/590 元

書號：10425007
書名：Solid Works 2014 原廠教育
　　　訓練手冊(附程動畫影音範
　　　例光碟)
編著：實威國際股份有限公司
16K/808 頁/850 元

◎上列書價若有變動，請以
　最新定價為準。

流程圖

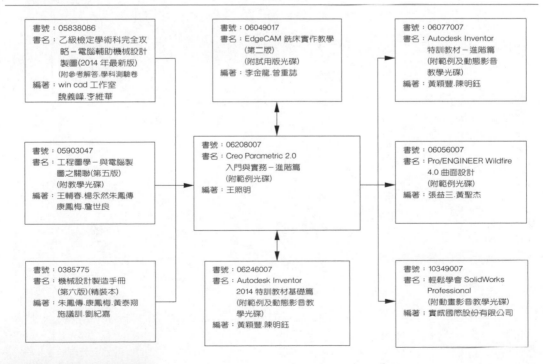

目　錄

第五章　塑膠杯

第六章　滑　鼠

第七章　塑膠瓶

第八章　鈑金件

附錄 A　綜合練習

1

皮 帶 輪

旋 轉 之 中 心 線

截 面 圖 形 之 鏡 射 複 製

中 平 面 分 割 兩 側 拔 模 特 徵

建 構 平 行 的 基 準 平 面

實 體 引 伸 兩 側 不 同 長 度

組 陣 列 複 製 五 個 輪 幅

倒 各 小 圓 角

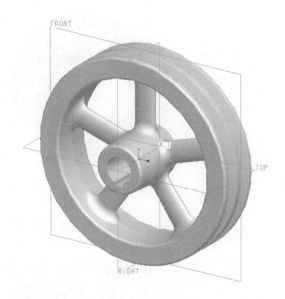

1.1　旋轉之中心線

　　Wildfire 版本建構旋轉(Revolve)特徵時，其截面必須有一草繪中心線為旋轉軸，當截面圖形中之中心線不只一條時，預設將以先畫之第一條中心線為旋轉軸。如圖 1-1 所示。(a)圖截面圖形中有兩條草繪中心線。(b)圖垂直中心線先畫時之結果。(c)圖水平中心線先畫時之結果。若刪除先畫之第一條中心線時，第二條中心線將替位成第一條，餘類推。

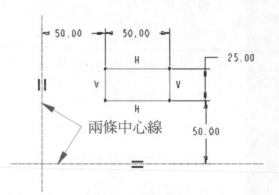

(a)有兩條中心線

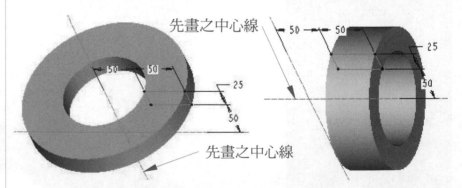

(b)垂直中心線先畫之結果　　　(c)水平中心線先畫之結果

圖 1-1　旋轉特徵截面之中心線(Wildfire)

　　本版本 Creo 2.0 建構旋轉(Revolve)特徵時，其截面必須以基準(Datum)工具列之中心線為旋轉軸，而非草繪(Sketching)工具列之中心線，草繪之中心線若

欲為旋轉軸時，必須宣告之才能使用，如圖 1-2 所示。

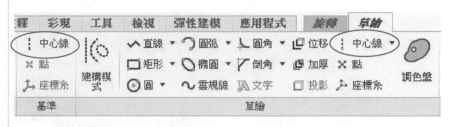

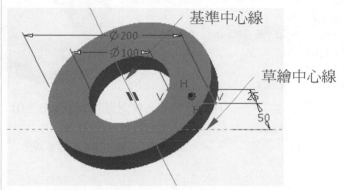

圖 1-2　旋轉特徵截面之中心線(Creo 2.0)

　　旋轉特徵，其截面若無中心線時，亦可在對話方塊列中選外部基準軸特徵為中心軸旋轉，如圖 1-3 所示。(a)圖 Wildfire 版因截面內部無中心線，內部 CL 按鈕會反白。(b)圖 Creo 2.0 雖內部有草繪中心線，亦可選外部基準軸特徵為旋轉軸。

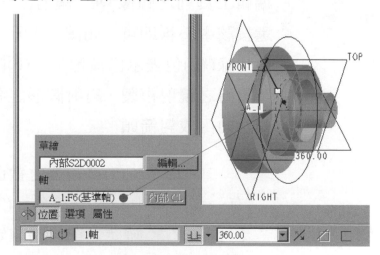

(a)選外部已有之基準軸(Wildfire)

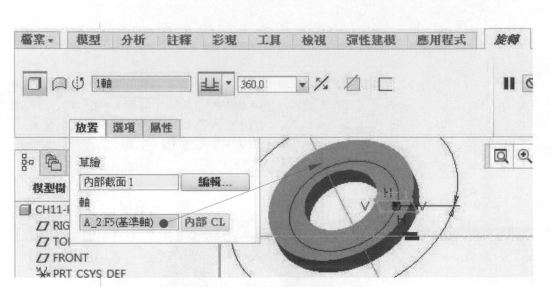

(b)選外部已有之基準軸(Creo 2.0)

圖 1-3　旋轉特徵之中心軸

1.2　截面圖形之鏡射複製

截面圖形成對稱形狀時，可考慮將複雜形狀一半之圖形，先繪製完成後，再以編輯工具列之「鏡射」(Mirror)複製。先畫草繪一中心線，在選擇線條時按<Ctrl>可複選。(1)被選到之線會變綠色，此時(2)選按編輯工具列之圖像 �「鏡射」，如左圖所示。(3)再選按該中心線即可。如圖 1-4 所示。(a)圖被選到之線會變綠(紅)色表示已被選到。(b)圖完成以草繪中心線為對稱之鏡射複製，鏡射圖形之各端點將與原始圖形顯示向內成對箭頭。

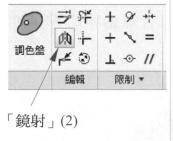

「鏡射」(2)

　　🖙 提示：(1)草繪器之截面圖形鏡射複製必須有一條草繪中心線為基準。(2)截面鏡射複製在按工具列之 ✔ 確定之前，請確定截面圖形是否符合特徵建構之要求。

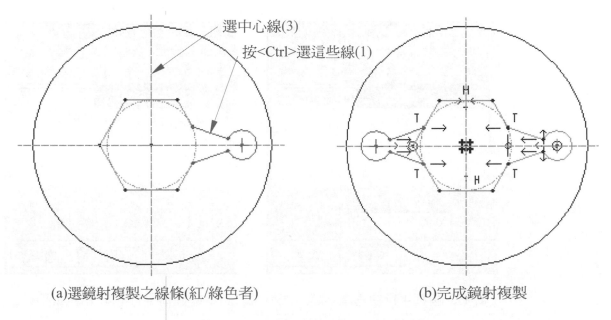

(a)選鏡射複製之線條(紅/綠色者)　　　　(b)完成鏡射複製

圖 1-4　截面圖形之鏡射(Mirror)複製

1.3　建構平行的基準平面

　　以選某平面為參照，建構平行的基準平面時，其可選之限制類型包括有兩種情況：

1. 位移(Offset)：為預設選項，透過所選平面參照作位移，放置新的基準平面，只須輸入一值為平移距離，如圖 1-5 所示。

2. 平行(Parallel)：平行於所選平面參照，放置新的基準平面，則須再選一參照做為平行距離之依據，如圖 1-6 所示。

　　　　⏏ 提示：(1)基準平面對話方塊的位置參照收集器，須按著<Ctrl>鍵才能選多個參照。(2)只要基準平面對話方塊的確定(OK)鍵可按時，即表滿足平面放置條件。

 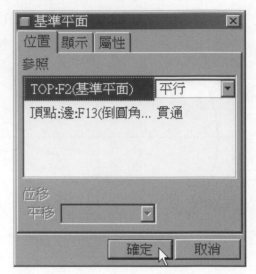

圖 1-5　建構平行的基準平面(位移)　　圖 1-6　建構平行的基準平面(平行)

1.4　群組

　　陣列複製特徵時，因只能選一個特徵，如果有多個特徵需做陣列複製時，必須形成父子關係，即互相為參照(Reference)關係，或先將多個特徵做成群組(Group)再將群組做陣列複製特徵，說明如下：

1. **參照(Reference)陣列複製**：多個特徵形成互相為參照關係時，先將父特徵做陣列複製，再做子特徵之陣列複製，即可以陣列複製之參照(Reference)選單複製，通常為自動做參照陣列複製。以輪幅為例，如圖 1-7 所示。(a)圖將輪幅作陣列複製，將倒圓角建構在原始輪幅特徵上。(b)圖以倒圓角作參照陣列複製。

2. **群組 (Group)陣列複製**：多個特徵形成互相為參照關係時，先將多個特徵做成群組(Group)，再將群組特徵做陣列複製，才能一次同時選到多個特

徵，注意：做成群組之多個特徵必須為連續建構之特徵。以相同輪幅為例，如圖 1-8 所示。(a)圖將原始輪幅與倒圓角作成群組(Group)。(b)圖以群組(Group)作陣列複製。

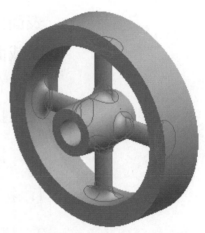

(a)倒圓角建構在原始特徵上　　　　(b)倒圓角作參照陣列複製

圖 1-7 參照陣列複製

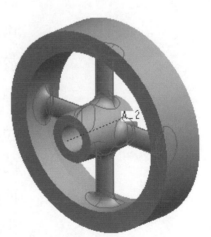

(a)輪幅與倒圓角作成群組　　　　(b)以群組作陣列複製

圖 1-8 群組(Group)陣列複製

　　　💭 提示：多個特徵做陣列複製時，依情況可選用參照陣列或群組陣列之一建構。

1.5　拔模特徵

　　拔模(Draft)又稱脫模，即零件的某些表面在脫模時，若與脫模方向平行，則不利於脫模動作，可事先在零件的表面上新增拔模角度，以利脫模動作。即使表面已有傾斜時，仍可做拔模特徵。可以拔模實體表面或面組曲面，但不能拔模兩者的組合。零件的表面邊若有倒圓角時雖可拔模但不能相切圓角，不過可以先做拔模，然後再做倒圓角才能相切。

　　拔模特徵建構時，Creo 將使用下列術語：

1. 拔模曲面：做拔模角度範圍之零件的表面。

2. 拔模絞鏈：即做拔模角度時拔模曲面上尺度不改變之處。拔模絞鏈可以選平面或邊鏈線。選平面時即該平面與拔模曲面之相交線為拔模絞鏈，稱中平面(Neutral Plane)拔模。選邊鏈線時即必須屬於拔模曲面上之完整邊鏈線，則稱中曲線(Neutral Curve)拔模(請參閱第六章 6.9 節所述)。

3. 拉出方向：亦稱為拔模方向，用來度量拔模角度的方向，此方向通常是模具開啟的方向。可選平面(此時拉出方向法向於此平面)、直邊、基準軸或坐標系統軸來定義拉出方向。

4. 拔模角度：拔模方向與產生的拔模曲面間的角度。如果拔模曲面被分割，則可為拔模曲面的每一側定義兩個獨立的角度。拔模角度必須介於-30至+30 度的範圍內。若拔模特徵建構無法成功時，拔模方塊列上將不顯示拔模角度輸入框。

1.5.1 中平面分割拔模特徵

可利用拔模鉸鏈或拔模曲面上的不同曲線(如與面組相交的曲線或草繪曲線)來分割拔模曲面。若利用不在拔模曲面上的草繪來進行分割,則系統會將之沿與草繪平面垂直之方向投射至拔模曲面上。若拔模曲面選分割時,則可以:

1. 為拔模曲面的每一側指定兩個獨立的拔模角度。

2. 指定單一拔模角度,即從屬,將沿相反方向相同拔模角度拔模第二側。

3. 僅拔模曲面的一側(任一側),另外一側則維持沒有拔模角度。

中平面分割拔模特徵,其中平面處為實體做拔模斜度時尺度不變之處,即以中平面開始依角度建構拔模斜度。中平面可以為實體平面,平曲面或基準平面,以中平面為界分兩側或兩方向建構拔模斜度。選拔模面(即做拔模斜度之表面)時,可選與中平面垂直之所有表面(平面及曲面),但每個表面必須完整。

以圓筒實體為例,當中平面在中間選分割時,如圖 1-9 所示。(a)圖未做拔模之圓筒。(b)-(d)圖為圓筒內外做兩側拔模之結果。(e)-(f)圖為圓筒兩側做同向(兩側角度相同方向相反,與不分割相同)拔模之結果。(g)圖為圓筒內外做兩側不同拔模角度之結果。(h)-(i)圖為做圓筒單側拔模之結果。

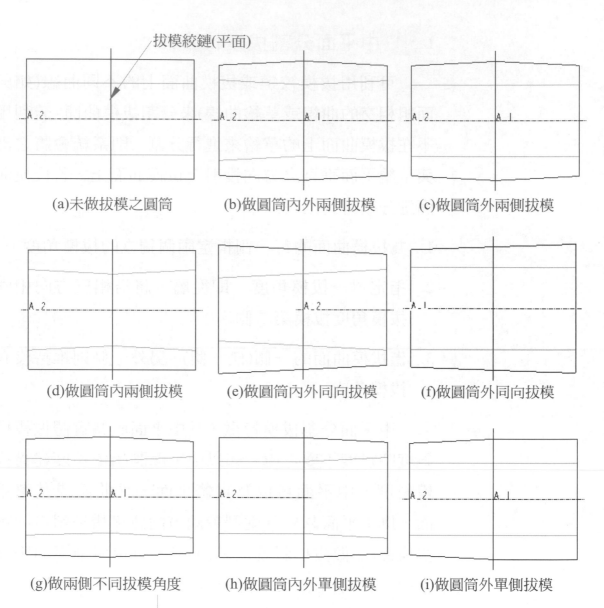

拔模絞鏈(平面)

(a)未做拔模之圓筒　　　(b)做圓筒內外兩側拔模　　　(c)做圓筒外兩側拔模

(d)做圓筒內兩側拔模　　　(e)做圓筒內外同向拔模　　　(f)做圓筒外同向拔模

(g)做兩側不同拔模角度　　　(h)做圓筒內外單側拔模　　　(i)做圓筒外單側拔模

圖 1-9　選平面做拔模特徵(分割)

　　 提示：(1)中平面(Neutral Plane)拔模之拔模曲面邊若需有倒圓角時，必須將倒圓角特徵改在拔模特徵之後再建構。(2)中曲線(Neutral Curve)拔模則可先做倒圓角再做拔模(請參閱第六章 6.9 節所述)。(3)中平面處之圓筒內外直徑將保持不變。(4)拔模屬於特徵，刪除特徵時即恢復無拔模斜度。

1.6 繪製皮帶輪(ch01.prt)

皮帶輪製造方法通常先鑄造後再做皮帶槽及鍵槽切銷等，鑄造成形時須有拔(脫)模斜度考量，若皮帶輪本體建構時未設計，可事後另建構拔模斜度特徵。皮帶輪有五支輪幅，可先建構一支後以陣列方式複製成五支等分，倒圓角特徵則最後再建構，完成之零件皮帶輪如圖 1-10 所示。

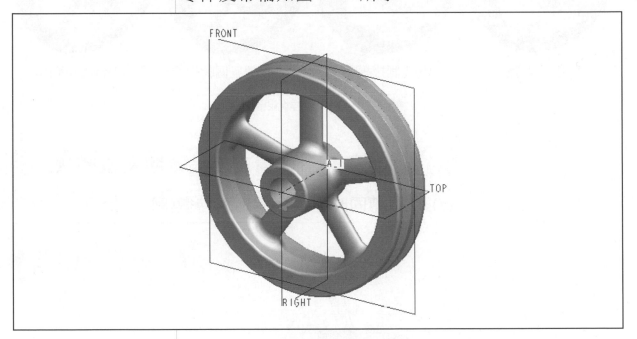

圖 1-10 建構完成之皮帶輪(ch01.prt)

首先以旋轉(Revolve)完成皮帶輪本體，再以引伸(Extrude)切減鍵槽，然後建構一個輪幅及輪幅上之倒圓角，練習先將輪幅及輪幅上之倒圓角做成組(Group)後，再以陣列(Pattern)複製成五支輪幅，然後以拔模(Draft)做中平面分割兩側方向拔模斜度，最後再倒皮帶輪上之各小圓角，建構過程分四步驟：(圖 1-11)

(a) 步驟一：建構皮帶輪本體及皮帶槽

(b) 步驟二：做分割雙側拔模

(c) 步驟三：陣列複製五個輪幅

(d) 步驟四：倒皮帶輪各小圓角

(a)皮帶輪本體　　　(b)雙側拔模　　　(c)複製五個輪幅　　　(d)倒各小圓角

圖 1-11 建構過程分四步驟

1.6.1　步驟一：建構皮帶輪本體及皮帶槽

(a) 以旋轉同時建構兩個環形特徵(圖 1-12)

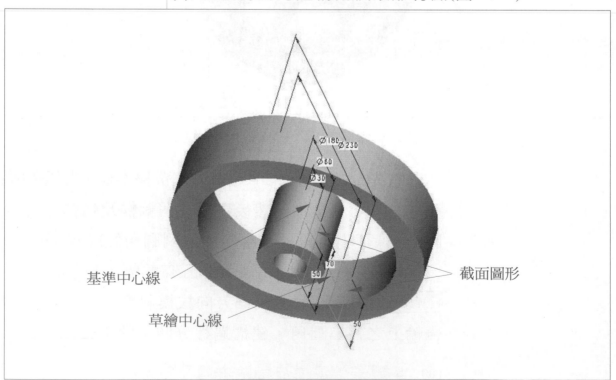

基準中心線　　草繪中心線　　截面圖形

圖 1-12 以旋轉同時建構兩個環形特徵

過程：

1. 在標籤模型(Model)中，按一下群組形狀(Shapes)
   工具列中之圖像 旋轉，開啟標籤旋轉(Revolve)
   對話方塊列，如圖 1-13 所示。

圖 1-13　「旋轉」(Revolve)對話方塊列

2. 按對話方塊列之放置(Placement)→定義(Define)，
   開啟草繪(Sketch)對話框，點選 FRONT 平面(或其
   他平面)，接受預設草繪定向，按草繪(Sketch)。進
   入草繪器，準備繪製 2D 的旋轉截面圖形，必須有
   一條基準中心線及剛好封閉之截面圖形。

3. 按一下圖形視窗上方工具列的圖像 。可定向草
   繪平面，使其與螢幕平行準備繪製截面。此動作
   若省略則須在 3D 環境中之平面上繪製截面。

4. 以基準(Datum)工具列之圖像 「中心線」，繪製
   直立中心線，使中心線確實鎖點在 TOP 平面上，
   然後以草繪(Sketching)工具列之圖像 「中心
   線」，繪製一條水平中心線，使中心線確實鎖點
   在 FRONT 平面上，接著以草繪(Sketching)工具列
   之圖像 「畫矩形」在直立中心線的右側大約繪
   製兩個矩形，其中右側的矩形是以水平中心線為
   上下對稱的，如圖 1-14 所示。

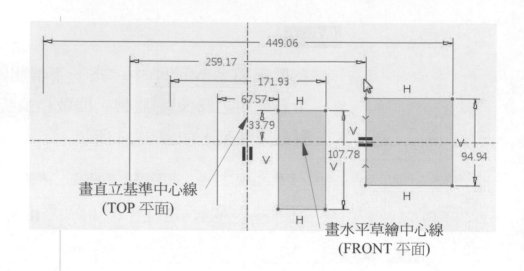

圖 1-14　大約繪製兩個矩形圖形

5. 完成標註所需之尺度，如圖 1-15 所示。

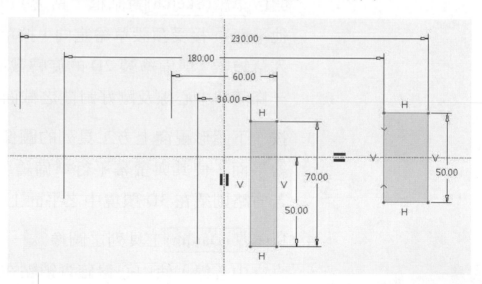

圖 1-15　完成 Revolve 截面圖形及所需尺度數位

6. 正確後須按圖像 ✔ 確定，在「旋轉」(Revolve)對
話方塊列中，接受預設旋轉角度 360，正確後須按
圖像 ✔ 按鈕，即完成旋轉實體特徵，如圖 1-16 所
示。

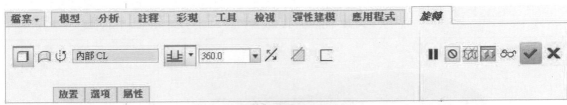

圖 1-16 完成兩個環形特徵

提示：(1)旋轉特徵畫截面時，當建構基準中心線為旋轉軸，該截面圖形將自動以基準中心線為中心標註直徑尺碼。(2)對稱標註方法：以 限制 (Constrain) 工具列之圖像 對稱，如左圖所示。按下對稱之後 1.選對稱點，2.選中心線，3.選另一對稱點，對稱點選之次序可任意。(3)Wildfire 版若草繪中心線不止一條，系統會以最先畫的中心線為軸旋轉。(4)旋轉實體特徵之截面圖形必須為封閉，雖可有多個截面圖形，但不可相交，最好有一條基準中心線當旋轉軸，預設旋轉角為 360 度。(5)直徑標註方法：1.選物件，2.選中心線，3.再選物件，4.最後按滑鼠中鍵放置尺度。

(b) 以旋轉切削做兩個三角皮帶凹槽(圖 1-17)

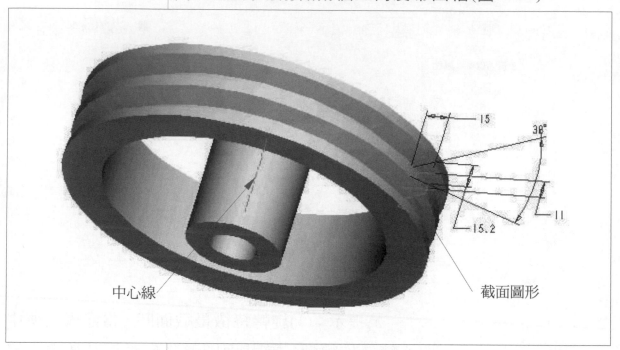

中心線　　　　　　　　　　　　截面圖形

圖 1-17 以旋轉切削做兩個三角皮帶凹槽

過程：

1. 按一下形狀(Shapes)工具列中之圖像 旋轉，開啟標籤旋轉(Revolve)對話方塊列，如圖 1-18 所示。可先按一下對話方塊列中之 ⬚ (移除材料)。

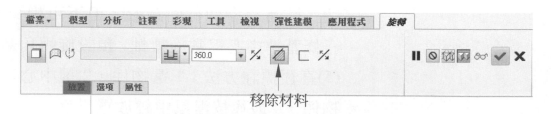

移除材料

圖 1-18 「旋轉」(Revolve)對話方塊列

2. 按對話方塊列之放置(Placement)→定義(Define)，開啟草繪(Sketch)對話方塊，點選 FRONT 平面，接受預設草繪定向，按草繪(Sketch)。進入草繪器，

準備繪製 2D 旋轉的切減截面圖形。

3. 按一下圖形視窗上方工具列的圖像 ⟳ 。

4. 在標籤 模型(Model) 中，按一下群組 設定(Setup) 工
   具列中之圖像 ⬚ 參照 (Reference)，開啟 參照
   (Reference) 對話框， ▶ 在被按的情況下(內定)，直
   接點選一條邊線當參照基準，如圖 1-19 所示。

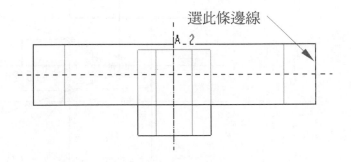

圖 1-19　增選一條邊線當參照基準

5. 以 基準(Datum) 工具列之圖像 ⋮ 「中心線」，在
   RIGHT 平面上(鎖點)，畫一直立中心線，然後再以
   草繪(Sketching) 工具列之圖像 ⋮ 「中心線」，畫
   兩條水平中心線，其中一條(鎖點)在 FRONT 平面
   上，如圖 1-20 所示。

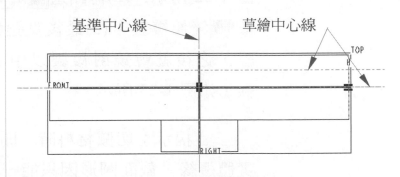

圖 1-20　畫三條中心線

6. 在右側繪製開放截面圖形及其尺度標註，如圖 1-21
   所示。使直線的端點鎖點在參照基準上，且圖中

四個紅色點的位置，必須與草繪中心線上下對稱。以 限制(Constrain) 工具列之圖像 →|← 對稱，如左圖所示，分別點選圖中的(1)、(2)及(3)完成右側兩點對稱的步驟。在左側的兩點對稱操作方法如上所述。

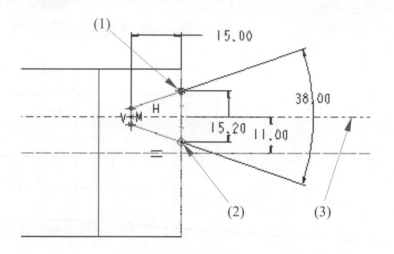

圖 1-21 繪製開放截面圖形及尺度標註

7. 完成上圖後，(1)先按著<Ctrl>不放，點選上圖剛繪製的三條直線，可複選得此三條直線(變綠色)，如圖 1-22 所示。(2)再點選 編輯(Editing) 工具列之圖像 ◖◗ 鏡像複製。(3)最後點選鏡射時所需的中心線，之後就會鏡射複製以中心線對稱的三條直線，如圖 1-23 所示。

　　◎ 提示：切減材料時，開放截面圖形可切至實體邊緣，截面圖形因只能一個，故須連接成一個截面圖形，或封閉成兩個。

(1)按<Ctrl>選此三條線

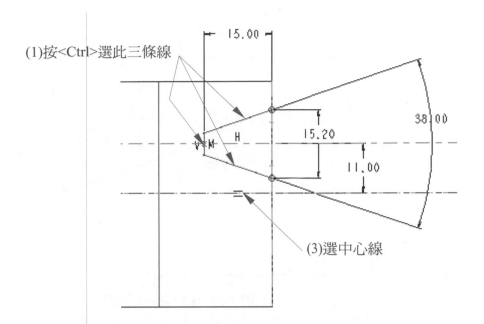

(3)選中心線

圖 1-22　點選所需鏡射之線條

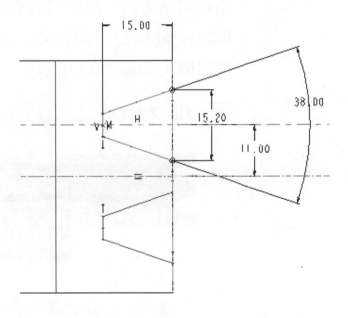

圖 1-23　完成鏡射複製之線條

8. 再加繪製一條直線，如圖 1-24 所示之直線，連接成一個開放截面圖形，使剛好切至實體邊緣，完成後按✔。

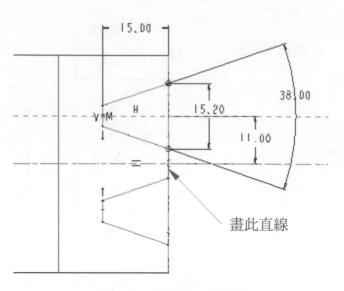

圖 1-24　加繪製一條直線

9. 在「旋轉」(Revolve)對話方塊列中，接受內定箭頭為切削方向，接受預設旋轉角度 360，正確後須按圖像 ✔ 按鈕，即完成以旋轉切削做兩個三角皮帶凹槽，如圖 1-25 所示。

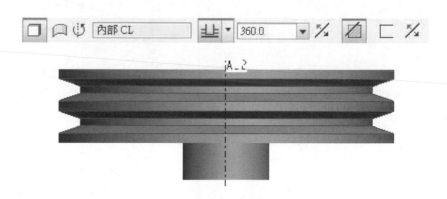

圖 1-25　完成以旋轉切削做兩個三角皮帶凹槽

　　💡 提示：(1)複選圖元時，可按著<Ctrl>不放，再逐一點選圖上的圖元，或以框選方式亦可複選圖元，被選到之圖元將會變綠色。(2)皮帶槽亦可先只畫一個，完成特徵後，在標籤 模型(Model) 中，

按 編輯(Editing) 工具列之圖像 鏡像，以 FRONT 平面為基準複製特徵，可完成另一個皮帶槽特徵。(3)第一個皮帶槽亦可在草繪器時畫成封閉梯形截面，按 「鏡像複製」後不必連接，即形成兩個封閉梯形截面圖形。

(c) 切削鍵槽(圖 1-26)

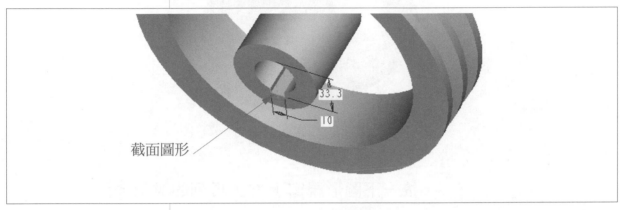

截面圖形

圖 1-26 切削鍵槽

過程：

引伸

1. 在上方的標籤 模型(Model) 中，按一下群組 形狀 (Shapes) 工具列中之圖像 引伸，如左圖所示。開啟標籤 引伸(Extrude) 對話方塊列，如圖 1-27 所示。按一下 (移除材料)，再按一下 至下一個 (To Next)，將切削引伸至下一個表面。

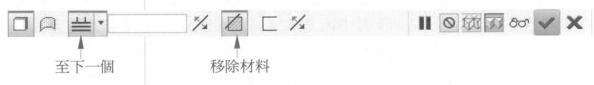

至下一個　　　　移除材料

圖 1-27 引伸(Extrude)對話方塊列(切削至下一個表面)

2. 按對話方塊列之 放置(Placement)→定義(Define)，

開啟草繪(Sketch)對話方塊，選平面為草繪平面，點選如圖 1-28 所示之平面，接受預設草繪定向，按草繪(Sketch)。進入草繪器，準備繪製 2D 的切減截面圖形。

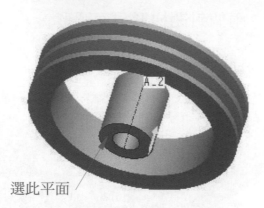

選此平面

圖 1-28 選草繪平面

3. 按一下圖形視窗上方工具列的圖像。

4. 按一下群組設定(Setup)工具列中之圖像參照(Reference)，在參照(Reference)對話方塊中，在被按的情況下(內定)，直接點選中間圓孔當參照基準，如圖 1-29 所示。

5. 以草繪(Sketching)工具列之圖像中心線，先在中間(鎖點)畫一直立中心線，在下方繪製開放截面圖形及其尺度標註，如圖 1-30 所示。以限制(Constrain)工具列之圖像對稱，使開放截面圖形與中心線左右對齊，，兩端點鎖點在參照基準圓上。

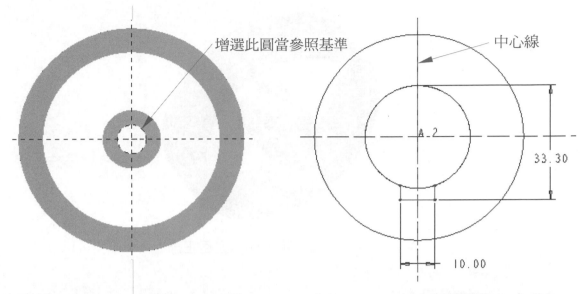

圖 1-29　增選一個圓當參照基準　　　　圖 1-30　完成開放截面圖形及尺度

　　🕪 提示：(1)軸及孔使用鍵及鍵槽時，屬標準零件，有固定之大小，尺度標註位置及公差，通常可由設計手冊中查得，無需自行設計。(2)上圖中之尺度 33.3 為鍵槽尺度標法，以▭「尺度標註」點選直線及上圓弧，按滑鼠中鍵放置數位，即可標註。

6. 完成後須按圖像✔確定。按中間滾輪移動滑鼠，觀察模型中兩個箭頭方向是否正確，一個為引伸方向，另一個為切削方向，如圖 1-31 所示。

7. 其引伸方向必須指向實體內側，若不對，如圖 1-32 所示，在對話方塊列上按一下第一個▨引伸方向，或第二個▨截面切削方向，至一切正確為止。

圖 1-31 觀察箭頭方向是否正確

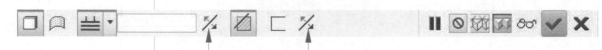

引伸方向　　截面切削方向

圖 1-32 「引伸」對話方塊列

8. 正確後須按圖像 ✓ 按鈕，即完成切削鍵槽特徵，
   如圖 1-33 所示。

圖 1-33 完成切削鍵槽特徵

　　👂 提示：對話方塊列上之 ⧄、☰ 及 ⤡ 等各按
鈕，可在繪製截面之前或之後再按皆可。

1.6.2　步驟二：做分割雙側拔模(圖 1-34)

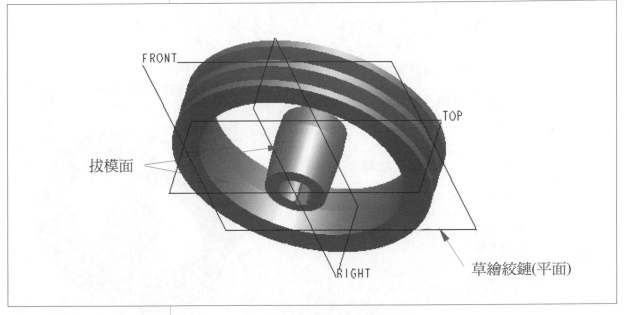

圖 1-34 做分割雙側拔模

過程：

1. 在標籤 模型 (Model) 中，按一下群組 工程 (Engineering) 工具列中之圖像 拔模，如左圖所示。開啟標籤 拔模(Draft) 對話方塊列，如圖 1-35 所示。

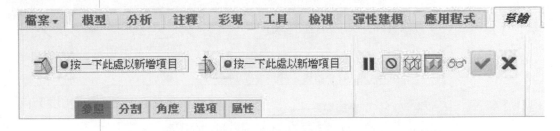

圖 1-35 「拔模」對話方塊列

2. 按對話方塊列之參照(References)，開啟參照滑動面板，如圖 1-36 所示。選圓弧面為拔模曲面，選 FRONT 平面為草繪絞鏈，拉出方向將自動將

FRONT 平面填入，出現拔模角度輸入框。

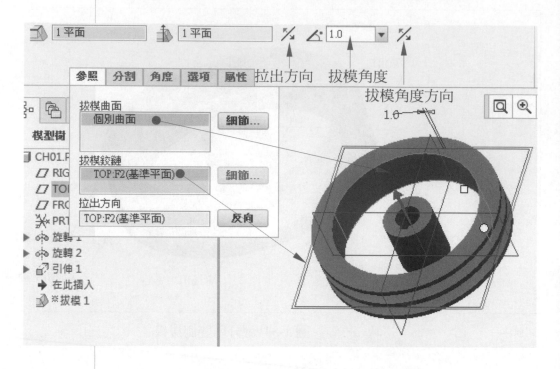

圖 1-36 「拔模」對話方塊列(參照滑動面板)

3. 按對話方塊列之分割(Split)滑動面板，如圖 1-37 所示。在分割選項(Split options)選以拔模鉸鏈分割 (Split by draft hinge)，出現兩個拔模角度輸入框， 皆輸入拔模角度為 **3** 度。

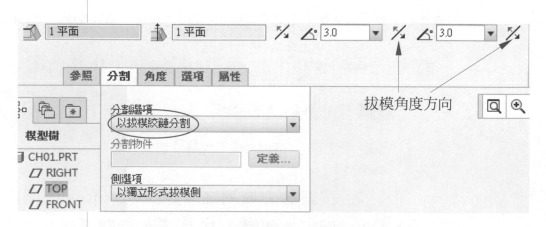

圖 1-37 「拔模」對話方塊列(分割滑動面板)

4. 將模型轉至側視方向，如圖 1-38 所示。觀察拔模角度方向是否正確，若不對按一下第二個 ⬜ 拔模角度方向，或第三個 ⬜ 拔模角度方向。至兩個角度的方向皆正確為止。

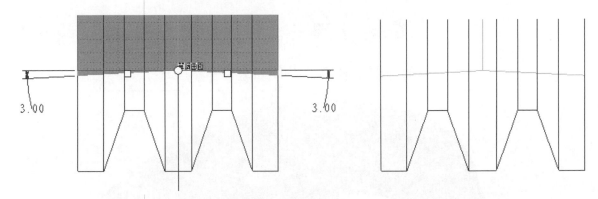

圖 1-38　觀察拔模角度方向是否正確

5. 正確後須按圖像 ✅ 按鈕，即完成外環內圓弧面之分割雙側拔模特徵，如圖 1-39 所示。

6. 再練習一次，以前面相同之操作過程，完成內環外圓弧面之分割雙側拔模特徵，如圖 1-40 所示。

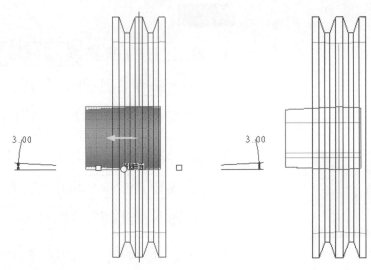

圖 1-39　完成外環內圓弧面雙側拔模特徵

圖 1-40　完成內環外圓弧面雙側拔模特徵

　　　　　🔖 提示：(1)選拔模曲面時，按<Ctrl>鍵可以
複選，即可一次完成外環內圓弧面及內環外圓弧
面之分割雙側拔模特徵。(2)拔模曲面為圓柱時，
可只選半圓柱面。

1.6.3　步驟三：陣列複製五個輪幅

(a) 建構輪幅(圖 1-41)

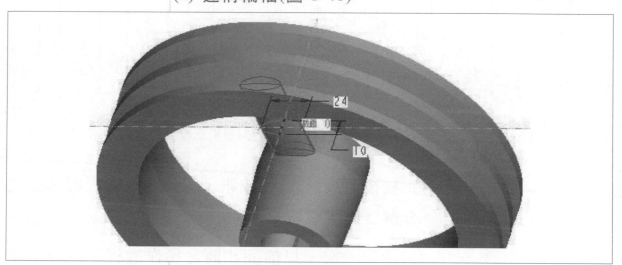

圖 1-41　建構輪幅

過程：

1. 在上方的標籤模型(Model)中，按一下群組形狀
(Shapes)工具列中之圖像 引伸，如左圖所示。開
啟標籤引伸(Extrude)對話方塊列。

2. 按對話方塊列之放置(Placement)→定義(Define)，
開啟草繪(Sketch)對話方塊，必須選一平面為草繪
平面，先移開草繪(Sketch)對話方塊。

3. 再點選右側下拉基準(Datum)工具列之圖像 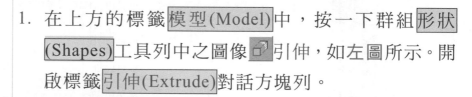 建
立基準平面，如左圖所示。開啟基準平面(Datum
Plane)對話框。

4. 點選 TOP 平面，如圖 1-42 所示。 TOP 平面須位移(Offset)，箭頭所指為正值，輸入平移距離 **50**，按確定(Ok)，完成插入平行 TOP 的基準平面。

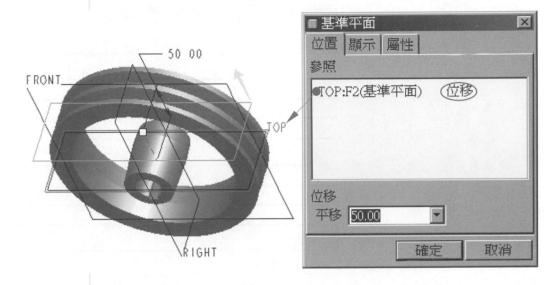

圖 1-42　插入基準平面(DTM1)

5. 回草繪(Sketch)對話方塊，如圖 1-43 所示。剛建構之基準平面(DTM1)應已自動被選為草繪平面，接受預設草繪定向，按草繪(Sketch)。

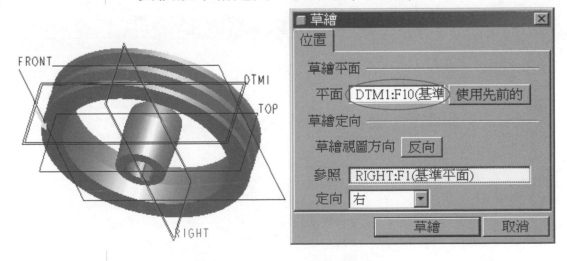

圖 1-43　DTM1 自動為草繪平面

6. 以草繪(Sketching)工具列中橢圓圖像之 ◎ 中心和

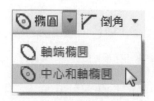

軸橢圓，如左圖所示。在參照基準線交點上大約畫一個橢圓，注意橢圓之方向，標註橢圓之長軸與短軸尺度，完成之圖形及尺度數字，如圖 1-44 所示。完成後按圖像 ✔ 確定。

圖 1-44　完成截面圖形及尺度

7. 按對話方塊列之選項(Options)，開啟選項滑動面板，側 1 及側 2 皆選 ≝ 至下一個(To Next)，如圖 1-45 所示。截面兩側將引伸至圓弧表面。

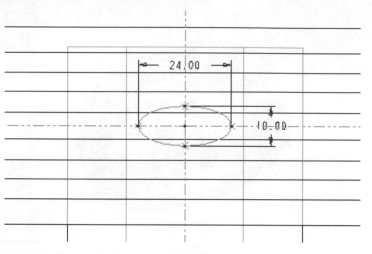

圖 1-45　選項滑動面板(兩側引伸至下一個)

8. 正確後按圖像 ✓ 按鈕，即完成兩側引伸至圓弧表面建構輪幅特徵，如圖 1-46 所示。

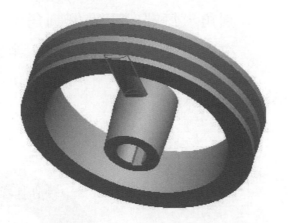

圖 1-46 完成建構輪幅特徵

(b) 參照表面及表面建構倒圓角 R10 特徵(圖 1-47)

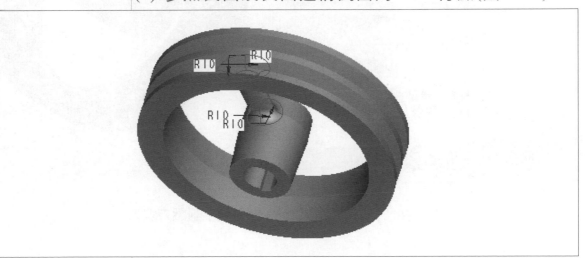

圖 1-47 參照表面及表面建構倒圓角 R10 特徵

過程：

1. 繼續按一下群組 工程(Engineering) 中之圖像 🔘 倒圓角(Round)。開啟標籤 倒圓角(Round) 對話方塊列，輸入半徑 **10**。

2. 按集合(Sets)，開啟滑動面板。以選兩表面為參照

方式倒圓角，即選第一表面後須按著<Ctrl>鍵點選第二表面，如圖 1-48 所示。共選輪幅端之四處導圓角，每端有兩處倒圓角(因拔模斜度關係須分兩次)，由設定 1 至設定 4，半徑皆為 R10。

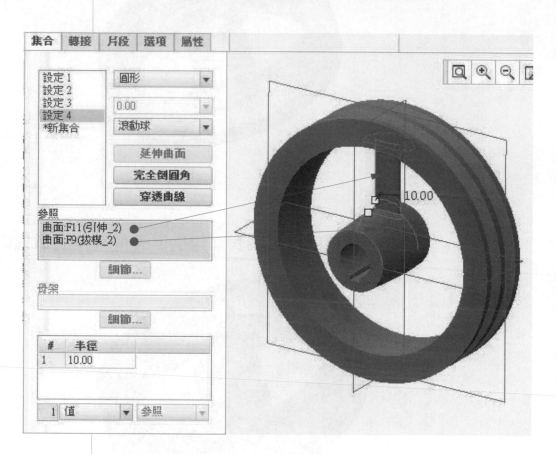

圖 1-48　「倒圓角」對話方塊列

🖉 提示：(1)點選「*新集合」或不按<Ctrl>鍵選倒圓角參照，會新增另一個設定，或取代前一個參照。(2)參照收集器內之兩曲面(表面)，須按著<Ctrl>鍵才能複選。

完成後按圖像✔按鈕，即完成建構四處倒圓角 R10 特徵，如圖 1-49 所示。

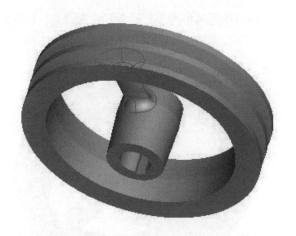

圖 1-49 完成建構倒圓角 R10 特徵

(c) 將輪幅及倒圓角做成群組

1. 在模型樹中選引伸 2(Extrude 2)及導圓角 1(Round 1)，如圖 1-50 所示。按著滑鼠右鍵選群組(Group)。即完成將輪幅及倒圓角做成群組，如圖 1-51 所示。

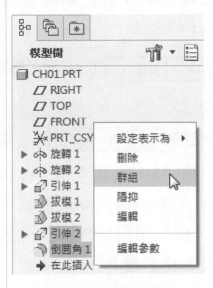

圖 1-50 選輪幅及倒圓角　　圖 1-51 完成輪幅及倒圓角群組

　　　　🖐 提示：(1)您的 Creo 模型樹中之特徵代號有可能不相同。(2)Creo 操作，按著<Ctrl>鍵可複選項目，按著滑鼠右鍵可出現快捷選單。

(d) 組陣列複製五個輪幅(圖 1-52)

圖 1-52 組陣列複製五個輪幅

過程：

1. 先選取前面剛完成之輪幅及倒圓角群組特徵，選到變綠色。

2. 再按 編輯(Editing) 工具列之圖像 ⊞ 陣列，如左圖所示。

陣列 ▼

3. 開啟標籤 陣列(Pattern) 對話方塊列，如圖 1-53 所示。選軸(Axis)，在方向 1 之收集器中點選模型之中心軸(A_2)，輸入陣列複製總數 **5** 個，輸入每隔 **72** 度，接受預設總角度 360 度。不理方向 2，其陣列複製總數應為 1 個。

4. 正確後按圖像 ✓ 按鈕，即完成組陣列複製五個輪幅特徵，如圖 1-54 所示。

    ✎ 提示：陣列複製時一次只能選一個項目。

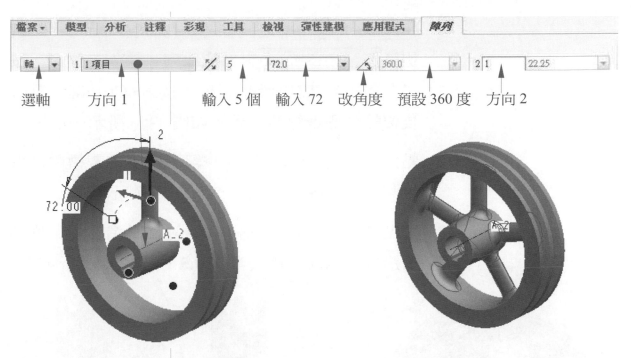

檔案▾　模型　分析　註釋　彩現　工具　檢視　彈性建模　應用程式　*陣列*

軸　▼　1 1項目 ●　✕ 5　72.0　▼　◿ 360.0　▼　2 1　22.25　▼

選軸　　方向1　　　輸入5個　輸入72　改角度　預設360度　方向2

2

72.00

A_2

圖 1-53 「陣列」對話方塊列(徑向複製)　　　　圖 1-54 完成組陣列複製五個輪幅特徵

1.6.4　步驟四：倒皮帶輪各圓角(圖 1-55)

R0.5

圖 1-55 倒皮帶輪各圓角

過程：

1. 在上方的標籤 模型(Model) 中，按一下群組 工程▾

(Engineering▼)中之圖像 倒圓角(Round)。開啟標籤 倒圓角(Round) 對話方塊列，輸入半徑 **3**。按集合(Sets)，開啟滑動面板。按著<Ctrl>鍵，點選皮帶輪外側邊線共六處，如圖 1-56 所示。

2. 點選*新集合，按著<Ctrl>鍵，點選皮帶槽內側邊線共四處，輸入半徑 **1**，如圖 1-57 所示。

3. 再點選*新集合，按著<Ctrl>鍵，點選要皮帶槽外側邊線共四處，輸入半徑 **0.5**，如圖 1-58 所示。

圖 1-56 選外側邊線共六處　　圖 1-57 選邊線共四處　　圖 1-58 選邊線共四處

4. 正確後按圖像 按鈕，即完成建構皮帶輪各小倒圓角特徵，如圖 1-59 所示。

圖 1-59 完成建構皮帶輪各小倒圓角特徵

　　　　　提示：(1)選參照時，若按<Ctrl>鍵，半徑 R
值相同為同一設定。(2)若不按<Ctrl>鍵，或按*新
集合，將另增一設定，則可輸入不同 R 值。

1.7　重點歸納

(a)　旋轉特徵

1. 旋轉(Revolve)實體長肉特徵之截面必須為剛好封
   閉之圖形，從截面圖形以一中心線為軸，旋轉形
   成實體。

2. 旋轉實體切削特徵之截面可以為剛好封閉或開放
   圖形，截面圖形若為開放時只能有一個且須切至
   實體邊緣。

3. 旋轉特徵必須有一條中心線做旋轉軸。

4. 旋轉特徵之旋轉軸，可以為截面之基準中心線、
   草繪中心線或選外部之基準軸特徵。

5. 以草繪中心線為旋轉軸時，必須宣告之(Creo)。

6. 截面圖形有多條中心線時，以最先畫的中心線為
   軸旋轉而成(Wildfire)。

7. 旋轉特徵，預設為旋轉 360 度，但可另輸入旋轉
   之角度。

(b)　鍵槽

1. 軸及孔使用鍵及鍵槽時，屬標準零件，有固定之
   大小，通常可由設計便覽手冊中查得，無需自行

設計。

(c) 平行的基準平面

1. 選平面建構平行的基準平面(Datum Plane)有兩種種情況：

- 位移(Offset)：為預設選項，透過從所選平面參照作位移，放置新的基準平面，只需輸入一值為平移距離。

- 平行(Parallel)：平行於所選平面參照，放置新的基準平面，則須再選一參照做為平行距離之依據。

2. 只要基準平面對話方塊中之「確定」(OK)鍵可按時，即表滿足平面放置條件。

(d) 群組

1. 將一個或多個特徵，建構形成一個樹狀分支時，稱為群組(Group)，類似目錄或資料夾結構。

2. 形成群組(Group)之各特徵必須為連續建構之特徵。

3. 將相關或類似特徵集合成群組(Group)，可使模型樹特徵結構化，及被一次點選出。

(e) 組陣列複製

1. 一次複製多個特徵時，可利用陣列(Pattern)複製。

2. 陣列複製時一次只能選一個項目。

3. 原始特徵不只一個時，有兩種陣列複製方法：

- 可先做成群組(Group)再複製，稱為群組陣列複製。
- 用參照選項陣列複製，稱為參照陣列複製。

(f) 拔模特徵

1. 可在實體零件成形後，在直面上做拔模(Draft)特徵，以方便模具之脫模。

2. 零件建構若已考慮拔模斜度，則不必做拔模特徵。

3. 選平面為草繪絞鏈做拔模特徵時，稱中平面(Neutral Plane)拔模。

4. 選曲線為草繪絞鏈做拔模特徵時，稱中曲線(Neutral Curve)拔模。

5. 拉出方向即脫模方向，可選平面(即垂直於此平面之方向)、直邊、基準軸或坐標系統軸來定義拉出方向。

6. 可輸入拔模角度及選按角度方向。

7. 拔模曲面以草繪絞鏈分割時，則可以：
   - 為拔模曲面的每一側指定兩個獨立的拔模角度。
   - 指定單一拔模角度，即從屬，將沿相反方向相同拔模角度拔模第二側。
   - 僅拔模曲面的一側(任一側)，另外一側則維持沒有拔模角度。

(g) 倒圓角特徵

1. 倒圓角特徵可有多個設定，每個設定可輸入不同

半徑。

2. 按著<Ctrl>鍵選倒圓角參照，如邊、邊鏈、或是曲面之間等，其半徑皆相同，屬同一設定。

3. 點選「*新集合」或不按著<Ctrl>鍵另選倒圓角參照，可新增設定。

習 題 一

1. 以公制 mm 單位，及陣列(Pattern)複製，繪製下列各實體零件。(有<u>底線</u>為挑戰題)

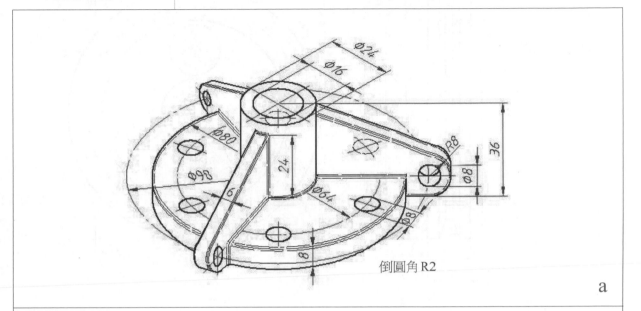

倒圓角 R2

a

紅色半徑為變化圓角

<u>b</u>

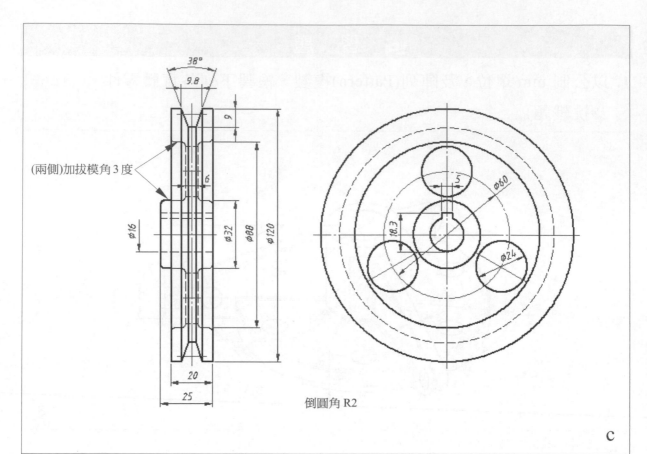

38°
9.8
9
(兩側)加拔模角 3 度
6
Ø16
Ø32
Ø88
Ø120
20
25
Ø60
Ø24
18.3
5
倒圓角 R2

c

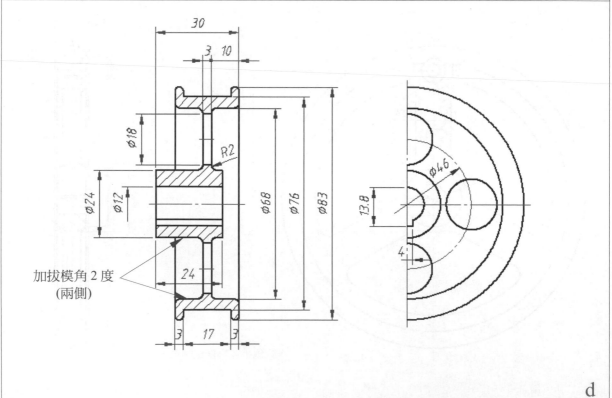

30
3　10
Ø18
R2
Ø24
Ø12
Ø68
Ø76
Ø83
加拔模角 2 度
（兩側）
24
3　17　3
Ø46
13.8
4

d

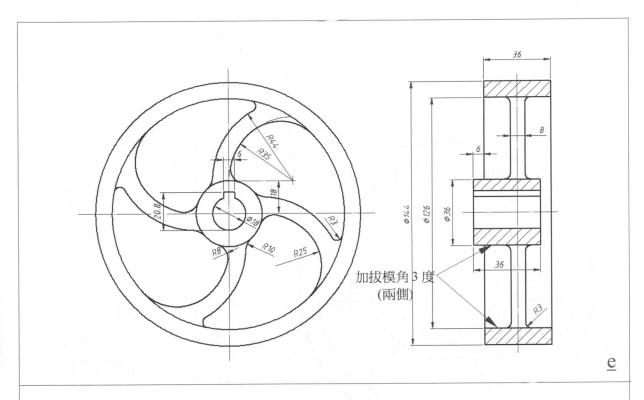

加拔模角3度
(兩側)

e

齒　　數	60
模　　數	4
壓力角	20°
齒　　制	標　　準

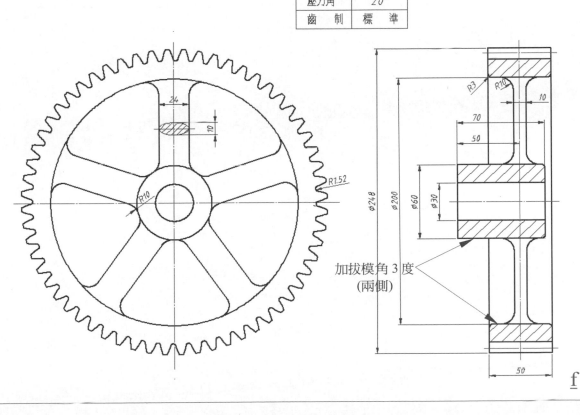

加拔模角3度
(兩側)

f

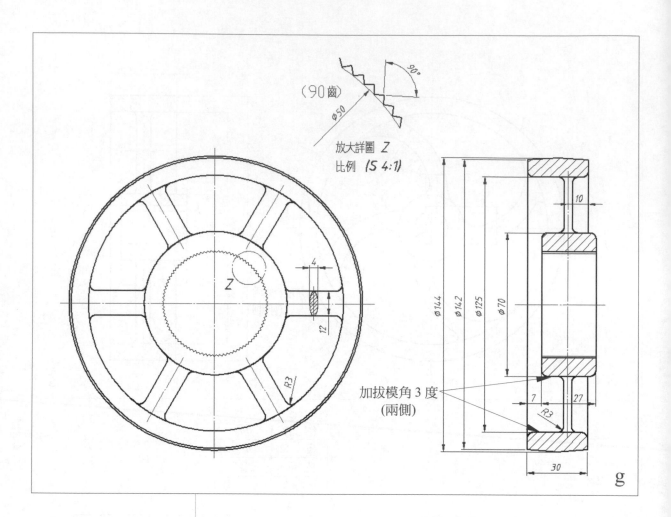

（90齒）
$\phi 50$
90°

放大詳圖 Z
比例 (5 4:1)

4
12
R3
Z

$\phi 144$
$\phi 142$
$\phi 125$
$\phi 70$
10
7
R3
27
30

加拔模角 3 度
（兩側）

g

中平面拔模時須先做拔模斜度再倒圓角！否則不會成功. 小心哦！

2

底 座

用掃描建構底座本體

以直徑放置類型建構螺絲孔

陣列複製三個螺絲孔

以位移建構基準平面

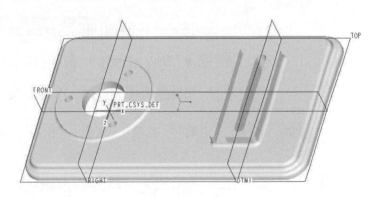

2.1 簡易掃描特徵

在 Wildfire 版本中掃描(Sweep)是由一條軌跡(Trajectory)及一個沿著及垂直該軌跡之截面(Section)所掃描建構而成之特徵，軌跡及截面之圖形皆可以為封閉或開放形式，圖形可以不與軌跡線相交。當開始繪製軌跡時，有一箭頭為起始點，軌跡繪製完成後會自動轉至起始點之端視垂直方向為平面繪製截面。

在 Creo 版本將 Wildfire 的掃描(Sweep)與可變截面掃描(Variable Section Sweep)(參閱第七章)合併，只稱為掃描(Sweep)特徵，因此掃描(Sweep)被定義為：截面以可變方式沿著多條軌跡(Trajectories)掃描(Sweep)建構特徵。截面可變包括恆定，即不可變，多條軌跡亦包括只一條軌跡。因此掃描除可建構多變複雜的實體或曲面外，單一軌跡的恆定截面，則可建構簡單小變化的實體或曲面(在此稱簡易的掃描)。

2.1.1 掃描之類型

按一下群組 形狀▼(Shapes▼) 工具列中之圖像 掃描▼(Sweep▼)，會開啟標籤 掃描(Sweep) 對話方塊列，如圖 2-1 所示。其預設選項為實體恆定截面。

圖 2-1 掃描之標籤

　　當然掃描可建構實體或曲面，以及新增(長肉)或移除材料(切削)或薄壁等。因此使用掃描功能可以建立下列掃描特徵之類型：

1. 長肉(Protrusion)：掃描實體長肉(預設)。

2. 薄長肉(Thin Protrusion)：掃描加厚(薄)實體。

3. 切削(Cut)：掃描實體切削。

4. 薄壁切削(Thin Cut)：掃描加厚(薄)實體切削。

5. 曲面(Surface)：掃描曲面。

6. 曲面裁剪(Surface Trim)：掃描曲面切削。

7. 薄曲面裁剪(Thin Surface Trim)：掃描加厚(薄)曲面切削。

2.1.2　簡易的掃描實體長肉

　　建構簡易的掃描實體長肉，當軌跡為開放時，邏輯上截面必須為封閉才能建構特徵，如圖 2-2 所示。(a)圖截面與軌跡相交。(b)圖截面與軌跡不相交。

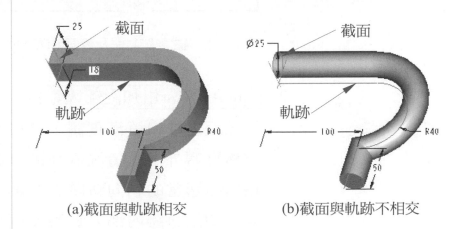

(a)截面與軌跡相交　　　　　　(b)截面與軌跡不相交

圖 2-2 掃描之軌跡開放及截面封閉建構實體

圖 2-3 掃描屬性選項

在 Wildfire 版中，掃描會開啟選單管理器，當掃描軌跡為剛好封閉時，截面可以為封閉或開放形式，當完成繪製封閉軌跡時會增加屬性(Attributes)之選項，如圖 2-3 所示。有 No Inn Fcs(無內部因素) 及 Add Inn Fcs(增加內部因素) 兩種，分別說明如下：

1. No Inn Fcs(無內部因素) ：即不在封閉軌跡之內部填滿實體，完全依截面及沿著軌跡掃描建構實體，此情況截面圖形理應為封閉，否則將無法建構特徵，如圖 2-4 所示。注意：圖中軌跡之圓角 R20 若太小倒至實體內部之圓角無法成立時，亦無法成功地建構特徵，但無圓角之角落則可。

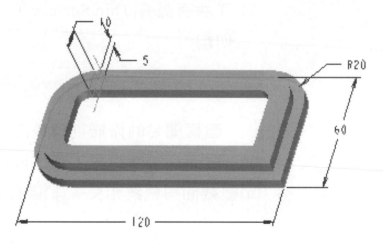

圖 2-4 掃描之軌跡封閉及截面封閉建構實體(Wildfire)

2. Add Inn Fcs(增加內部因素) ：即在封閉軌跡之內部依截面之缺口填滿實體，除截面將沿著軌跡掃描建構實體外，此情況截面圖形必須為開放，且其缺口須適當的朝向軌跡之內部，須使缺口方向及大小即為軌跡內部之實體厚度，特徵建構才可成功，如圖 2-5 所示。

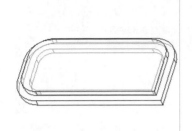

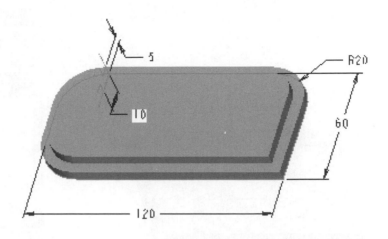

圖 2-5 掃描之軌跡封閉及截面開放建構實體(Wildfire)

　　在 Creo 版中，因掃描(Sweep)特徵已包含可變截面掃描(Variable Section Sweep)，以上所述軌跡為封閉時增加屬性(Attributes)之選項雖已不見，但以 Wildfire 版該功能所建構之零件仍可以 Creo 版讀取。

2.2　在多特徵處建構基準

　　當在某相同位置上有不只一個特徵時，可考慮在該位置上建構基準，每個特徵建構時尺度皆參照該基準，既精確又省時。常見零件在距離某位置中心線上有多個特徵時，即可在該中心線處建構基準平面做為參照基準。以選平面，以位移(Offset)限制類型建構基準平面為例，如圖 2-6 所示。(a)圖選 RIGHT 平面為參照建構基準平面。(b)圖選位移(Offset)限制類型，依箭頭方向輸入平移值。(c)圖完成建構基準平面 DTM1。(d)圖參照 DTM1 建構其他特徵。參照基準平面 DTM1 所建構之所有其他特徵，當 DTM1 位移值修改時，所有其他特徵會隨之移動。

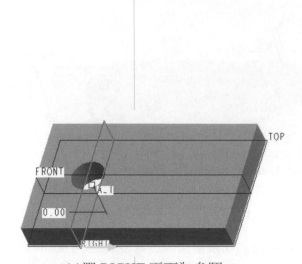

(a)選 RIGHT 平面為參照   (b)基準平面對話框

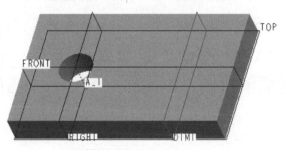
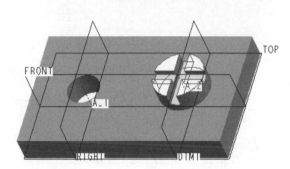

(c)建構基準平面 DTM1   (d)參照 DTM1 建構其他特徵

圖 2-6　在多特徵處建構基準平面

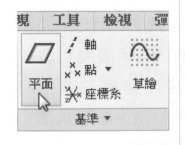

提示：(1)建構平行的基準平面，其限制類型有位移(Offset)及平行(Parallel)兩種，請參閱前面第 1.3 節所述。(2)只要基準平面對話框之確定(OK)鍵可按時，即表滿足平面放置條件。(3)在特徵處建構基準，依情況需要可由 基準▼(Datum▼) 工具列中之各圖像，如 ⬜ 平面(Plane)，如左圖所示，或選擇適當的基準特徵做為參照。

2.3　孔特徵放置類型

在設計中放置孔特徵時需要選取兩種參照，且在

需要時選取位移參照，這些參照用來在設計中相對於邊、平面、軸和曲面修正孔的位置。可以在進入孔工具之前或之後先選取放置表面，通常即為鑽孔之表面，然後選孔特徵的放置類型以決定位移參照為何，如圖 2-7 所示。有四種孔特徵放置類型說明如下：

(a)線性、徑向及直徑類型

(b)同軸類型

圖 2-7　孔特徵放置類型

1. 線性(Linear)：為預設類型，使用線性尺寸將孔放置在平面或曲面上，線性即孔中心位置距兩個參照平面之垂直距離，如圖 2-8 所示選兩平面為位移參照。請參閱基礎篇第 3.4.2 節所訴述。

2. 徑向(Radial)：將孔放置在圓弧面上，位移參照即孔距某平面距離及與某平面角度，如圖 2-9 所示，可再做陣列複製成圓弧面上的多孔等份。

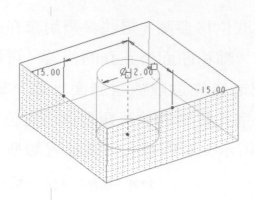 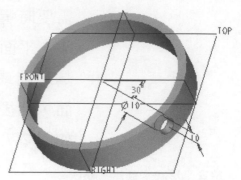

圖 2-8　以線性(Linear)放置孔特徵　　圖 2-9　以徑向(Radial)放置孔特徵

3. 直徑(Diameter)：將孔放置在有圓形中心線的平面上，位移參照即圓形中心線直徑及與某平面角度，如圖 2-10 所示，此選項通常再做陣列複製成圓形中心線上的多孔等份。

4. 同軸(Coaxial)：將孔同時放置在平面上及基準軸位置，即將孔放在平面(或曲面)和軸的相交處，如圖 2-11 所示，此選項須兩個放置位置但無位移參照。

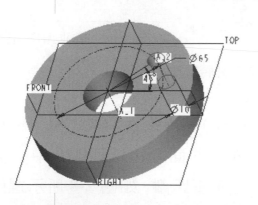 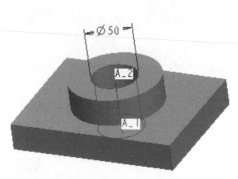

圖 2-10　以直徑(Diameter)放置孔特徵　　圖 2-11　以同軸(Coaxial)放置孔特徵

2.3.1　孔特徵以直徑放置類型建構

一般常見的孔(Hole)特徵，位在平面上之一圓形中心線上某位置，該圓形中心線之直徑為其建構時之

重要依據，即所謂孔特徵以直徑(Diameter)放置類型建構。圓形中心線本身以基準軸(Datum Axis)定位，建構時當然還須決定圓形中心線上之放置位置，它則是以與某平面之夾角來決定的，如圖 2-12 所示。直徑 10 之直孔位於直徑 65 之圓形中心線上與 FRONT 平面呈 45 度夾角。

此情況之孔通常會設計成多孔採等分方式分佈在一圓形中心線上，當完成孔特徵以直徑(Diameter)放置類型建構後，可以該孔為原始特徵，以 45°夾角為驅動方向做陣列(Pattern)複製，如圖 2-13 所示。以 45 為角度增量(與原 45°夾角無關)，複製總數為 8，將八個孔等分放置在圓形中心線上(因 45x8=360)。

上例中之圓形中心線之直徑，亦可改輸入半徑的方式建構，可採用下一個要介紹之孔特徵以徑向(Radial)放置類型建構。

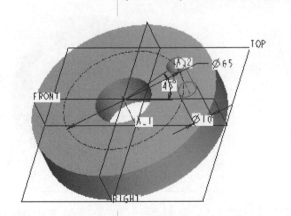 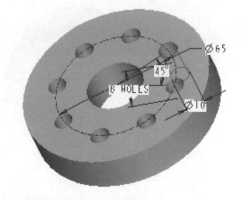

圖 2-12 孔特徵以直徑放置類型建構　　圖 2-13 孔特徵以 45°為驅動方向做陣列複製

🕮 提示：(1)上例中之圓形中心線之直徑，亦可改輸入半徑的方式建構，可採用下一個要介紹之孔特徵以徑向放置類型建構。(2)上例中以角度

45°尺度為驅動方向做陣列複製，亦可改為軸(Axis)選項之陣列複製。

2.3.2 孔特徵以徑向放置類型建構

一般常見的孔(Hole)特徵，改位在圓弧面上某位置時，即以該圓弧面之半徑為其建構時之重要依據，即所謂孔特徵以 Radial(徑向)放置類型建構。圓弧面本身已存在，建構時當然還須決定圓弧面上之放置位置，它則是與某平面之夾角以及與某平面之距離來決定，如圖 2-14 所示。直徑 10 之直孔位於圓弧面上與 FRONT 平面呈 30 度夾角與環上端面相距 10。

當完成孔特徵以 Radial(徑向)放置類型建構後，亦可以該孔為原始特徵，以夾角(30°)為驅動方向做陣列(Pattern)複製，如圖 2-15 所示。複製時允許依陣列的不同方式而變化。

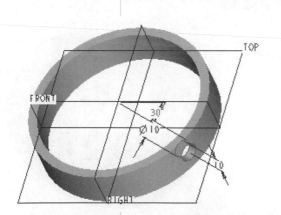

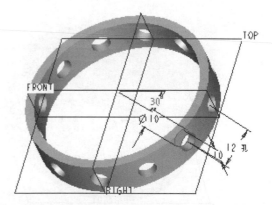

圖 2-14 孔特徵以徑向放置類型建構　　圖 2-15 孔特徵以 30°為驅動方向做陣列複製

圓弧面上之孔特徵，無法以 Diameter(直徑)放置類型建構，Radial(徑向)放置類型則可建構平面上及圓弧面上之孔，平面上之孔特徵可依已知條件選用適當

之放置類型建構。

　　　🕭 提示：上例中以 30°尺度為驅動方向做陣列
複製，亦可改選項為軸(Axis)之陣列複製。

2.4 繪製底座(ch02.prt)

　　　機件中扁平類型之底座，其本體本身適合以
Sweep(掃描)方式建構較快，軌跡則選已知之外形尺度
繪製，再增加建構其他特徵完成所須底座之形狀，在
圓形中心線上等分佈之螺絲孔，則以直徑(Diameter)
放置類型建構，至於第一個原始特徵則可任選，完成
之底座零件，如圖 2-16 所示。

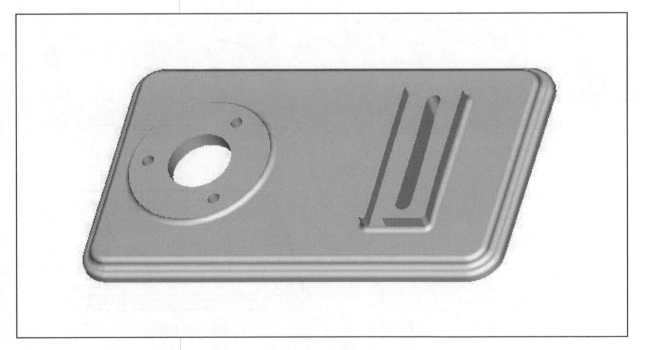

圖 2-16 建構完成之底座(ch02.prt)

　　先採用簡易的 掃描(Sweep) 再用 引伸(Extrude) 完成基本階梯狀底座本體，於本體上左側 引伸(Extrude) 圓形凸塊，並用 孔(Hole) 之放置類型直徑(Diameter) 畫標準裝飾(Cosmetic)螺絲孔，再以 陣列(Pattern) 複製成三個螺絲孔，接著使用 引伸(Extrude) 完成右側凸塊，補底厚及長形階梯孔，最後以 倒圓角(Round) 分兩次倒所有圓角，區分角落倒圓角及邊緣線之先後次序，繪製過程分四步驟：(圖 2-17)

(a) 步驟一：建構底座本體

(b) 步驟二：做左側凸圓及等分三螺紋孔

(c) 步驟三：做右側凸塊，補底厚及長形階梯孔

(d) 步驟四：分兩次倒 R3 圓角

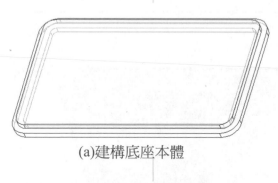

(a)建構底座本體

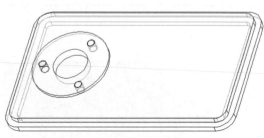

(b) 做左側凸圓及等分三螺紋孔

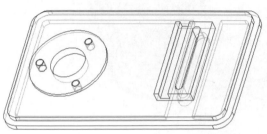

(c)做右側凸塊，補底厚及長形階梯孔

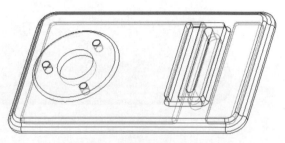

(d)分兩次倒 R3 圓角

圖 2-17 建構過程分四步驟

2.4.1　步驟一：建構底座本體

(a)　掃描外環(圖 2-18)

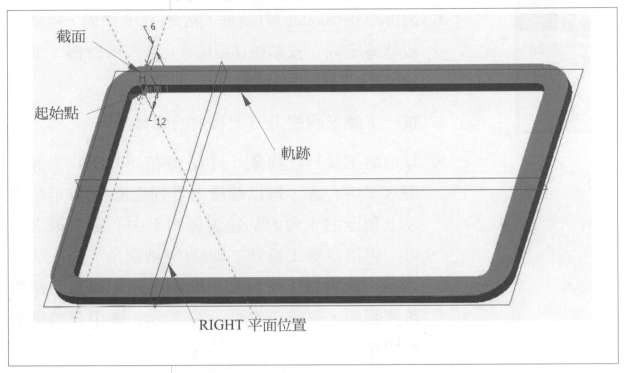

圖 2-18　建構底座本體外環

過程：

1. 在標籤模型(Model)中，按一下群組形狀▼(Shapes ▼)工具列中之圖像📐掃描▼(Sweep▼)，開啟標籤掃描(Sweep)對話方塊列，如圖 2-19 所示。預設為建構較簡單的實體恆定截面掃描特徵，其右側有一基準工具列，可繪製基準曲線做為掃描之軌跡。

圖 2-19　「掃描」(Sweep)對話方塊列

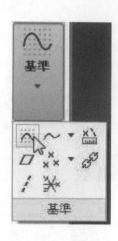

2. 按一下右側基準工具列之圖像 基準曲線，如左圖所示，做為掃描之軌跡。

3. 開啟草繪(Sketch)對話框，點選 TOP 平面，接受預設草繪定向，按草繪(Sketch)，進入草繪器，準備繪製 2D 的掃描軌跡線。

4. 按一下圖形視窗上方工具列的圖像 。

5. 以草繪工具列之圖像 中心線在 FRONT 平面繪製水平中心線，再以草繪工具列之圖像 矩形由左上角至右下角大約繪製與水平中心線對稱之矩形，再以草繪工具列之圖像 倒圓角，約在切點處點選兩直線，可自動倒圓角，將矩形的四個角落倒圓角，完成約如圖 2-20 所示。圖中 T 符號表相切點。

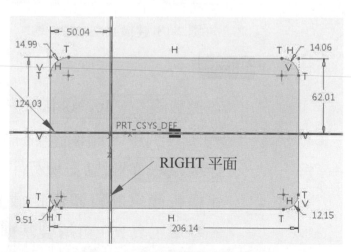

FRONT 平面
(中心線)

RIGHT 平面

圖 2-20 掃描軌跡之大約圖形

6. 以限制工具列之圖像 = 相等，讓四個倒圓角半徑皆相等，須顯示 R1 符號。再選按圖像 對稱，使兩圓心以水平中心線為對稱，須顯示 →← 符號，

如圖 2-21 所示。

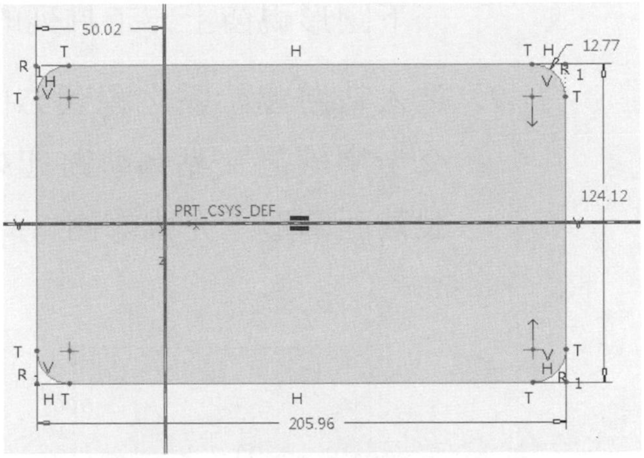

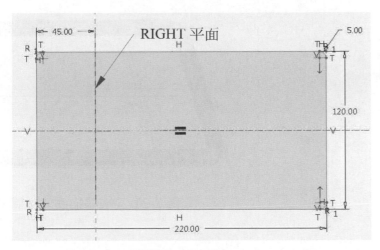

圖 2-21 加入限制條件後之圖形

7. 以尺寸工具列之圖像 ↔ 法向(尺寸標註)標註所需
   尺度,再以尺寸工具列之圖像 ⇗ 修改尺度,或以
   操作工具列之圖像 ↖ 選取修改所要數字,如圖
   2-22 所示。完成後按工具列之圖像 ✔ 確定。

圖 2-22 完成掃描之軌跡圖形及尺度數字

🖉 提示:RIGHT 平面 45 位置與水平中心線
交點將做為建構凸圓中心之用。

8. 先按一下對話方塊列中之圖像 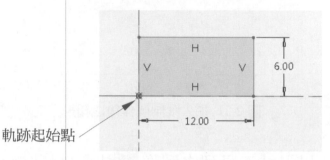建立截面，再按一下圖形視窗上方工具列的圖像 。

9. 進入軌跡起始點之視圖方向，圖中兩條參照央相交十字線之交點為軌跡起始點之端視圖，開始繪製截面圖形，完成如圖 2-23 所示之圖形及尺度。

軌跡起始點

圖 2-23 完成掃描之截面圖形與尺度

10. 確定無誤後，須按對話方塊列之圖像 按鈕，即完成掃描底座本體外環特徵，如圖 2-24 所示。

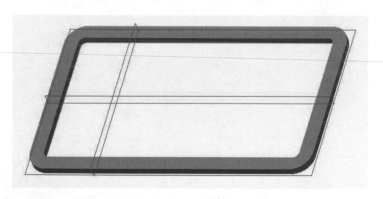

圖 2-24 完成掃描底座本體外環特徵

提示：(1)上例掃描特徵，亦可用其他方式建構如引伸(Extrude)等。(2)上例以簡易的掃描特徵建構底座外環，除其四邊倒圓角處之厚度將保持均勻外，其最大長寬已變為 244x144。

(b) 引伸平板(圖 2-25)

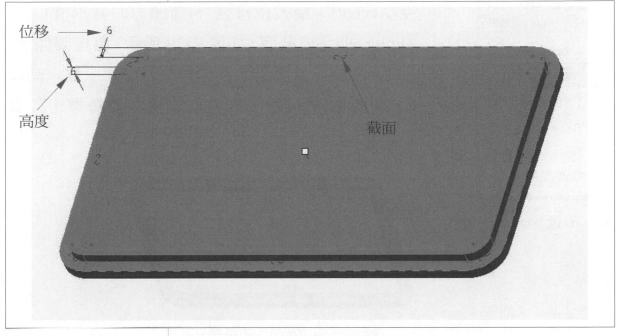

圖 2-25　建構底座本體平板

過程：

1.　在標籤模型(Model)中，按一下群組形狀(Shapes) 工具列中之圖像引伸(Extrude)，如左圖所示，開啟 標籤引伸(Extrude)對話方塊列。按對話方塊列之放 置(Placement)→定義..(Define..)。

引伸

2.　開啟草繪(Sketch)對話框，準備選取草繪平面及定 向。點選底座本體外環平面，如圖 2-26 所示，接 受預設草繪定向，按草繪(Sketch)。

3.　按一下圖形視窗上方工具列的圖像 ⬚。

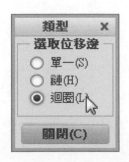

4.　以草繪(Sketching)工具列之圖像 ⬚ 位移 位移邊，開 啟位移邊對話框，選迴圈(Loop)，如左圖所示。 點選底座本體外環平面，在選單管理員功能表 中，如圖 2-27 所示，點選下一個(Next)，至選到

外環平面之最外圈為止，如圖 2-28 所示，再按接
受(Accept)。輸入位移值 6(箭頭方向為正值)，按
<Enter>即完成截面，如圖 2-29 所示。再按圖像 ✔
確定。最後在 引伸(Extrude) 對話方塊列中輸入高度
6，按圖像 ✔ 按鈕，即完成底座本體特徵，如圖
2-30 所示。

圖 2-27 選 Next(下一個)

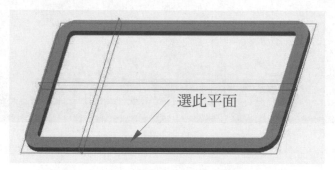

圖 2-26 點選底座本體外環平面

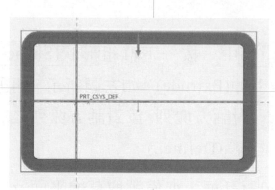

圖 2-28 選外環平面最外圈

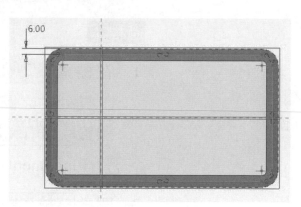

圖 2-29 完成截面

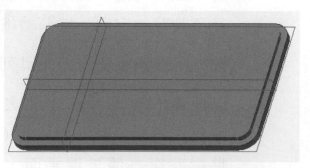

圖 2-30 完成底座本體特徵

2.4.2　步驟二：做左側凸圓及等分三螺紋孔

(a) 引伸凸圓(圖 2-31)

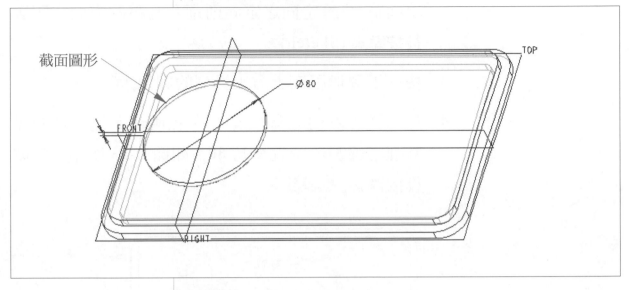

截面圖形　　　Ø80　TOP
FRONT
RIGHT

圖 2-31　引伸凸圓

過程：

引伸

1. 按一下群組 形狀(Shapes) 工具列中之圖像引伸
   (Extrude)，如左圖所示，開啟標籤 引伸(Extrude)
   對話方塊列。按對話方塊列之放置(Placement)→定
   義..(Define..)，開啟 草繪(Sketch) 對話框，如圖 2-32
   所示。

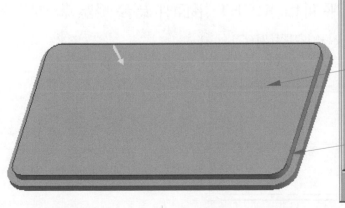

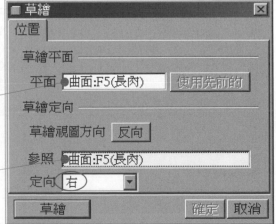

| 草繪 | ✕ |
| 位置 | |

草繪平面

平面 曲面:F5(長肉)　使用先前的

草繪定向

草繪視圖方向　反向

參照 曲面:F5(長肉)
定向 右

草繪　　　確定　取消

圖 2-32　草繪(Sketch)對話框

2. 草繪平面點選實體之上平面。草繪定向之參照則選與草繪平面垂直相鄰右側之平面(或選 RIGHT 平面)。草繪定向之定向則選右為視圖方向。正確後按草繪(Sketch)。

3. 按一下圖形視窗上方工具列的圖像⬚。

4. 以草繪工具列之⬚「圓」，在兩參照基準之交點為圓心繪製一圓直徑為 80，如圖 2-33 所示。完成後按圖像✔確定。

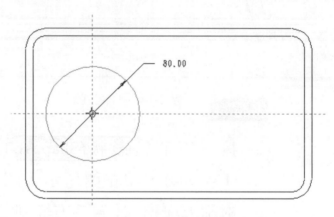

圖 2-33 完成凸圓之截面與尺度

🖐 提示：上例若參照基準不一樣，按一下設定(Setup)工具列中之圖像⬚參照(Reference)，點選 FRONT 平面和 RIGHT 平面作為參照基準，如圖 2-34 所示，按關閉(Close)。

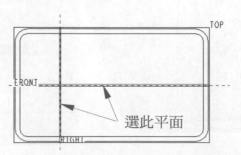

圖 2-34 選 RIGHT 及 FRONT 為參照基準

5. 在 引伸(Extrude) 對話方塊列中,輸入引伸長度 **3**,按中間滾輪移動滑鼠,觀察模型中引伸(箭頭)方向是否正確,如圖 2-35 所示。其引伸(箭頭)方向必須指向實體上方,若不正確按 ⚡(反向)。正確後須按圖像 ✔ 按鈕,即完成引伸凸圓特徵,如圖 2-36 所示。

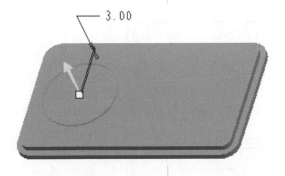

圖 2-35 觀察模型中引伸(箭頭)方向

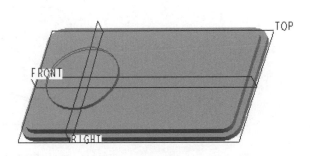

圖 2-36 完成引伸凸圓特徵

(b) 以引伸切削圓孔(圖 2-37)

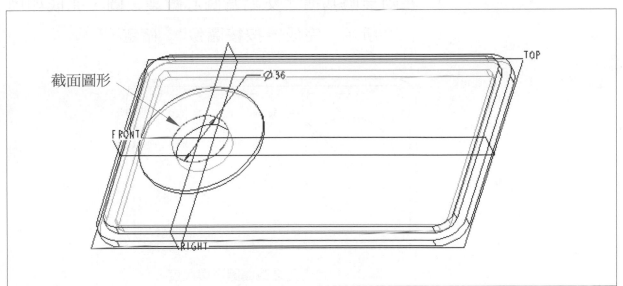

圖 2-37 以引伸切削圓孔

過程:

引伸

1. 按一下群組 形狀(Shapes) 工具列中之圖像引伸 (Extrude)，如左圖所示，開啟標籤 引伸(Extrude) 對話方塊列。按對話方塊列之放置(Placement)→定義..(Define..)，開啟 草繪(Sketch) 對話框。

2. 選平面為草繪平面，點選如圖 2-38 所示之平面，接受內定草繪定向，按草繪(Sketch)。

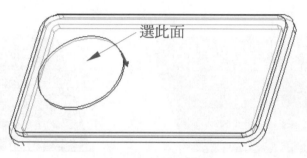

選此面

圖 2-38 選取草繪平面

3. 按一下圖形視窗上方工具列的圖像 。

4. 在兩參照基準之交點為圓心繪製一圓，完成如圖 2-39 所示。完成後按按圖像 ✔ 確定。

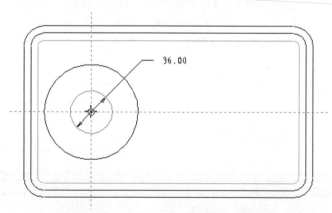

36.00

圖 2-39 完成孔之截面圖形與尺度

5. 在 引伸(Extrude) 對話方塊列中，按 移除材料，按 至下一個(To Next)，按中間滾輪移動滑鼠，

觀察模型中引箭頭方向是否正確，如圖 2-40 所示。若不正確試按 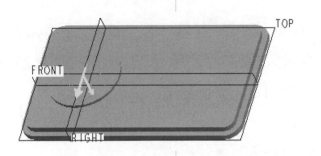(反向)。正確後按圖像 ✔ 按鈕，即完成引伸切削圓孔特徵，如圖 2-41 所示。

圖 2-40 觀察模型中箭頭方向

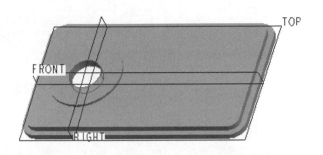

圖 2-41 完成引伸切削圓孔特徵

✍ 提示：上例圓孔特徵亦可以 孔(Hole) 之同軸(Coaxial)放置類型建構。

(c) 在直徑 60 中心圓上畫 M8x1.25 螺紋孔(圖 2-42)

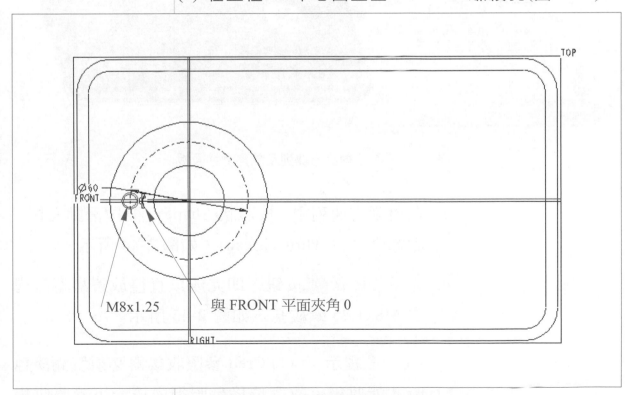

圖 2-42 在直徑 60 中心圓上畫 M8x1.25 螺紋孔

過程：

1. 在標籤 模型(Model) 中，按一下群組 工程▼ (Engineering▼) 工具列中之圖像 孔(Hole)。

2. 開啟標籤 孔(Hole) 對話方塊列，按一下放置 (Placement)，選按如圖 3-43 所示之內容。以直徑 放置類型建構 M8x1.25 穿透螺紋孔。

標準孔 螺紋　　　選 ISO　　M8x1.25　穿透

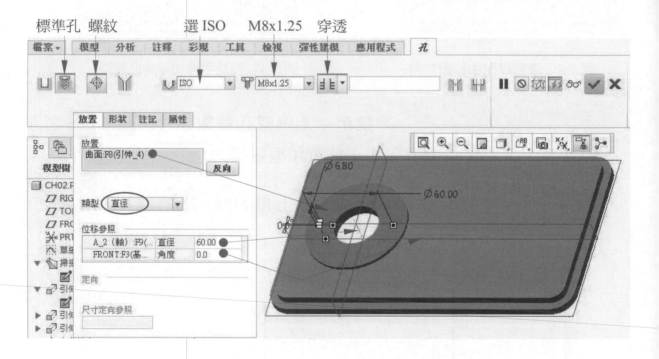

圖 2-43 「孔」對話方塊列及放置滑動面板

3. 在對話方塊列中，按形狀(Shape)，開啟滑動面板，點選全螺紋(Thru Thread)，如圖 2-44 所示。

4. 完成後圖像 ✔ 按鈕。即完成以直徑放置類型建構之 M8x1.25 螺紋孔，如圖 2-45 所示。

　　🖐 提示：(1) Creo 參照收集器必須填滿淡色時才能收集。故選位移參照須先按一下參照收集

器，會填滿淡色再選。(2)Creo 參照收集器必須同時按<Ctrl>才能複選。(3)繪製第一個螺紋孔位置可以是三個螺紋孔中之任何一個。

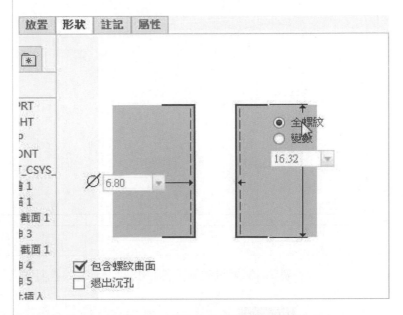

圖 2-44　「孔」對話方塊列及形狀滑動面板

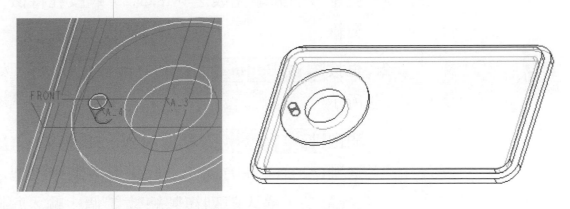

圖 2-45　完成以直徑放置類型建構之 M8x1.25 螺紋孔

　　🖢 提示：(1)以孔(Hole)所畫之標準螺紋孔皆屬於裝飾(Cosmetic)螺紋孔特徵。(2)裝飾(Cosmetic)螺紋孔須以線架構顯示才看的到。

(d) 陣列複製三個螺紋孔特徵(圖 2-46)

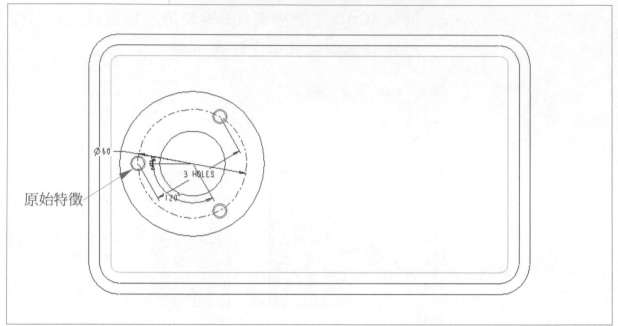

圖 2-46 陣列複製三個 M8x1.25 螺紋孔特徵

過程：

1. 先選取前面剛完成之 M8x1.25 螺紋孔特徵，選到變綠。

2. 再按 編輯(Editing) 工具列之圖像 ▦ 陣列，如左圖所示。

3. 開啟 陣列(Pattern) 對話方塊列，如圖 2-47 所示。選軸(Axis)，在方向 1 之收集器中點選模型之中心軸(A_3)，輸入陣列複製總數 3 個，輸入每隔 120 度，接受預設總角度 360 度。不理方向 2，其陣列複製總數應為 1 個。

4. 正確後按圖像 ✔ 按鈕，即完成陣列複製 3 個 M8x1.25 螺紋孔特徵，如圖 2-48 所示。

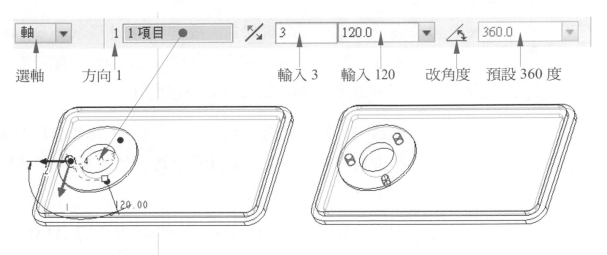

選軸　　　方向1　　　　　　　　輸入3　輸入120　改角度　預設360度

圖 2-47 陣列對話方塊列(徑向複製)　　　圖 2-48 完成陣列複製螺紋孔特徵

　　　提示：上例陣列複製亦可以「尺寸」之選項，以角度尺度(原始特徵與平面之夾角 0 度)為驅動方向陣列複製。

2.4.3 步驟三：做右側凸塊，補底厚及長孔

(a) 在右側凸塊處做一個基準面特徵(圖 2-49)

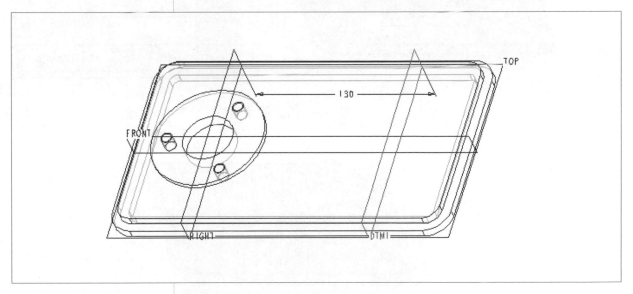

圖 2-49 在右側凸塊處做一個基準面特徵

過程：

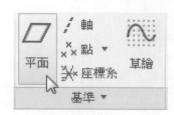

1. 在標籤模型(Model)中，按一下群組基準▼(Datum ▼)工具列中之圖像□平面(Plane)，如左圖所示。開啟基準平面(Datum Plane)對話框。

2. 點選 RIGHT 平面，如圖 2-50 所示。RIGHT 平面須選位移(Offset)，箭頭所指為正值，輸入平移距離 **130**，按確定(OK)。

3. 即完成插入平行 RIGHT 平面的基準平面 DTM1 特徵，如圖 2-51 所示。

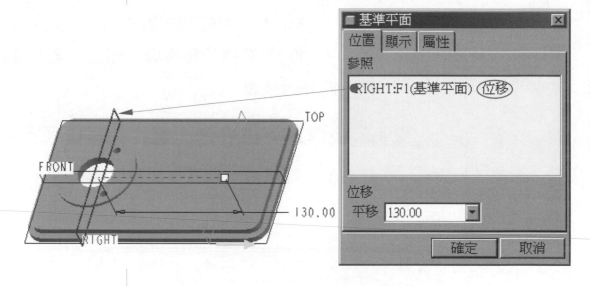

圖 2-50 插入基準平面

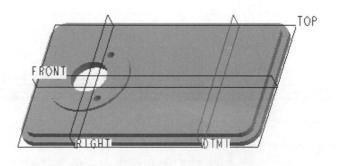

圖 2-51 完成基準面 DTM1 特徵

(b) 兩側引伸做凸塊特徵(圖 2-52)

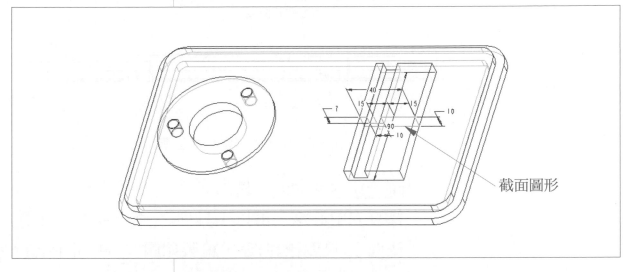

截面圖形

圖 2-52　兩側引伸做凸塊特徵

過程：

引伸

1. 按一下群組形狀(Shapes)工具列中之圖像 🔲 引伸 (Extrude)，如左圖所示，開啟標籤引伸(Extrude) 對話方塊列，按對話方塊列之放置(Placement)→定 義..(Define..)。

2. 開啟草繪(Sketch)對話框。點選 FRONT 平面，接 受預設草繪定向，按草繪(Sketch)。

3. 按一下圖形視窗上方工具列的圖像 🔲 。

4. 按一下群組設定(Setup)工具列中之圖像 🔲 參照 (Reference)，開啟參照(Reference)對話框，在參照 (Reference)對話框中， 🔲 在被按的情況下(內定)， 增加點選剛建立之基準面 DTM1 及底座上方平面 當參照基準，如圖 2-53 所示。

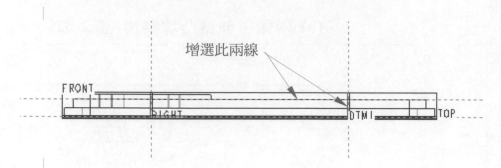

圖 2-53 增選兩線當參照基準

5. 以 草繪(Sketching) 工具列之 ⋮ 「中心線」，先畫一條直立中心線，再以工具列之 ⋏ 「直線」及 ↔ 「法向」(尺度標註)等，繪製如圖 2-54 所示之封閉截面圖形及尺度，完成後按圖像 ✔ 確定。

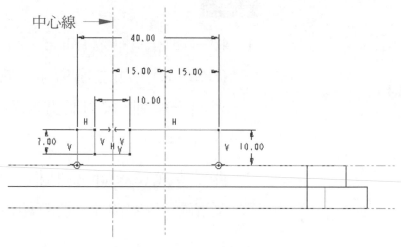

圖 2-54 完成截面圖形及尺度

6. 在「引伸」(Extrude)對話方塊列中，選 ⊟ 雙側對稱(Symmetric)，輸入引伸總長度 90，如圖 2-55 所示。正確後須按圖像 ✔ 按鈕，即完成建構雙側對稱引伸凸塊實體特徵，如圖 2-56 所示。

圖 2-55 選雙側對稱，輸入引伸長度 90

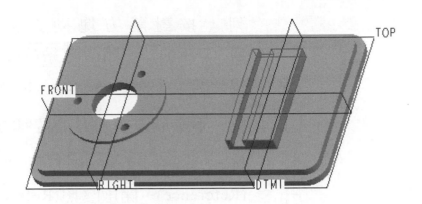

圖 2-56 完成雙側對稱引伸凸塊實體特徵

　　👂 提示：選 ⊟ 雙側對稱(Symmetric)，兩側等長，若需兩側不等長，則選 ╧ 至所選取(To Selected)，請參閱下一例。

(c) 引伸兩側至邊緣補底厚(圖 2-57)

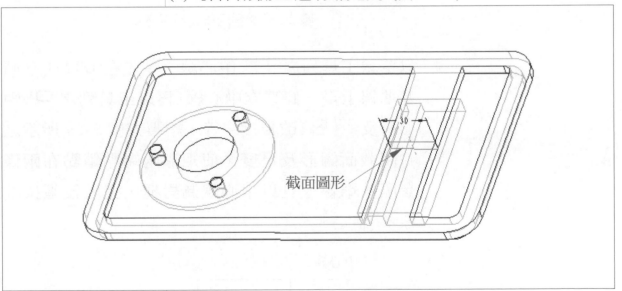

截面圖形

圖 2-57　引伸兩側至邊緣補底厚

過程：

1. 繼續按一下群組 形狀(Shapes) 工具列中之圖像 ♂ 引伸(Extrude)，開啟標籤 引伸(Extrude) 對話方塊

列，按對話方塊列之放置(Placement)➔ 定義..(Define..)。開啟草繪(Sketch)對話框，點選使用先前的(Use Previous)，按草繪(Sketch)。

2. 按一下圖形視窗上方工具列的圖像 ⬚。

3. 按一下設定(Setup)工具列中之圖像 ⬚ 參照 (Reference)，開啟參照(Reference)對話框，增加點選剛建立之基準面 DTM1 及底座上方平面當參照基準，如圖 2-58 所示。

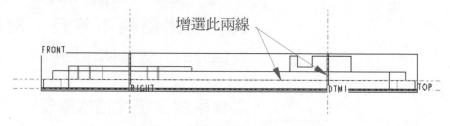

圖 2-58 增選兩線當參照基準

4. 以草繪工具列之 ⬚「中心線」，先在 DTM1 參照基準線上畫一條直立中心線，再以工具列之 ⬚「矩形」及 ⬚「修改尺度」等，繪製如圖 2-59 所示之封閉截面圖形及尺度，使矩形兩端點鎖點在兩條參照基準線上且以中心線為對稱，完成後須按圖像 ✔ 確定。

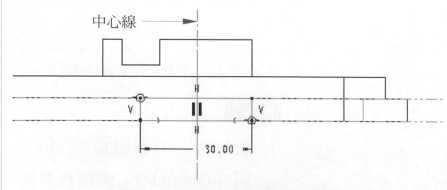

圖 2-59 完成封閉截面圖形及尺度

5. 在 引伸(Extrude) 對話方塊列中，選按 至所選(To Selected)，按選項(Options)，開啟滑動面板，選實體兩側邊緣，如圖 2-60 所示。

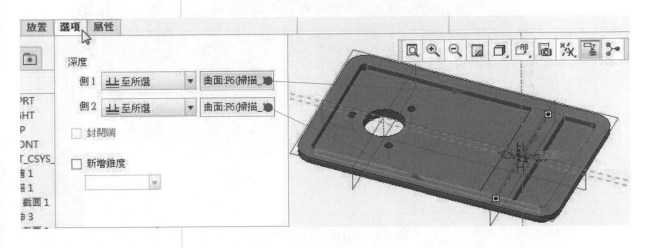

圖 2-60 「引伸」對話方塊列(選項滑動面板)

6. 正確後須按圖像 按鈕，即完成建構引伸兩側至邊緣補底厚特徵，如圖 2-61 所示。

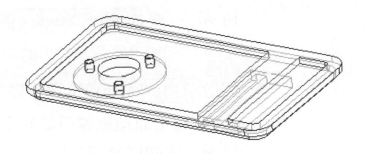

圖 2-61 完成引伸兩側至邊緣補底厚特徵

　　⑨ 提示：上例引伸至兩側選按 至所選(To Selected)，亦可兩側選按 至下一個(To Next)，其結果相同。

(d) 引伸切削底面長孔(圖 2-62)

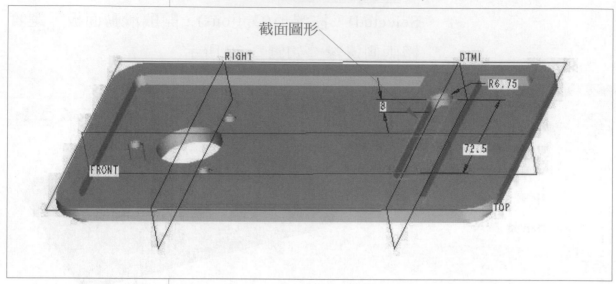

圖 2-62 引伸切削底面長孔

過程：

引伸

1. 繼續在標籤 模型(Model)中，按一下群組 形狀 (Shapes)工具列中之圖像 引伸(Extrude)，如左圖 所示，按 引伸(Extrude) 對話方塊列之放置 (Placement)→定義..(Define..)。

2. 開啟 草繪(Sketch) 對話框。點選如圖 2-63 所示之平面，草繪平面點選實體之底平面，參照則選 FRONT 平面，定向則選頂部(TOP)為視圖方向。正確後按 草繪(Sketch)。

3. 按一下圖形視窗上方工具列的圖像 。

   提示：(1)上例亦可直接接受預設草繪定向 為視圖方向。(2)練習一下:亦可參照選 DTM1 平面，定向則選右(RIGHT)為視圖方向，看看結果如 何？

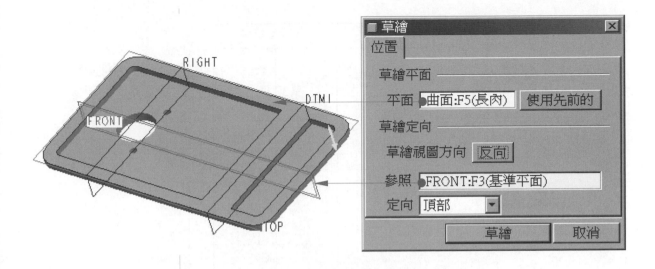

圖 2-63　選草繪平面及定向

4. 按一下 設定 (Setup) 工具列中之圖像 參照
(Reference)，增加點選剛建立之基準面 DTM1 當參
照基準，如圖 2-64 所示。

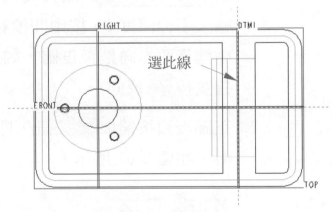

圖 2-64　選參照基準

5. 以 草繪(Sketching) 工具列之 「中心線」，先畫
三條水平中心線，再以工具列之 「圓」、 「直
線」及 「修剪」等，繪製如圖 2-65 所示之截面
圖形及尺度標註，使兩圓弧相等，其端點鎖點在
參照基準線上且圓心以中間水平中心線為對稱。

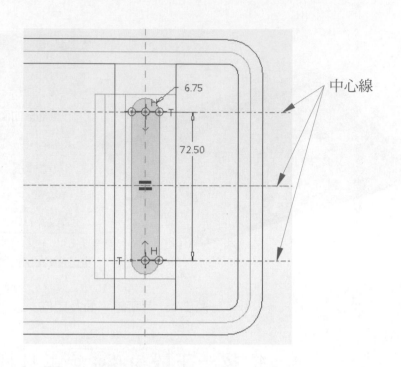

中心線

圖 2-65 完成封閉截面圖形及尺度

6. 在 引伸(Extrude) 對話方塊列中，按 🗹 移除材料，
   輸入引伸深度 **8**，按中間滾輪移動滑鼠，觀察模型
   中兩箭頭方向是否正確，如圖 2-66 所示。若不正
   確試按 ✕ (反向)。

7. 正確後須按圖像 ✔ 按鈕，即完成引伸切削長孔特
   徵，如圖 2-67 所示。

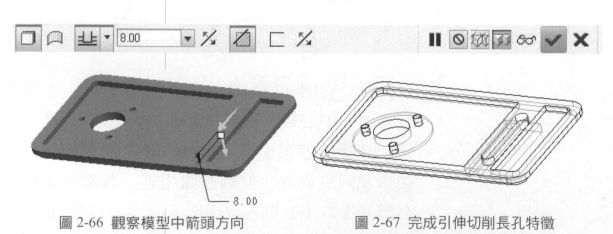

圖 2-66 觀察模型中箭頭方向　　　　　圖 2-67 完成引伸切削長孔特徵

(e) 引伸切削底面穿透長孔(圖 2-68)

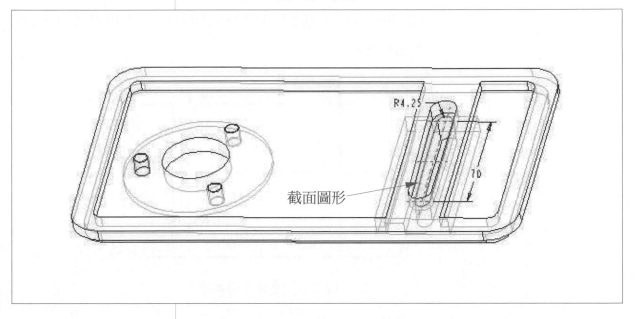

圖 2-68 引伸切削底面穿透長孔

過程：

引伸

1. 繼續按一下群組形狀(Shapes)工具列中之圖像
   引伸(Extrude)，如左圖所示，按引伸(Extrude)對話
   方塊列之放置(Placement)➔定義..(Define..)。

2. 開啟草繪(Sketch)對話框。點選如圖 2-69 所示之平
   面，接受預設草繪定向，按草繪(Sketch)。

3. 按一下圖形視窗上方工具列的圖像 。

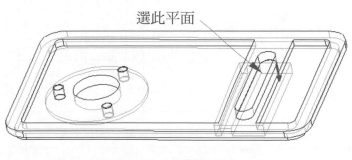

圖 2-69 選草繪平面

4. 按 一 下 設定 (Setup) 工具列 中 之 圖 像 📮 參 照 (Reference)，增選 DTM1 平面作為參照基準，如圖 2-70 所示。

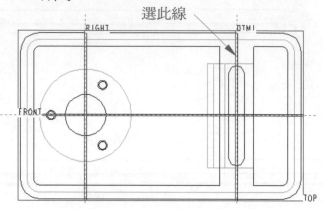

圖 2-70 增選參照基準

5. 以草繪工具列之 ⋮ 「中心線」，先畫三條水平中心線，完成繪製如圖 2-71 所示之封閉截面圖形及尺度標註，使兩圓弧相等，其端點鎖點在參照基準線上且圓心以中間水平中心線為對稱。

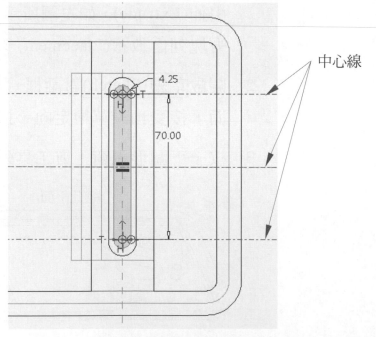

圖 2-71 完成封閉截面圖形及尺度

6. 在 引伸(Extrude) 對話方塊列中，按 移除材料，選按 至下一個(To Next)，按中間滾輪移動滑鼠，觀察模型中兩箭頭方向是否正確，如圖 2-72 所示。若不正確試按 (反向)。

7. 正確後須按圖像 按鈕，即完成引伸切削底面穿透長孔特徵，如圖 2-73 所示。

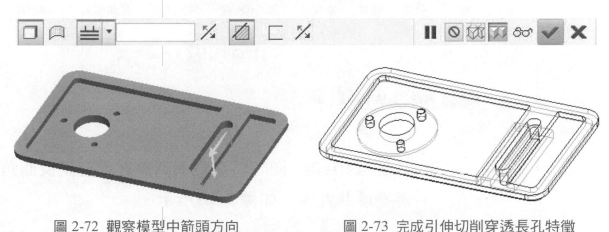

圖 2-72 觀察模型中箭頭方向　　圖 2-73 完成引伸切削穿透長孔特徵

2.4.4 步驟四：分兩次倒 R3 圓角

(a) 先倒角落圓角 R3 (圖 2-74)

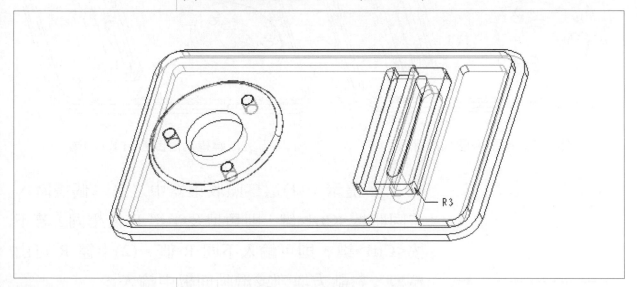

圖 2-74 先倒角落圓角 R3

過程：

1. 在上方的標籤 模型(Model) 中，按一下群組 工程▼ (Engineering▼) 中之圖像 🔵 倒圓角(Round)。

2. 開啟標籤 倒圓角(Round) 對話方塊列，輸入半徑 **3**，如圖 2-75 所示。

圖 2-75 「倒圓角」對話方塊列

3. 按著<Ctrl>鍵，同時點選要倒圓角之所有正反面角落邊線共九處，如圖 2-76 所示。

4. 正確後須按圖像 ✔ 按鈕，即完成建構角落倒圓角 R3 特徵，如圖 2-77 所示。

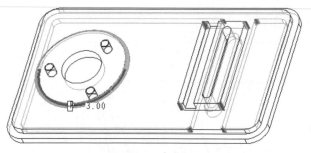
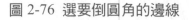

圖 2-76 選要倒圓角的邊線

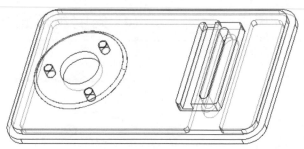

圖 2-77 完成建構角落倒圓角 R3 特徵

🦻 提示：(1)選參照收集器中之第二個邊時，若同時按<Ctrl>鍵，則類型及半徑 R 值相同，若不按<Ctrl>鍵，則可輸入不同 R 值。(2)半徑 R 可由模型，對話方塊列或滑動面板中輸入。

(b) 再倒邊緣線圓角 R3(圖 2-78)

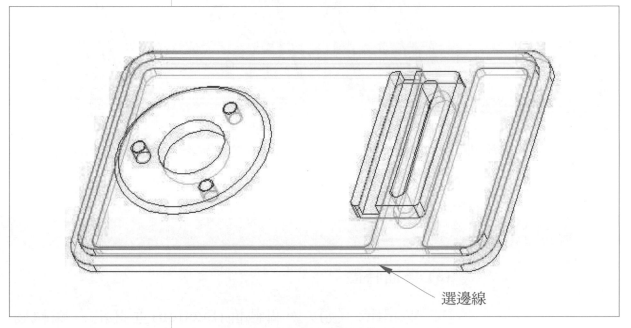

選邊線

圖 2-78 再倒邊緣線圓角 R3

過程：

1. 在上方的標籤模型(Model)中，按一下群組工程▼
   (Engineering▼)中之圖像 ▢ 倒圓角(Round)。

2. 開啟標籤倒圓角(Round)對話方塊列，輸入半徑 **3**。

3. 按著<Ctrl>鍵，同時點選要倒圓角之所有正反面角
   落邊線共六處，如圖 2-79 所示。

4. 正確後須按圖像 ✔ 按鈕，即完成建構邊緣線倒圓
   角 R3 特徵，如圖 2-80 所示。

   ⏱ 提示：(1)兩次倒圓角其半徑皆相同，亦可
   一次全部選取。(2)分兩次之原因：1.可修改成不同
   半徑。2. 可刪除其中之一。3.需倒圓角之邊甚多。
   4.第一次先倒角落圓角，第二次可選到整條邊鏈。

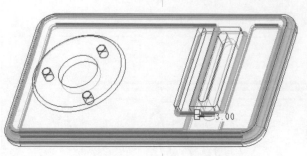

圖 2-79 選要倒圓角的邊線

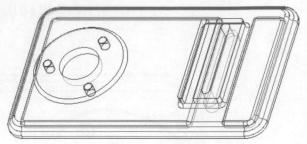

圖 2-80 完成建構邊緣線倒圓角 R3 特徵

2.5 重點歸納

(a) 掃描特徵

1. Wildfire 版以一個截面(Section)垂直沿一條軌跡 (Trajectory)建構，稱為掃描(Sweep)特徵。繪製軌跡完成後，系統會自動轉至軌跡起始點端視方向繼續繪製截面。

2. Creo 版以一個截面(Section)，可沿多條軌跡 (Trajectories)建構，稱為掃描(Sweep)特徵。繪製軌跡完成後，系統不會自動轉至軌跡起始點端視方向繪製截面，可在 3D 環境中或使用者操作轉至軌跡起始點端視方向繪製截面。

3. Creo 版的掃描(Sweep)功能包含 Wildfire 版的掃描 (Sweep)及可變截面掃描(Variable Section Sweep)。

4. 掃描特徵之種類：
   - 長肉(Protrusion)：掃描實體長肉。
   - 薄長肉(Thin Protrusion)：掃描加厚(薄)實體。
   - 切削(Cut)：掃描實體切削。

- 薄壁切削(Thin Cut)：掃描加厚(薄)實體切削。
- 曲面(Surface)：掃描曲面。
- 曲面裁剪(Surface Trim)：掃描曲面切削。
- 薄曲面裁剪(Thin Surface Trim)：掃描曲面加厚(薄)切削。

5. 軌跡及截面可為封閉或開放圖形。

6. 建構實體，軌跡開放時截面必須為剛好封閉圖形。

7. Wildfire 版軌跡封閉時截面可為封閉或開放圖形，當軌跡封閉及截面開放時才可選擇 Add Inn Fcs(增加內部因素)選單。

8. 軌跡與截面之圖形不一定要相交。

9. 掃描後之實體若重疊，則無法建構成功。

(b) 孔之直徑放置類型

1. 在孔(Hole)對話框中，放置類型(Placement Type)中選直徑(Diameter)時，可在圓形中心線上繪製孔特徵。

2. 直徑放置類型，須選基準軸為中心，輸入圓形中心線直徑及選一個平面，輸入夾角。

3. 圓形中心線上之孔特徵,可繪製其上任一孔為原始特徵，再用陣列(Pattern)複製。

4. 圓形陣列複製可選截面之「角度」尺度數字為驅動方向複製，或選基準軸特徵為中心複製。

(c) 在多特徵處建構基準平面

1. 在某相同位置上有不只一個特徵時，可在該位置上建構基準平面，每個特徵建構時皆參照該基準平面，既精確又省時。

習　題　二

1. 以公制 mm 單位，練習以掃描(Sweep)建構本體及 M8 螺絲孔以 Hole(孔)
   之放置類型(Placement Type)中選直徑(Diameter)建構，再以陣列(Pattern)
   複製成三孔，最後依尺度完成下列零件。

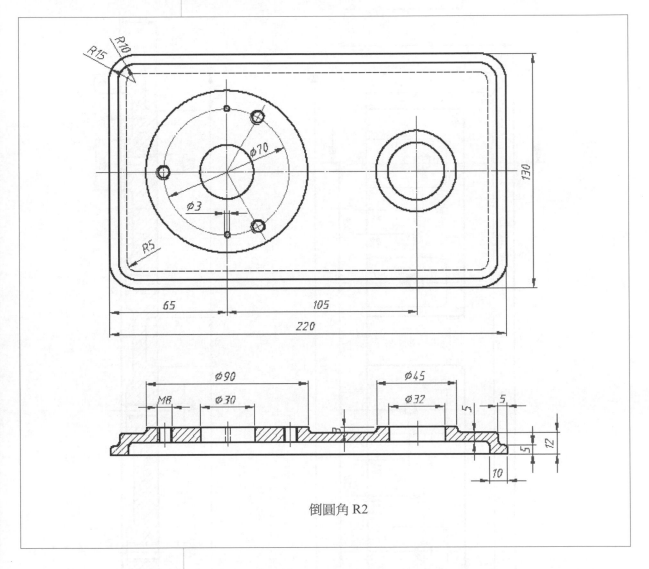

倒圓角 R2

2. 以公制 mm 單位，練習以掃描(Sweep)建構本體，最後依尺度完成下列
   零件。

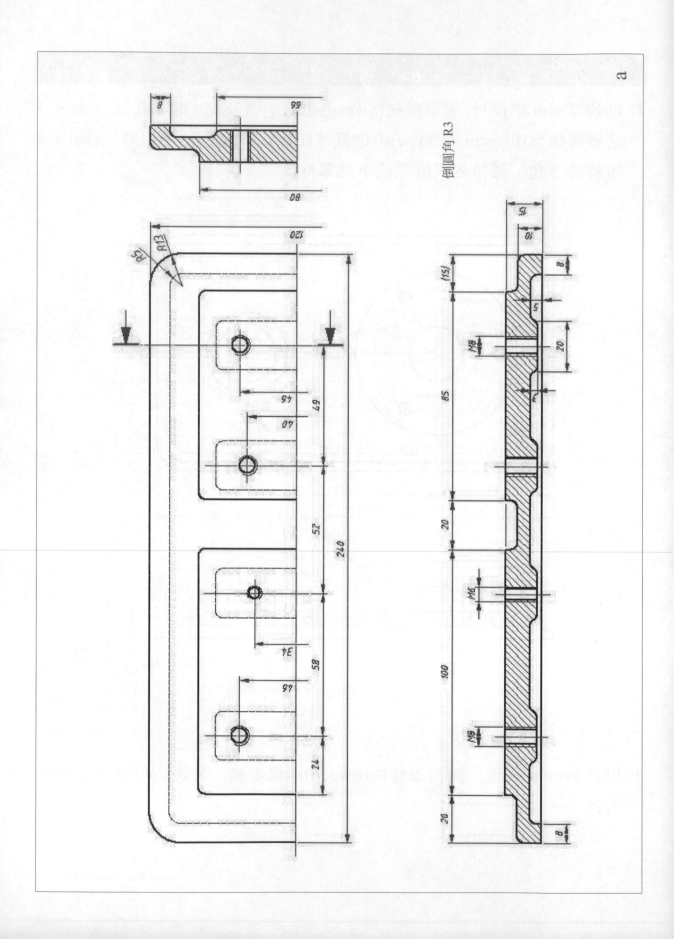

倒圓角 R3

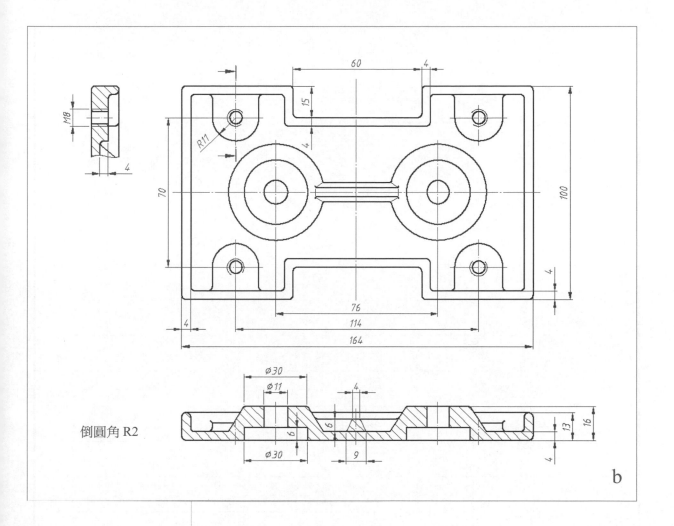

倒圓角 R2

b

3

齒 輪 軸

學習齒輪結構

插入基準座標系統

以方程式繪製漸開線

計算半齒間角

貫通中心軸建構基準平面

陣列複製齒槽

以螺旋掃描切削真實螺紋

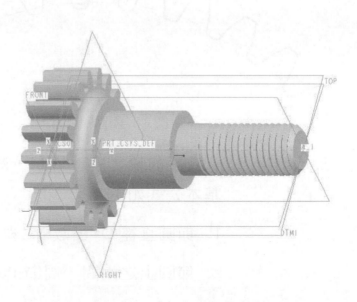

3.1 齒輪

　　齒輪通常成對配合，相配合之齒輪其齒必須一樣大小，齒數則可依設計所需而不同，如圖 3-1 所示。齒之大小由模數(Module)表之，當兩齒輪成對配合時，兩節圓直徑相切，齒數愈多節圓直徑愈大。

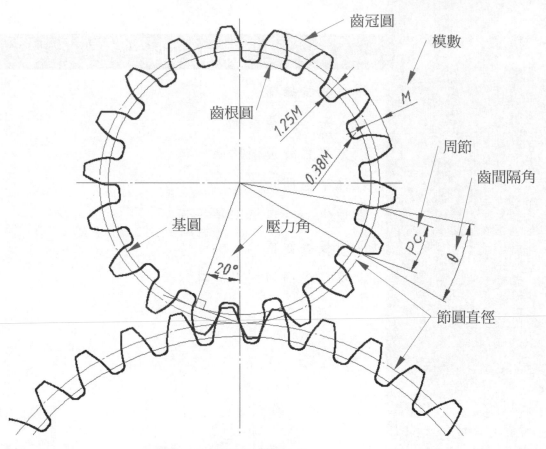

圖 3-1 兩齒輪成對配合

　　設齒輪之模數為 M，齒數為 N，壓力角為 α 度，基本公式如下：

1. 節圓直徑 D=模數 M*齒數 N，D=M*N

2. 節圓上之齒間，周節 Pc=π*模數 M，Pc=π*M

3. 齒間隔角 θ=360°/齒數 N，θ=360°/N

4. 齒冠圓直徑 Da=模數 M*(齒數 N+2)，Da=M*(N+2)

5. 基圓直徑 Db=節圓直徑 D*cos(壓力角)，Db=D*cos(α)

6. 齒根圓直徑 Dd=模數 M*(齒數 N-(1.25*2))，Dd=M*(N-2.5)

7. 齒根圓倒圓角 rs=0.38*模數 M，rs=0.38*M

3.1.1 漸開線齒

　　圓柱上繞著繩子，由繩子端向外拉開，繩端所行進之軌跡即稱為漸開線(Involute)，如圖 3-2 所示為繩端拉開 90 度之情況，圖中圓柱之直徑即為基圓(Base Circle)，(0,0)為平面上 X 軸及 Y 軸之原點。

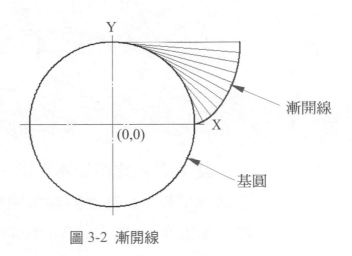

圖 3-2 漸開線

　　設基圓(Base Circle)圓心為原點(Origin)，基圓半徑為 rb，t 為漸開線張開變化的角度，平面曲線時 z 軸恆為 0。依卡式座標系(Cartesian coordinate system)之漸開線方程式如下：

$$x = rb * (\cos t + t * \sin t)$$

$$y = rb * (\sin t - t * \cos t)$$

$$z = 0$$

3.1.2 擺線齒

　　一圓在一固定圓上滾動時，滾動圓上一點所行進之軌跡稱為外擺線(Epicycloid)，如圖 3-3 所示。圖中兩圓相切為成對配合齒輪之節圓直徑。以外擺線所建構(製造)之齒，理論上其齒面在節圓直徑外可完全接觸。

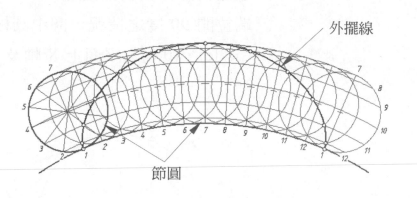

圖 3-3 外擺線

　　設 b 為固定圓節圓半徑，a 為配合齒輪(滾動圓)之節圓半徑，t 為漸開線張開變化的角度，平面曲線時 z 軸恆為 0。依卡式(Cartesian)座標系之外擺線方程式如下：

$$x = (b+a) * \cos((a/b) * t) - a * \cos((b+a)/b * t)$$

$$y = (b+a) * \sin((a/b) * t) - a * \sin((b+a)/b * t)$$

$$z = 0$$

3.1.3 齒輪建構

正齒輪(Spur)有兩種建構計算方式：

1. 四分之一齒間隔角(θ/4)

已知模數 M，齒數 N，壓力角 α，(通常為 20 度)及齒寬，從齒間隔角 θ=360°/N，得四分之一齒間隔角(θ/4)=(360°/N)/4，其目的為建構一基準平面(Datum Plane)位四分之一齒間隔角(θ/4)，如圖 3-4 所示。以鏡像複製另一條以漸開線方程式所畫之基準曲線(Datum Curve)，做為切削一個齒槽。

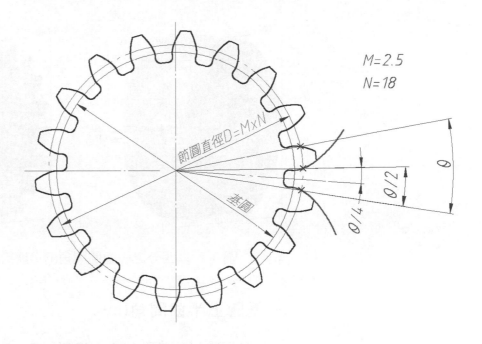

圖 3-4 四分之一齒間隔角(θ/4)

設有一齒輪，模數 M=2.5，齒數 N=18，壓力角 α=20，得四分之一齒間隔角 θ/4=(360°/N)/4=5°。

先依基本公式可得齒冠圓直徑 Da=M*(N+2)，此

時可配合齒寬先畫出齒輪本體,再依漸開線(或外擺線)方程式畫出齒面上之基準曲線(Datum Curve),再以基準曲線畫出齒面上之節圓直徑(D=M*N),然後於節圓直徑與漸開線相交點處,插入一基準點(Datum Point),經基準點及經中心軸插入一基準平面(Datum Plane),再插入一四分之一齒間隔角(θ/4)之基準平面(Datum Plane),然後鏡像(Mirror)複製另一條漸開線,依兩條漸開線及齒深,切削一個齒槽,最後陣列(Pattern)複製成 18 齒。如圖 3-5 所示。為模數 M=2.5,齒數 N=18,壓力角 α=20 度之漸開線齒輪。

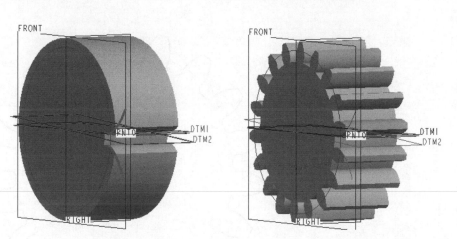

圖 3-5　以四分之一齒間隔角(θ/4)建構之漸開線齒輪

2. 基圓上半齒間角(hw)

除了已知模數 M,齒數 N,壓力角 α,(通常為 20 度)及齒寬外,必須計算基圓上半齒間角 hw,如圖 3-6 所示。其目的為建構一基準平面(Datum Plane),鏡像複製另一條以方程式所畫之漸開線(或外擺線)曲線,做為切削一個齒槽。

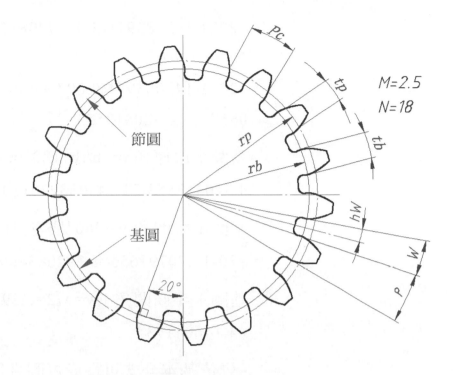

圖 3-6 計算基圓上半齒間角 hw

　　設有一齒輪，模數 M=2.5，齒數 N=18，壓力角
α=20，計算基圓上半齒間角 hw 步驟如下：

1. 節圓半徑 rp=0.5*模數 M*齒數 N，rp=0.5*M*N
   =0.5*2.5*18=22.5

2. 基圓半徑 rb=節圓半徑 rp *cos(壓力角 α)，
   rb=22.5*cos(20)=21.14308397

3. 節圓上之齒間，周節 Pc=π*模數 M，
   Pc=pi*2.5=7.853981634

4. 節圓上之齒厚 tp=周節 Pc/2，
   tp=7.853981634/2=3.926990817

5. 基圓上之齒厚 tb=2*rb*(tp/(2*rp)+inv(α))
   =2*rb*(tp/(2*rp)+tan(α)-α*2*π/360°)

$$=2*21.14308397*(3.926990817/(2*22.5)+\tan(20)-20*pi/180)$$

$$=2*21.14308397*(0.087266462+0.363970234-0.34906585)=4.320413553$$

6. 基圓上齒厚角 $\rho=tb/rb*180°/\pi=$ 4.320413553/21.14308397*180/pi=11.70791653

7. 基圓上齒間角 w=360°/齒數 N-ρ，w=360°/N-ρ =20-11.70791653=8.292083469

8. 基圓上半齒間角 hw=w/2=8.292083469/2 =4.146041734

先依基本公式可得齒冠圓直徑 Da=M*(N+2)，此時可配合齒寬先畫出齒輪本體，再依漸開線(或外擺線)方程式畫出齒面上之基準曲線(Datum Curve)，然後根據基圓上半齒間角 hw 插入基準平面(Datum Plane)，鏡像(Mirror)複製另一條基準曲線，依兩條基準曲線及齒深，切削一個齒槽，最後陣列(Pattern)複製成 18 齒。如圖 3-7 所示。為模數 M=2.5，齒數 N=18，壓力角 α=20度之漸開線齒輪。

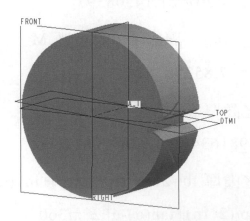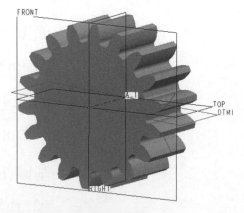

圖 3-7 以基圓上半齒間角(hw)建構之漸開線齒輪

　　🕮 提示：分析以上兩種建構計算方式。(1)四分之一齒間隔角(θ/4)：計算簡單較精確，須建構一基準點、節圓直徑及兩基準平面，能用在漸開線及擺線齒。(2)基圓上半齒間角(hw)：計算複雜雖有小誤差，可用在其他應用上，只須建構一基準平面，但只能用在漸開線齒。(3)一般建構正齒輪建議使用四分之一齒間隔角(θ/4)較方便，因無需做複雜之計算。

3.2　座標系統特徵

　　座標系統是可以增加到零件和組件中的參照特徵，如圖 3-8 所示。其中 PRT_CSYS_DEF 之 x、y 及 z 軸為預設零件座標系，ASM_DEF_CSYS 之 x、y 及 z 軸為預設組件座標系，它可執行下列操作：

1. 計算品質屬性。

2. 組裝元件。

3. 為有限元素分析(FEA)放置限制。

4. 為刀具軌跡提供製造操作參照。

5. 用於定位其他特徵的參照，如：座標系、基準點、平面、匯入的幾何及方程式曲線等。

6. 對於大部分的　一般建模作業，可以使用座標系統作為方向參照。

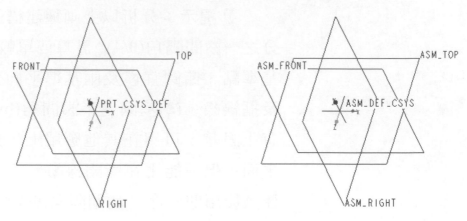

圖 3-8 零件和組件預設座標系

3.2.1 座標系統類型

Pro/ENGINEER 總是顯示帶有 X、Y 和 Z 軸的座標系(右手定則)。當須參照座標系生成其他特徵時,例如一個由方程式產生的基準曲線。如圖 3-9 所示。系統可以用三種方式表示座標系,如圖 3-10 所示。說明如下:

1. 卡式座標系(Cartesian):系統以 X、Y 和 Z 表示座標值。

2. 圓柱座標系(Cylindrical):系統以圓柱半徑 r、theta(θ)和 Z 表示座標值。

3. 球狀座標系(Spherical):系統以球半徑 r、theta(θ)和 phi(Ø)表示座標值。

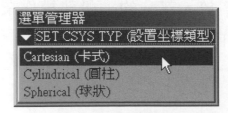

圖 3-9 設置座標類型

卡式座標系(Cartesian)	圓柱座標系(Cylindrical)	球狀座標系(Spherical)

圖 3-10 座標系統類型

3.2.2 插入基準座標系統

　　按 ✳ 插入一基準座標系統,如左圖所示。最多可選取 3 個位置參照,這些參照可以包括平面、邊、軸、曲線、基準點、頂點或座標系統等。有了新基準座標系統符號後,可將原點位移,及對 X、Y 及 Z 軸定向,以確定新基準座標系統的方位。

1. 位移類型:可以下列方式位移座標系統原點。

- 卡式座標系(Cartesian):可經由設定 X、Y 和 Z 值來位移座標系統原點,如圖 3-11 所示。

- 圓柱座標系(Cylindrical):可經由設定圓柱半徑 r、Theta(θ)和 Z 值來位移座標系統原點。

- 球狀座標系(Spherical):可經由設定球半徑 rho、Theta(θ)和 Phi($\emptyset$)值來位移座標系統原點。

- 來源檔案(From File):可從轉換檔案匯入座標系統原點位置。

　　🖎 提示:(1)卡式座標系之 x、y 及 z 轉換為圓柱座標系時,r=(x^2+y^2)^0.5,theta=atan(y/x), z=0。(2)卡式座標系之 x、y 及 z 轉換為球狀座標系時，rho=(x^2+y^2+z^2)^0.5，phi=atan(y/x)，theta=90。

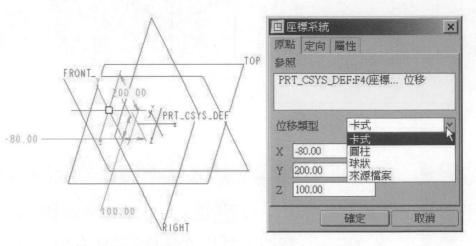

圖 3-11 座標系統「原點」表頁(位移類型)

2. 定向方式：對 X、Y 及 Z 軸定向，可選擇下列一個選項。

   • 參照選取(References selection)：可選取其中 2 個軸的參照來定向座標系統。對於每個軸向(X、Y 及 Z)收集器，請為其選取參照並從下拉清單中選取軸向名稱，如圖 3-12 所示。

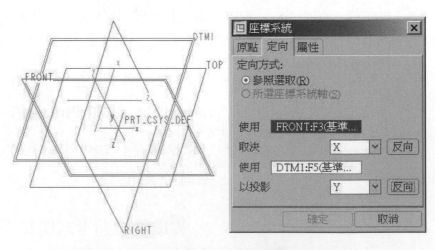

圖 3-12 座標系統「定向」表頁(參照選取)

- 所選座標系統軸(Selected CSYS axes)：使用此選項，如圖 3-13 所示。可以繞著作為位置參照的座標系統軸來旋轉座標系統，從而定向該座標系統。對於每個軸可輸入所需的度數值，或使用拖曳操作柄手動定位每一個軸。

圖 3-13 定向座標系統

- Z 法向至螢幕(Z Normal to Screen)：此按鈕可快速地定向 z 軸，使其垂直於視圖螢幕。

3.3 貫通軸建構基準平面

　　基準平面為特徵，可於其它特徵建構中，視需要隨時插入。如圖 3-14 所示。為基準平面限制類型包括有：

1. 貫通(Through)：穿過所選參照放置新的基準平面。

2. 位移(Offset)：透過從所選參照作位移，放置新的基準平面。須輸入一值為平移距離或旋轉角度。

3. 平行(Parallel)：平行於所選參照放置新的基準平面。

4. 法向(Normal)：法向(垂直)於所選參照放置新的基準平面。

5. 相切(Tangent)：放置新的基準平面時使其與所選參照相切(如圓柱)。

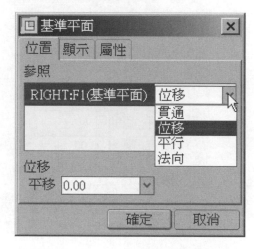

圖 3-14 基準平面對話框(位置)

以建構貫通於基準軸之基準平面為例，如圖 3-15 所示。(a)圖穿過中間基準軸 A_1，因有無數多個可能，必須再有其它條件才能滿足平面放置條件，(b)圖其它放置條件確定平面方位，結果說明如下：

1. 再貫通(Through)一條邊線，如 DTM1。或再貫通(Through)一點(PNT0)，如 DTM4 等。

2. 再法向(Normal)於一條邊線，如 DTM5。或再法向於一平面，如 DTM2 等。

3. 再平行(Parallel)於一平面，如 DTM3。

4. 再位移(Offset)於一平面的旋轉角，如 DTM7，須

再輸入角度，如圖 3-16 所示。

5. 再相切(Tangent)另一圓柱，如 DTM6。

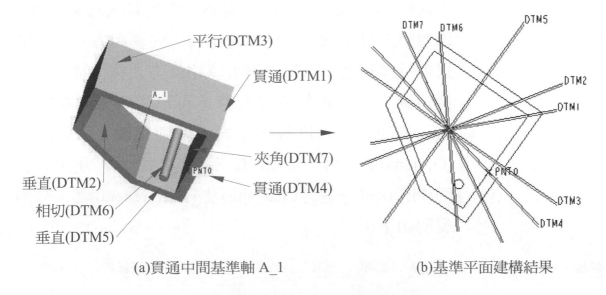

(a)貫通中間基準軸 A_1　　　　　　　(b)基準平面建構結果

圖 3-15　建構基準平面貫通基準軸

圖 3-16　貫通基準軸位移平面的角度

　　　　🖑 提示：(1)基準平面對話框的位置參照收集
器，須按著<Ctrl>鍵才能複選。(2)只要確定(OK)
鍵可按時，即表滿足平面放置條件。(3)確定(OK)
鍵可按即可建構基準平面，但不一定是想要的。

3.4 陣列複製之選項

　　　　　陣列(Pattern)一次可複製多個特徵，有兩個驅動方向(方向 1 及方向 2)，每驅動方向可輸入複製個數。以特徵之尺度數字為驅動方向時，同驅動方向之位置尺度可以複選，若為複選可以相交方式複製特徵。兩個驅動方向皆選位置尺度時，可以相乘方式複製特徵。依所選之尺度數字不同，陣列複製之「選項」(Options)中之再生選項()有三種，如圖 3-17 所示有相同(Identical)、變數(Varying)及一般(General)等，分別說明如下：

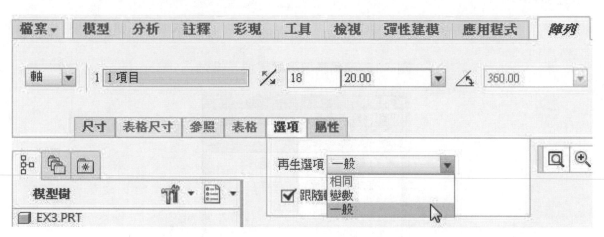

圖 3-17　「陣列」(Pattern)對話方塊列(選項)

1.　相同(Identical)：所複製之各特徵皆為相同大小，放置在相同曲面，且不與彼此或零件邊界相交。即只可選特徵之位置尺度為驅動方向，不可選大小尺度(如直徑等)。如圖 3-18 所示。皆以增量 20mm保持直徑 12mm 孔不相交。(a)圖以尺度 25 為驅動方向複製四孔。(b)圖以尺度 25 及 20 為驅動方向相乘複製十二孔(3x4)。(c)圖以尺度 25 及 20 為驅

動方向相交複製四孔。又如圖 3-19 所示。皆以角
度方向增量 45°。(a)圖以角度尺度 150 為驅動方
向複製六孔。(b)圖以角度尺度 150 及直徑 50 為驅
動方向相乘方式複製十八孔(3x6)。(c)圖以角度尺
度 150 及直徑 50 為驅動方向相交方式複製六孔。

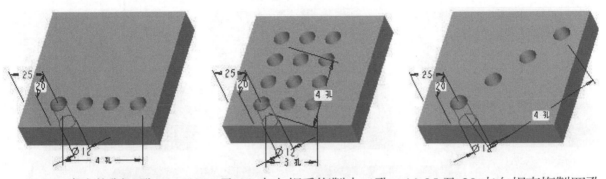

(a)25 方向複製四孔　　(b)25 及 20 方向相乘複製十二孔　(c) 25 及 20 方向相交複製四孔

圖 3-18　以相同(Identical)及長度位置尺度驅動複製

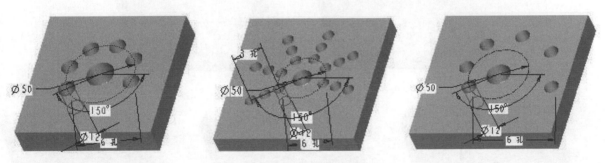

(a)150 方向複製六孔　　(b)150 及 50 方向相乘複製十八孔　(c)150 及 50 方向相交複製六孔

圖 3-19　以相同(Identical)及角度位置尺度驅動複製

2.　**變數(Varying)**：可選特徵之各尺度為驅動方向，
　　包括特徵之大小尺度，即所複製之特徵可為遞增
　　或遞減變化。當選兩位置尺度驅動方向以相乘方
　　式複製時可同時或分別加選大小尺度，將產生不
　　同情景大小之變化，但特徵間仍不可相交，其複
　　製方式與相同(Identical)相類似。如圖 3-20 所示。

皆以直徑遞增量 2mm，使複製之孔逐漸變大，其中相乘方式複製時因可同時或分別加選大小尺度(直徑)故有三種變化。若不選大小尺度為驅動方向，其結果將與相同(Identical)一致，試與前面圖 3-18 及圖 3-19 比較不同之處。

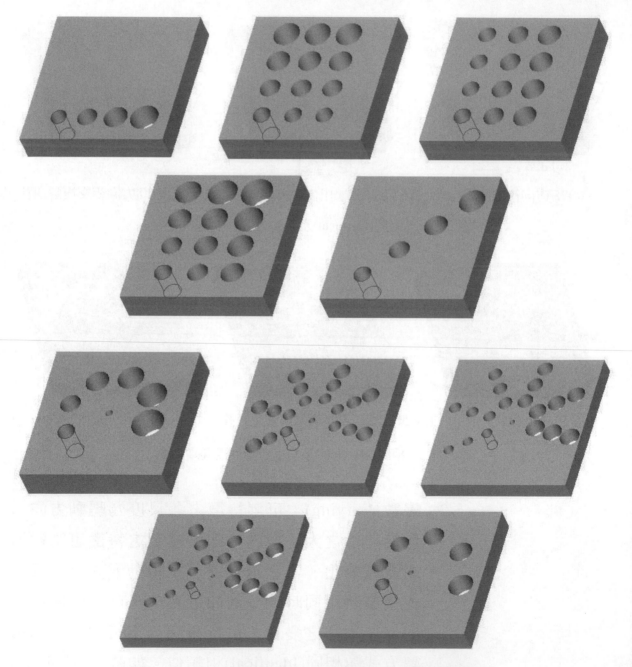

圖 3-20 以變化(Varying)之各方式複製(紅色者為原始特徵)

3.　一般(General)：為預設選項，可選特徵之所有尺度
　　為驅動方向，包含相同(Identical)及變數(Varying)
　　之所有特性，且複製之特徵間可相交，因變化情
　　況繁多允許建立極複雜之陣列，故無法事先假
　　設，如圖 3-21 所示。因特徵間可相交，若各增量
　　之變化不同時，將影響陣列結果甚巨。

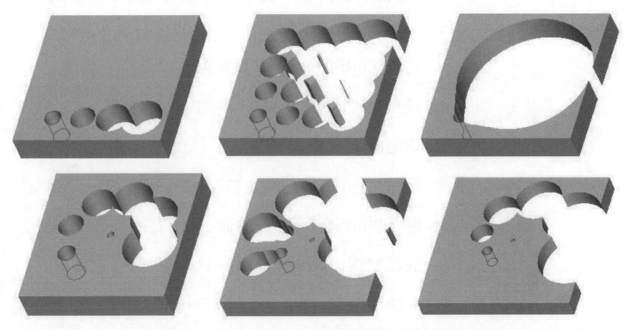

圖 3-21　以一般(General)之各方式複製(紅色者為原始特徵)

　　　選兩個位置尺度驅動方向相乘或相交方式複製
特徵，說明如下：

1.　相乘方式：即兩個位置尺度分別選在方向 1 及方
　　向 2 之收集器中，因每個方向之複製個數至少為 2。

2.　相交方式：即兩個位置尺度皆選在方向 1 或方向 2
　　之收集器中。

　　　📢 提示：除選一般(General)外複製之特徵間
若相交將無法成功。

3.5 螺旋掃描特徵

螺旋掃描(Helical Sweep)特徵為截面圖形依著一條軌跡(Trajectory)以基準中心軸旋轉及前進，形成螺旋狀掃描之建構。螺旋掃描特徵可以為增加材料之長肉，或切減材料之切削，或為無厚度之曲面(Surface)螺旋掃描及裁剪等，使用螺旋掃描功能可以建立下列螺旋掃描特徵之種類：

1. 長肉(Protrusion)：實體長肉。

2. 薄長肉(Thin Protrusion)：加厚(薄)實體。

3. 切削(Cut)：實體切削。

4. 薄壁切削(Thin Cut)：加厚(薄)實體切削。

5. 曲面(Surface)：混合曲面。

6. 曲面裁剪(Surface Trim)：曲面切削。

7. 薄曲面裁剪(Thin Surface Trim)：加厚(薄)曲面切削。

3.5.1 螺旋掃描之選項

螺旋掃描(Helical Sweep)特徵在 Creo 版已由原選單管理員選單提昇為滑動面板標籤，螺旋掃描特徵建構時，一開始即進入標籤 螺旋掃描(Helical Sweep) ，如圖 3-22 所示，其中另有 參照 、 螺距 及 選項 等滑動面板選單。有關真實螺紋建構時之重要細節因素分別說明於下：

螺距　　左螺紋 右螺紋

圖 3-22　螺旋掃描之標籤

1. 螺距：螺旋掃描在依一條軌跡前進時，當旋轉中心軸一周前進之距離可分為兩類，從 螺距 滑動面板中可選：

- Constant(常數)：為預設選項，即螺旋掃描一週，前進之距離為固定值。從起點開始只給一個螺距，如圖 3-23 所示，如螺紋之螺距。

- Variable(可變)：即螺旋掃描一周，前進之距離為可變值。可從新增螺距開始，從起點、終點或某位置多給一個螺距，如圖 3-24 所示。如彈簧之螺距。

圖 3-23　螺距固定

圖 3-24　螺距為可變

2. 截面方位：截面移動掃描時，截面圖形之方位可分為兩種，從 參照 滑動面板中可選：

- Thru Axis(通過旋轉軸)：為預設選項，當截面圖形螺旋掃描移動時，恆保持貫穿中心軸方位。

- Norm To Traj(法向於軌跡)：為截面圖形螺旋掃

描移動時，恆保持垂直於軌跡方位。當軌跡與中心軸有不平行情況時，此選項才有作用。

3. 旋轉方向：螺旋掃描時，截面之旋轉前進方向可分為兩種，從標籤圖像中可選：

- Right Handed(右手定則)：為預設選項，即順時鐘方向前進，如圖 3-25 所示。如螺栓之右旋螺紋。

- Left Handed(左手定則)：即依逆時鐘方向前進，如圖 3-26 所示。如螺栓之左旋螺紋。

圖 3-25 右旋螺紋   圖 3-26 左旋螺紋

3.5.2 建構真實螺紋

螺紋常見於零件之中，螺紋建構有裝飾(Cosmetic)螺紋及真實螺紋兩種，如圖 3-27 所示。裝飾螺紋適用於工程圖中之螺紋畫法(請參閱基礎篇第 8.8.8 節所述)，真實螺紋即採用螺旋掃描切削建構。

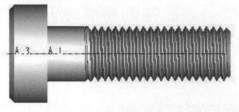

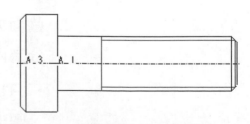

(a)真實螺紋   (b)裝飾(Cosmetic)螺紋

圖 3-27 真實螺紋與裝飾(Cosmetic)螺紋

　　一般公制螺紋依螺距(Pitch)大小，分為粗牙與細牙兩類，粗牙為標準牙，其螺距只有一種，細牙則有多種，螺距大小可依設計需求而選用。

　　公制三角螺紋，以 60 度角切削，螺紋通常成對配合，即外螺紋與內螺紋，配合時其標稱尺度及螺距必須相同，外螺紋與內螺紋配合時之細節，如圖 3-28 所示。為不考慮公差時之配合情況，圖中 D 為螺紋標稱尺度(M 值)、P 為螺距(Pitch)及 D'為內螺紋之鑽孔直徑。

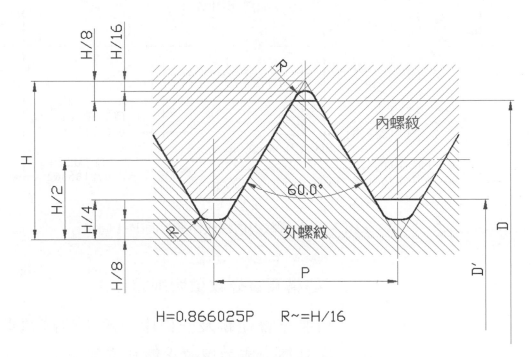

圖 3-28 外螺紋與內螺紋配合細節

　　設螺距 P=1 時，依外螺紋與內螺紋配合時之細節，其螺旋掃描切削截面，倒圓角 R 暫不考慮，如圖 3-29 所示。H/4=0.2165062*P、H/8=0.1082531*P 及 H/16=0.0541265*P。

提示：(1)若考慮公差，在螺旋掃描繪製切削截面時，可將螺距 P 值加上正公差值。(2)H/8、H4、H/16 與螺距 P 之大小可用關係(Relations)控制，或以大約稍小值計算。(3)倒圓角半徑 R 約等於 H/16~=0.0541265P。(4)實際螺紋切削通常在車床加工，或以螺絲攻加工等。

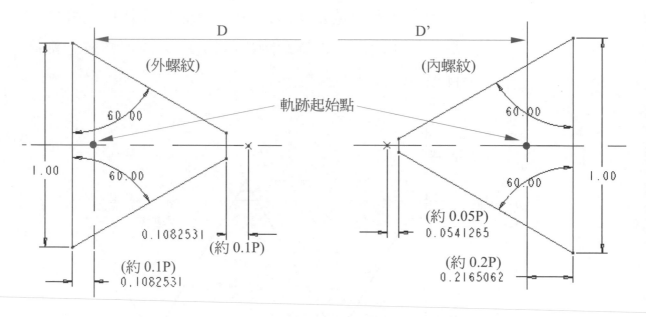

圖 3-29 外螺紋與內螺紋切削截面(P=1 時)

建構真實螺紋微切削過程：

1. 繪製一條軌跡及一條中心線：軌跡須畫在外螺紋之外徑上或內螺紋之鑽孔直徑上。

2. 輸入螺距：依螺紋為標準牙或細牙輸入螺距。

3. 繪製截面：會自動轉至起始點截面方位，繪製掃描截面，依圖 3-29 之外螺紋與內螺紋切削截面(P=1 時)之比值繪製。

提示：可在螺旋掃描切削完成後，再建構
螺旋槽之倒圓角 R(約為 H/16~=0.0541265*P)。

3.6　繪製齒輪軸(ch03.prt)

本練習建構零件齒輪軸(ch03.prt)，配合齒輪之齒
冠圓直徑(外徑)，先建構軸本體，再以方程式建構漸
開線齒，最後還練習在軸端以螺旋掃描繪製切削真實
螺紋，建構完成之零件，如圖 3-30 所示。

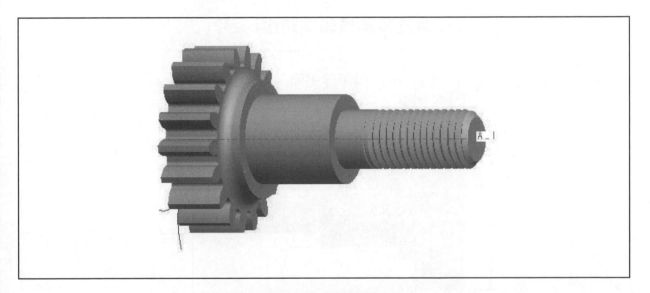

圖 3-30　建構完成之齒輪軸(ch03.prt)

齒輪軸欲建構齒之外徑，先配合齒之模數 M=2.5
及齒數 N=18，得齒冠圓直徑 Da =M*(N+2)=50。軸右
側端則配合切削 M16 真實螺紋，以直徑 16 建構，其
前後順序沒關係，過程分三個步驟介紹：(圖 3-31)

(a)　步驟一：建構齒輪軸本體

(b)　步驟二：建構漸開線齒

(c)　步驟三：切削真實螺紋

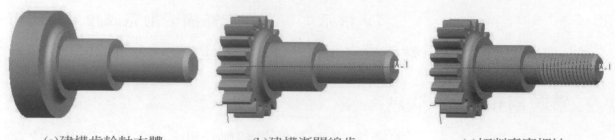

(a)建構齒輪軸本體   (b)建構漸開線齒   (c)切削真實螺紋

圖 3-31 建構過程分三步驟

3.6.1 步驟一：建構齒輪軸本體

(a) 以旋轉建構軸本體(圖 3-32)

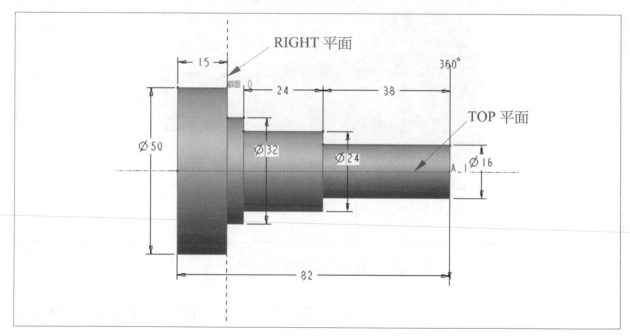

圖 3-32 以旋轉建構軸本體

過程 ：

1. 在標籤模型(Model)中，按一下群組形狀(Shapes)中之圖像 旋轉，開啟標籤旋轉(Revolve)對話方塊列。

2. 按對話方塊列之放置(Placement)→定義(Define)，

　　開啟 草繪(Sketch) 對話框，點選 FRONT 平面(或其他平面)，接受預設草繪定向，按草繪(Sketch)。進入草繪器，準備繪製 2D 的旋轉截面圖形，必須有一條基準中心線及剛好封閉之截面圖形。

3. 按一下圖形視窗上方工具列的圖像 📇 。

4. 先以 基準(Datum) 工具列之 ┋「中心線」，如左圖所示。繪製水平基準中心線，只要使中心線確實鎖點(重疊)在 TOP 平面上即可。再以 草繪(Sketching) 工具列之 ✨「直線」大約繪製封閉截面圖形，使底線重疊(鎖點)在 TOP 平面上(即水平中心線)，完成截面圖形及需要之尺度，如圖 3-33 所示。圖中之直徑尺度 50，為配合齒輪之模數 M=2.5 齒數 N=18 之齒冠圓直徑(外徑)Da=M*(N+2)=50。另直徑尺度 16，則為準備建構 M16 之真實螺紋外徑。

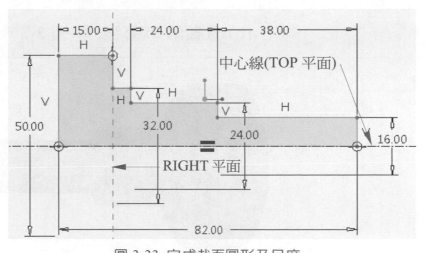

圖 3-33 完成截面圖形及尺度

5. 在標籤 旋轉(Revolve) 對話方塊列中，如圖 3-34 所示。接受預設旋轉角度 360。

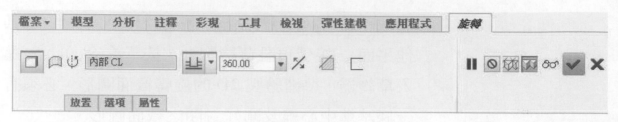

圖 3-34 「旋轉」(Revolve)對話方塊列

6. 正確後按 ✔ 按鈕，即完成旋轉實體特徵，如圖 3-35 所示。

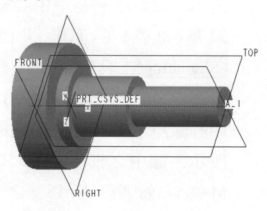

圖 3-35 完成旋轉實體特徵

(b) 做軸端 2x45°去角(圖 3-36)

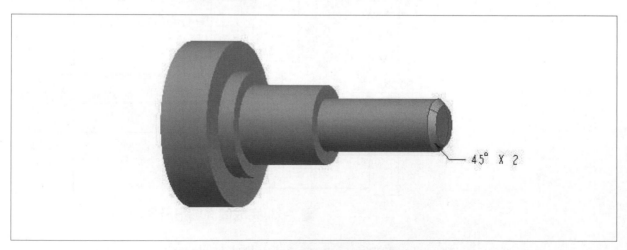

45° X 2

圖 3-36 做軸端 2x45°去角

過程：

1. 在標籤 模型 (Model) 中，按一下群組 工程▼ (Engineering▼) 中之圖像 倒角(Chamfer)。

2. 開啟標籤 邊倒角(Edge Chamfer) 對話方塊列，按集合(Sets)，開啟滑動面板，選 45 X D，輸入 D 值 **2.00**，點選軸端邊線，如圖 3-37 所示。

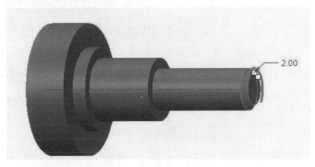

圖 3-37 點選軸端邊線

3. 完成後須按 按鈕，即完成建構軸端 2x45°去角特徵，如圖 3-38 所示。

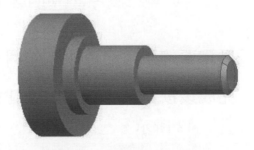

圖 3-38 完成建構軸端 2x45°去角特徵

(c) 做倒圓角 R3 特徵(圖 3-39)

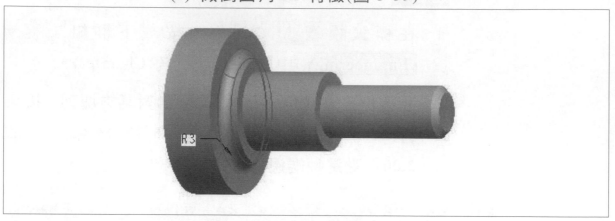

圖 3-39 做倒圓角 R3 特徵

過程：

1. 在上方的標籤模型(Model)中，按一下群組工程▼
   (Engineering▼)中之圖像 倒圓角(Round)。

2. 開啟標籤倒圓角(Round)對話方塊列，輸入半徑
   3，如圖 3-40 所示，按集合(Sets)，可開啟集合滑
   動面板。

圖 3-40 標籤倒圓角(Round)對話方塊列

3. 點選要倒圓角之邊線，如圖 3-41 所示。

4. 完成後按 按鈕，即完成建構倒圓角 R3 特徵，如
   圖 3-42 所示。

圖 3-41 選要倒圓角的邊線

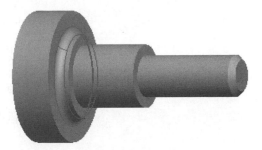

圖 3-42 完成建構倒圓角 R3 特徵

3.6.2　步驟二：建構漸開線齒

(a) 插入基準座標系統(圖 3-43)

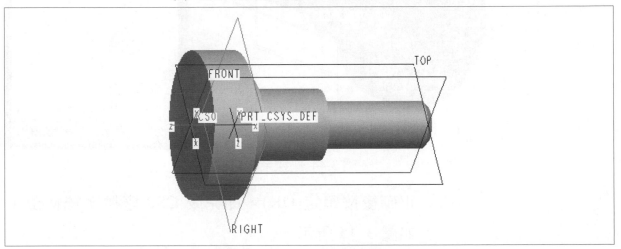

圖 3-43 插入基準座標系統

過程：

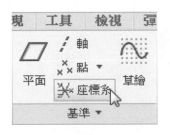

1. 繼續在標籤模型(Model)中，按一下群組基準▼(Datum▼)工具列中之圖像✳座標系，如左圖所示。

2. 開啟座標系(Coordinate System)對話框，如圖 3-44 所示。按著<Ctrl>鍵，同時依序點選點選 FRONT 平面，TOP 平面及左側軸端平面。

提示：(1)點選平面時，垂直該平面之方向即為座標系之某一軸向。(2)依序點選點選三個平面時，將分別為 x、y 及 z 座標軸向。(3)當滑鼠移動至基準平面框時，將顯示基準平面的名稱。

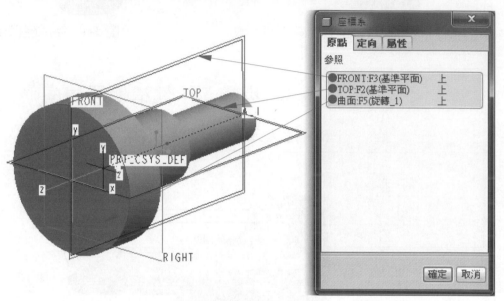

圖 3-44 座標系對話框

3. 正確後按確定(OK)，即完成 CS0 座標系統特徵，如圖 3-45 所示。

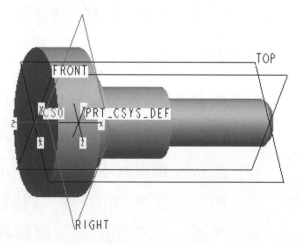

圖 3-45 完成 CS0 座標系統特徵

提示：(1)在軸左側端平面中心位置上必須
有一座標系統原點。(2)若建構齒輪軸本體時，使
系統內定座標系統原點(PRT_CSYS_DEF)位軸左
側端平面中心位置，則可直接使用。(3)座標系統
編號由 CS0、CS1、…等順序編起。

(b) 以方程式畫漸開曲線(圖 3-46)

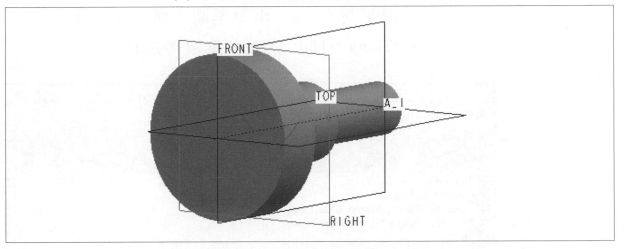

圖 3-46 以方程式畫漸開曲線

過程：

1. 按一下群組 基準▼(Datum▼) 下拉工具列中之圖像
   〜曲線 ▶ 右側之▶。選 來自方程式的曲線
   (Curve from Equation)，如圖 3-47 所示。

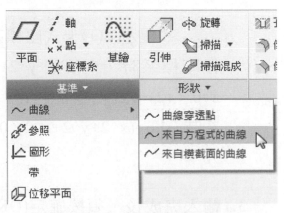

圖 3-47 選來自方程式的曲線

2. 開啟標籤 曲線:從方程式(CURVE:From Equation) 對話方塊列。按參照(Reference)，開啟參照滑動面板。須選軸左側端平面中心位置上之座標系統，選 CS0 座標系統。座標系種類選 卡式(Cartesian) ，按一下 方程式...(Equation...) ，輸入卡式座標漸開線方程式，如圖 3-48 所示，其中 Theta=t*60 為漸開線張開 60 度，rb 為基圓半徑，壓力角 20 度，pi*Theta */180 為 Theta 度數轉弳值。

圖 3-48 輸入漸開線方程式

提示：(1)卡式座標系之 x、y 及 z 轉換為圓柱座標系時，r=(x^2+y^2)^0.5，theta=atan(y/x)，z=0。(2)卡式座標系之 x、y 及 z 轉換為球狀座標系時，rho=(x^2+y^2+z^2)^0.5，phi=atan(y/x)，theta=90。

3. 輸入完成後，須按確定(OK)離開。

4. 正確後須按圖像 ✔ 按鈕，即完成以方程式畫漸開
曲線特徵，如圖 3-49 所示，注意漸開曲線必須畫
在軸左側端平面上即 CS0 座標系的 xy 平面上。

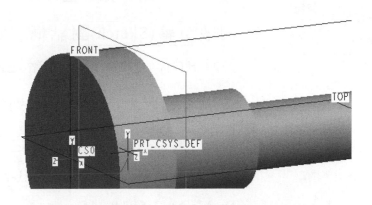

圖 3-49　完成以方程式畫漸開曲線特徵

　　💡 提示：等一下有空時，記得試試改以輸入
外擺線方程式(前面第 3.1.2 節)，觀察比較與漸開
線齒有何不同。

(c) 草繪節圓直徑(圖 3-50)

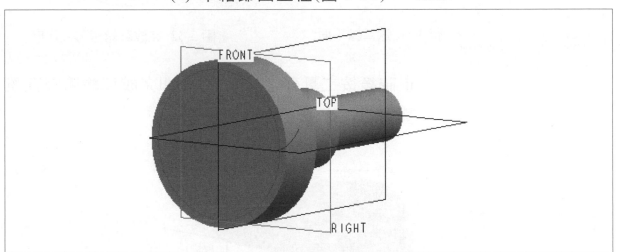

圖 3-50　草繪節圓直徑

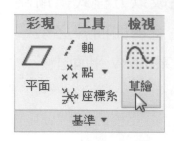

過程：

1. 繼續按一下群組 基準▼(Datum▼) 工具列中之圖像 〜 基準草繪，如左圖所示。

2. 開啟 草繪(Sketch) 對話框。點選左側平面，如圖 3-51 所示。接受預設草繪定向，按草繪(Sketch)。

3. 按一下圖形視窗上方工具列的圖像 🔁 。

4. 以 草繪(Sketching) 工具列之 ⊙ 「畫圓」，完成草繪圖形及尺度，如圖 3-52 所示。節圓直徑 D=MxN=2.5x18=45。

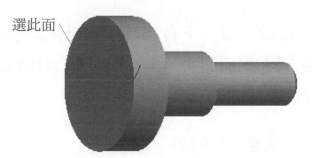

選此面

| 圖 3-51　選草繪平面 | 圖 3-52　完成草繪圖形及尺度 |

5. 正確後按工具列之圖像 ✔ ，即完成草繪節圓直徑基準曲線特徵，如圖 3-53 所示。

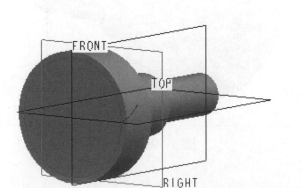

圖 3-53　完成草繪節圓直徑基準曲線特徵

(d) 插入基準點(圖 3-54)

圖 3-54　插入基準點

過程：

1. 在圖形視窗上方，按一下工具列中之圖像 [圖] 基準
   顯示篩選器，先確定 [圖] 點顯示與 [圖] 平面顯示之圖
   像，是否已被選取，如圖 3-55 所示。

圖 3-55　基準顯示篩選器

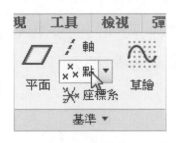

2. 繼續按一下群組 基準▼(Datum▼) 工具列中之圖像
   [圖] 點，如左圖所示。開啟 基準點(Datum Point) 對
   話框。

3. 按著<Ctrl>鍵，選取模型中剛完成之節圓直徑曲線
   及漸開線曲線，如圖 3-56 所示。應出現基準點

PNT0(或其他代號)位在兩曲線之相交點處。

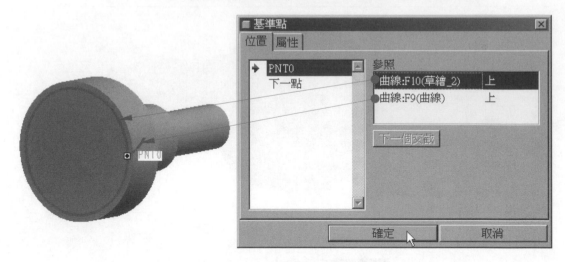

圖 3-56 基準點對話框

4. 完成後按確定(OK)，即完成放置基準點 PNT0 特徵，如圖 3-57 所示。

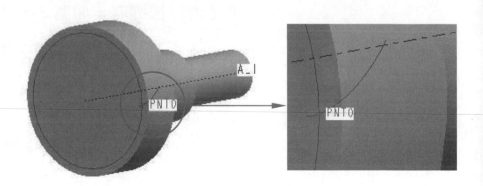

圖 3-57 完成放置基準點 PNT0 特徵

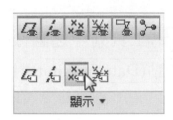

提示：當無法顯示基準點 PNT0 時，按一下上方標籤檢視(View)，再按一下群組顯示▼(Display▼)工具列中之圖像顯示點標籤(Point Tag Display)，如左圖所示。

(e) 插入基準平面(圖 3-58)

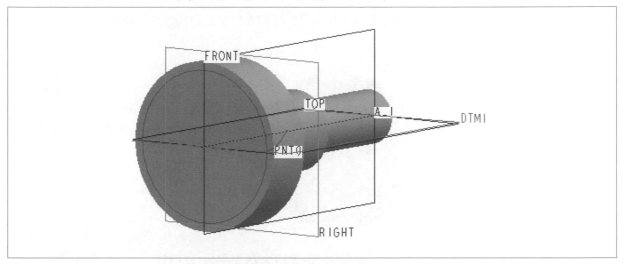

圖 3-58 插入基準平面(DTM1)

過程：

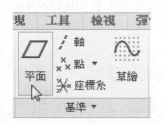

1. 在標籤模型(Model)中，按一下群組基準▼(Datum ▼)工具列中之圖像 ▱ 平面(Plane)，如左圖所示。開啟基準平面(Datum Plane)對話框。

2. 按著<Ctrl>鍵，選如圖 3-59 所示之參照，中心軸(A_1)須貫通，PNT0 須貫通。

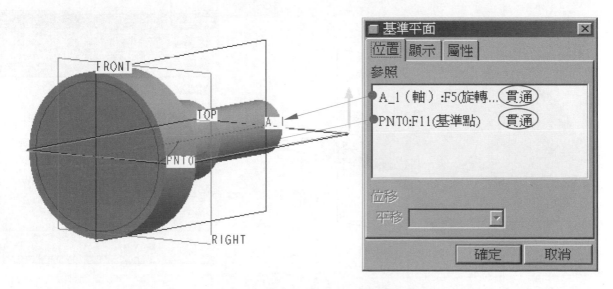

圖 3-59 選中心軸(A_1)及 PNT0

3. 正確按確定(OK)，即完成在中心軸(A_1)及 PNT0 間插入基準平面(DTM1)，如圖 3-60 所示。

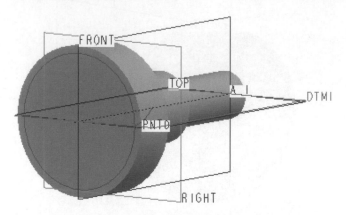

圖 3-60 完成插入基準平面(DTM1)

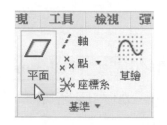

4. 繼續按一下群組 基準▼(Datum▼) 工具列中之圖像 平面(Plane)，如左圖所示。開啟 基準平面(Datum Plane) 對話框。

5. 按著<Ctrl>鍵，選如圖 3-61 所示之參照，中心軸 (A_1)須貫通，DTM1 須位移，輸入旋轉角 5(或 -5)，須在 DTM1 下方 5 度。

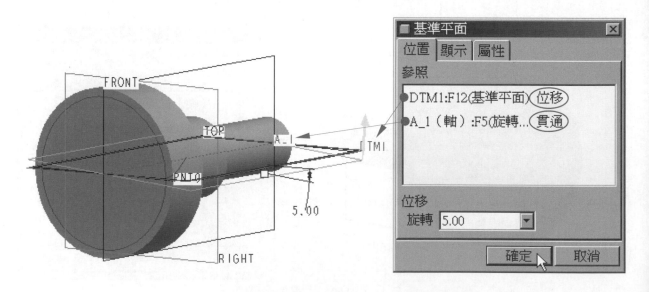

圖 3-61 選中心軸(A_1)及 DTM1

✎ 提示：依前面第 3.1.3 節所述，當齒數 N=18
時，四分之一齒間隔角 θ/4=(360°/N)/4=5°。

(f) 鏡像複製漸開線曲線(圖 3-62)

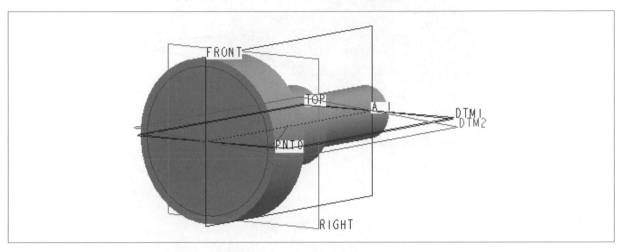

圖 3-62 鏡像複製漸開線曲線

過程：

1. 先選漸開線，選到變綠。在標籤模型(Model)中，
   按一下群組編輯(Editing)工具列之圖像🔲🔲鏡像。

2. 開啟標籤鏡像(Mirror)對話方塊列，直接選剛完成
   之 DTM2 平面為基準複製，完成後按圖像✔，即
   完成鏡像(Mirror)複製漸開線，如圖 3-63 所示。

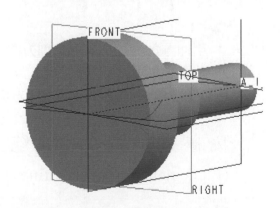

圖 3-63 完成鏡像複製漸開線曲線

(g) 切削一齒槽(圖 3-64)

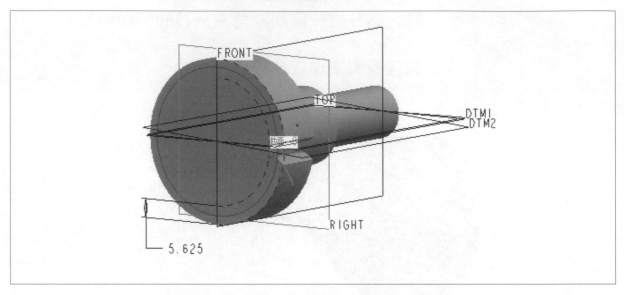

圖 3-64 切削一齒槽

過程：

引伸

1. 在標籤模型(Model)中，按一下群組形狀(Shapes)工具列之圖像引伸(Extrude)，如左圖所示，開啟標籤引伸(Extrude)對話方塊列。可先選 ⚌ 至下一個(To Next)，及按一下 ◪ 移除材料，如圖 3-65 所示。

圖 3-65 引伸(Extrude)對話方塊列

2. 按標籤引伸(Extrude)對話方塊列之放置(Placement)→定義(Define)，開啟草繪(Sketch)對話框。

3. **翻轉**模型，選軸之最左端平面為草繪平面，接受內定箭頭方向，如圖 3-66 所示。按草繪(Sketch)，進入草繪器。

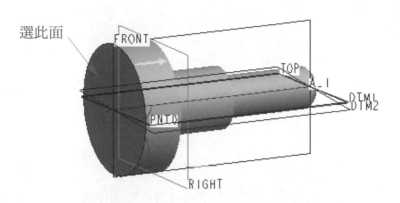

選此面

圖 3-66　選最左端平面為草繪平面

4. 按一下群組 草繪(Sketching) 工具列之圖像 ▣ 投影 (Project)，即「使用邊」(Use Edge)，進入使用邊 類型(Type) 對話框，接受內定預選為單一 (Single)，如圖 3-67 所示。直接點選兩條漸開線為截面使用，選到線條會轉為截面圖形且線上加註~ 符號，如圖 3-68 所示。

圖 3-67　類型對話框

圖 3-68　「使用邊」線上加註~符號

5. 繼續以 草繪(Sketching) 工具列之圖像 ▣ 「位移邊」 (Offset Edge)，進入位移邊 類型(Type) 對話框，接

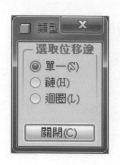

受內定預選為單一(Single)，如左圖所示。直接點選齒冠圓邊線，如圖 3-69 所示。箭頭方向為正值，輸入**-3**。

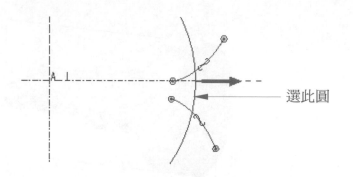

選此圓

圖 3-69 位移邊選齒冠圓邊線

6. 以 編輯(Editing) 工具列之圖像 「修剪」，先完成截面形狀，如圖 3-70 所示。再將 3 改為 **5.625**，即 2.25 個模數 M (2.25*2.5 = 5.625)，如圖 3-71 所示。完成後按 ✔。

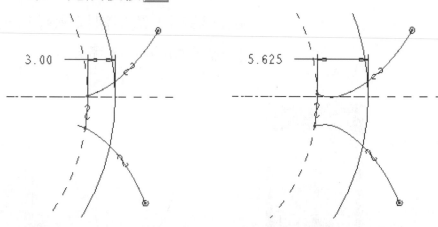

圖 3-70 完成截面形狀	圖 3-71 完成截面及尺度

提示：因開始直接輸入-5.625 時交不到漸開線，故輸入較小值-3，修剪後讓漸開曲線自動拉開。

7. 按中間滾輪移動滑鼠，觀察引伸及切削方向，若不對按 ，如圖 3-72 所示。

8. 正確後須按圖像 ✓ 按鈕，即完成切減齒輪面之一齒槽特徵，如圖 3-73 所示。

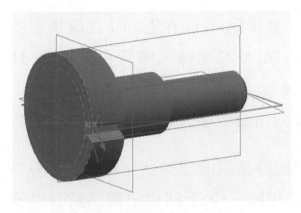

圖 3-72 觀察引伸及切削方向

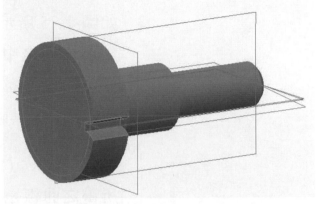

圖 3-73 完成切減齒輪面之齒槽特徵

🖐 提示：(1)等一下記得試試改以輸入外擺線方程式或圓柱座標輸入，觀察比較與漸開線齒有何不同。(2)當齒數少於 17，配合時基圓以內之齒面會有超切(Under Cutting)。

(h) 陣列複製 18 齒(圖 3-74)

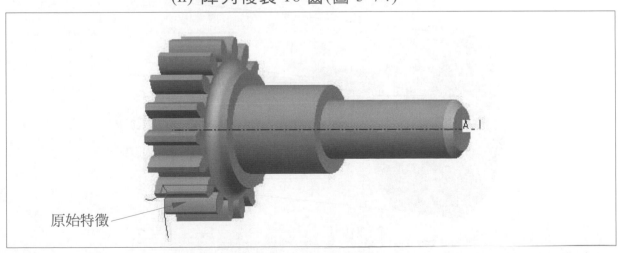

原始特徵

圖 3-74 陣列複製 18 齒

過程：

1. 先選取前面剛完成齒輪面之齒槽特徵，選到變綠。

2. 再按編輯(Editing)工具列之圖像 ⊞ 陣列，開啟標籤陣列(Pattern)對話方塊列，選按軸(Axis)類型

3. 如圖 3-75 所示。選軸(Axis)，在方向 1 之收集器中點選模型之中心軸(A_1)，輸入陣列複製總數 **18** 個，輸入每隔 **20** 度，接受預設總角度 360 度。不理方向 2，其陣列複製總數應為 1 個。

　🕮 提示：(1)記得試試改以球狀座標輸入，看看所畫之曲線是否相同。(2)下回也記得試試改以不同之模數 M 及齒數 N 計算半齒間角 hw，看看可否畫出各種不同大小齒輪。

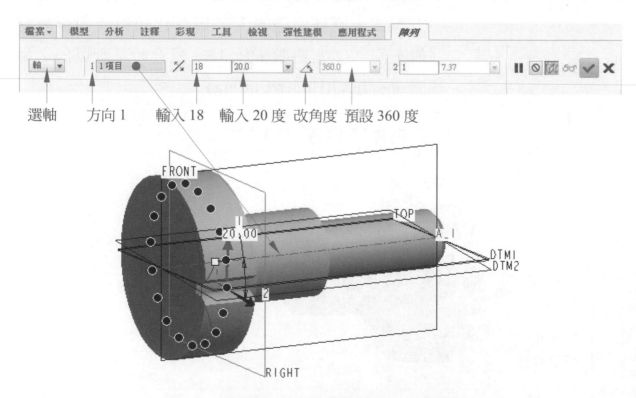

圖 3-75 「陣列」(Pattern)對話方塊列(徑向複製)

4. 正確後須按圖像 ✔ 按鈕，即完成陣列複製 18 齒特徵，如圖 3-76 所示。

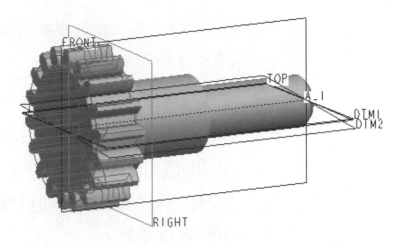

圖 3-76　完成陣列複製 18 齒特徵

　　👂 提示：完整齒輪之齒數與齒間隔角度相乘應為 360 度。

(i) 參照陣列複製齒根圓倒圓角(圖 3-77)

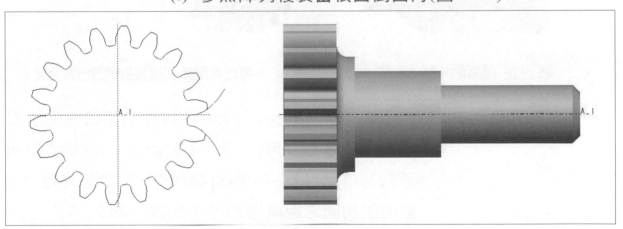

圖 3-77　參照陣列複製齒根圓倒圓角

過程：

1. 按一下群組 工程(Engineering) 中之圖像 🝛 倒圓角

(Round)。開啟標籤倒圓角(Round)對話方塊列，輸入半徑 **0.95**，(即齒根圓倒圓角=0.38*2.5=0.95)。

2. 按著<Ctrl>鍵，點選原始特徵齒根圓上兩邊線，如圖 3-78 所示。

3. 完成後按✔，完成倒圓角 R0.95 特徵。

4. 在倒圓角 R0.95 特徵為綠色時(被選到)，再按編輯(Editing)工具列之圖像🔲陣列(Pattern)，正確後再按✔，即完成參照陣列複製齒根圓倒圓角特徵，如圖 3-79 所示。

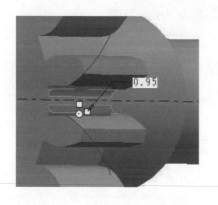
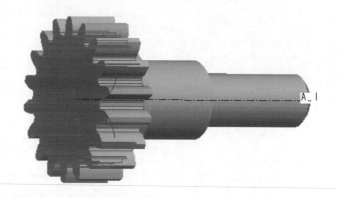

圖 3-78 選原始特徵上兩邊線　　　圖 3-79 完成參照陣列複製齒根圓倒圓角特徵

🖐 提示：(1)圓角 R0.95 特徵須建構在齒槽原始特徵上才有參照陣列之複製功能。(2)參照陣列通常為自動複製。(3)觀察齒側面，在節圓直徑上，齒肉與齒間之距離應相等，如圖 3-80 所示。

圖 3-80 節圓直徑上齒肉與齒間之距離相等

3.6.3　步驟三：切削真實螺紋(圖 3-81)

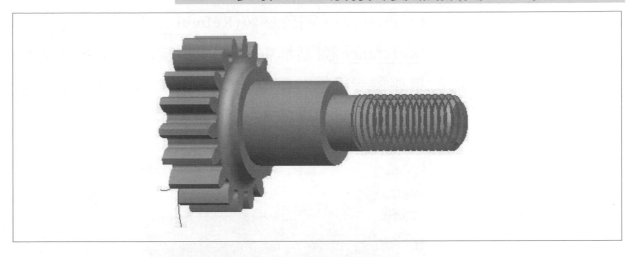

圖 3-81　切削真實螺紋

過程：

1. 在標籤模型(Model)中，按群組工程(Engineering)中之圖像 掃描(Sweep)▼，之右側下拉箭頭▼，再選螺旋掃描(Helical Sweep)，如左圖所示。

2. 開啟標籤螺旋掃描(Helical Sweep)對話方塊列，可先按一下 移除材料，如圖 3-82 所示。按對話方塊列之參照(References)→定義...(Define...)。

圖 3-82　「螺旋掃描」對話方塊列

3. 選 FRONT 平面，接受內定箭頭方向，按草繪(Sketch)，進入草繪器。

4. 按一下圖形視窗上方工具列的圖像 。

5. 按一下群組設定(Setup)工具列中之圖像 參照 (Reference)，開啟參照(Reference)對話框，在參照 (Reference)對話框中， 在被按的情況下(內定)，增加選一邊線為參照基準，如圖 3-83 所示。在參照(References)對話框中按關閉(Close)。

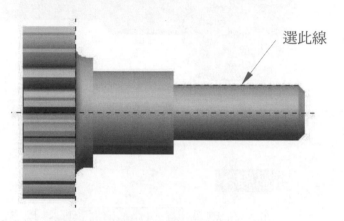

選此線

圖 3-83 增選一邊線為參照基準

6. 完成軌跡圖形及尺度，如圖 3-84 所示。圖中箭頭開始處為軌跡起始點，28.00 為有效螺紋，兩處 2.00 可考慮與螺距(Pitch)相等即可。

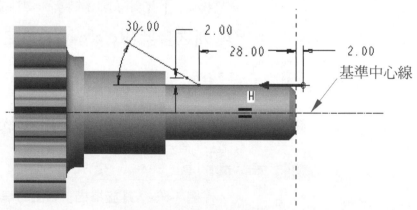

30.00　2.00　28.00　2.00

基準中心線

圖 3-84 軌跡圖形及尺度

7. 完成後須按圖像 確定。

8. 按對話方塊列滑動面板之螺距(Pitch)，在起點位置

輸入螺距(Pitch)2(因 M16 標準牙螺距為 2)。

9. 在 螺旋掃描(Helical Sweep) 對話方塊列中，按一下 🖉 建立或編輯掃描截面。

10. 按一下圖形視窗上方工具列的圖像 🖼 。

11. 繼續完成切削截面及尺度，如圖 3-85 所示。圖中兩處 0.2165062 為等於 0.1082531*P(因 P=2)，為依前面圖 3-29 所示之外螺紋切削截面尺度。

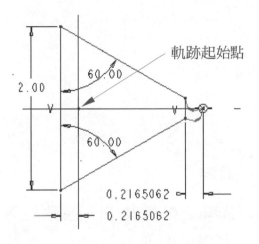

圖 3-85 完成切削截面及尺度

　🦻 提示：(1)完成軌跡及螺距輸入後，按圖形視窗上方工具列的圖像 🖼 ，會自動轉至截面方位。(2)兩條參照線相交處為軌跡起始點。

12. 確定後須按圖像 ✔ 確定，模型中箭頭方向為切削側，應指向三角形內側，可顯示截面切削預覽，如圖 3-86 所示。

13. 正確後再按 ✔ 。即完成 M16 標準牙螺距 2 螺旋掃描切削，如圖 3-87 所示。

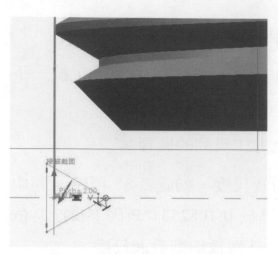

圖 3-86 螺旋掃描截面切削預覽

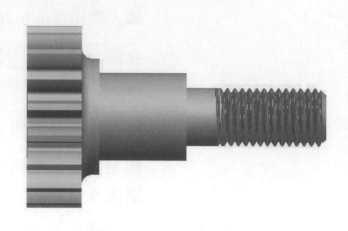

圖 3-87 完成 M16 螺旋掃描切削

3.7 重點歸納

(a) 齒輪

1. 齒輪之模數為 M、齒數為 N 及壓力角為 α 度，基本公式如下：

   • 節圓直徑 D=M*N

   • 齒冠圓直徑 Da=M*(N+2)

   • 基圓直徑 Db=D*cos(α)

   • 齒根圓直徑 Dd=M*(N-2.5)

   • 齒根圓倒圓角 rs=0.38*M

2. 齒輪有兩種建構方式：

   • 四分之一齒間隔角(θ/4)：計算簡單較精確，須建構一基準點、節圓直徑及兩基準平面。

   • 基圓上半齒間角 hw：計算複雜，只須建構一基

準平面，只能用在漸開線齒。

3. 計算基圓上半齒間角 hw 步驟如下：

- 節圓半徑 rp=0.5*M*N

- 基圓半徑 rb=rp*cos(α)

- 周節 Pc=π*M

- 節圓上之齒厚 tp=周節 Pc/2

- 基 圓 上 之 齒 厚　tb=2*rb*(tp/(2*rp)+inv(α))
  =2*rb*(tp/(2*rp)+tan(α)-α*π/180°)

- 基圓上齒厚角 ρ=tb/rb*180°/π

- 基圓上齒間角 w=360°/N-ρ

- 基圓上半齒間角 hw=w/2

4. 卡式座標系(Cartesian)之漸開線方程式如下：

- x = rb * (cos t + t * sin t)

- y = rb * (sin t – t * cos t)

- z = 0

5. 卡式座標系(Cartesian)之外擺線方程式如下：

- x = (b+a) * cos ((a/b) * t) – a * cos ((b+a)/b * t)

- y = (b+a) * sin ((a/b) * t) – a * sin ((b+a)/b * t)

- z = 0

(b) 座標系統特徵

1. 座標系統屬於特徵，作用如下：

- 計算品質屬性。

- 組裝元件。

- 為有限元素分析(FEA)放置限制。

- 為刀具軌跡提供製造操作參照。

- 用於定位其他特徵的參照，如：座標系、基準點、平面、匯入的幾何及方程式曲線等。

- 對於大部分的一般建模作業，可以使用座標系統作為方向參照。

2. 座標系統類型：

- 卡式座標系(Cartesian)：系統 x、y 和 z 表示座標值。

- 圓柱座標系(Cylindrical)：系統以圓柱半徑 r、theta(θ)和 z 表示座標值。

- 球狀座標系(Spherical)：系統以球半徑 rho(ρ)、theta(θ)和 phi(φ)表示座標值。

3. 卡式座標系統轉換(z=0)：

- 圓柱座標系：r=(x^2+y^2)^0.5，theta=atan(y/x)，z=0。

- 球狀座標系：rho=(x^2+y^2+z^2)^0.5，phi=atan(y/x)，theta=90。

(c) 螺旋掃描特徵

1. 螺旋掃描(Helical Swept)特徵須畫軌跡(Trajectory)及基準中心線、畫掃描截面及輸入螺距。

2. 完成畫軌跡及基準中心線後，須按圖形視窗上方工具列的圖像 ，會自動轉至軌跡起始點，準備畫掃描截面。

3. 螺旋掃描之選項：

    - 螺距：可分為兩種。

        a.常數(Constant)：為預設選項，從起點開始，只給一個螺距值。

        b.可變(Variable)：從新增螺距開始，從起點、終點或某位置等多給螺距值。

    - 截面方位：截面圖形螺旋掃描時之方位可分為兩種。

        a.通過旋轉軸(Thru Axis)：為預設選項。

        b.法向於軌跡(Norm To Traj)：當軌跡與中心軸有不平行情況時，此選項才有作用。

    - 旋轉方向：螺旋掃描時，截面之旋轉前進方向可分為兩種。

        a.右手定則(Right Handed)：為預設選項，即順時鐘方向前進，如右螺紋。

        b.左手定則(Left Handed)：則依逆時鐘方向前進，如左螺紋。

4. 真實螺紋：

    - 真實螺紋即依螺紋實際之細節切削而成，須採用螺旋掃描切削特徵建構。類似之細節如彈簧等，亦須採用螺旋掃描特徵建構。

    - 外螺紋與內螺紋配合時之細節，如下圖所示。為不考慮公差時之配合情況，圖中 D 為螺紋標稱尺度(M 值)，P 為螺距(Pitch)。

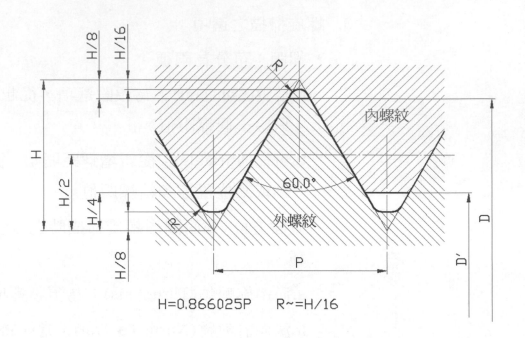

$$H=0.866025P \qquad R{\sim}=H/16$$

5. 外螺紋與內螺紋之切削截面：設螺距 P=1 時，倒圓角 R 不考慮，分別如下圖所示。圖中 D' 為內螺紋之鑽孔直徑。

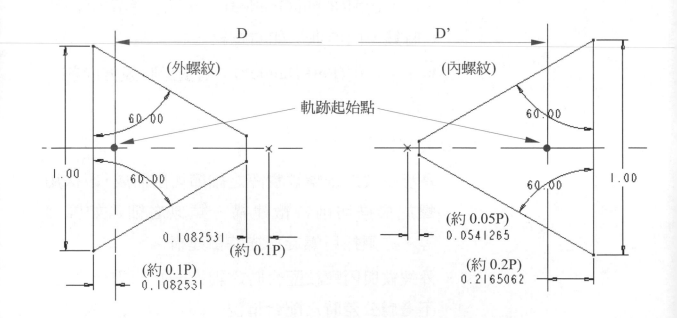

習　題　三

1. 繪製下列各實體零件，用真實螺紋建構。(有<u>底線</u>為挑戰題)

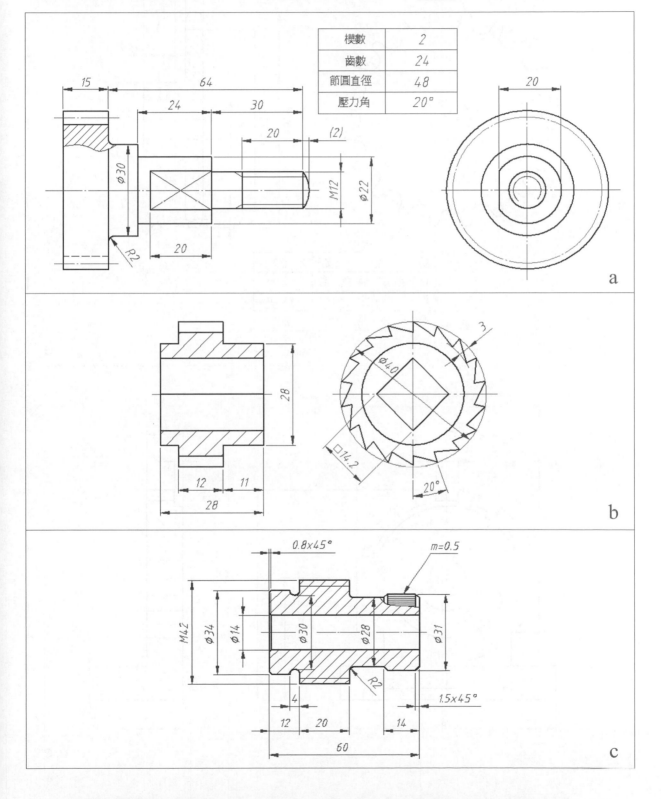

模數	2
齒數	24
節圓直徑	48
壓力角	20°

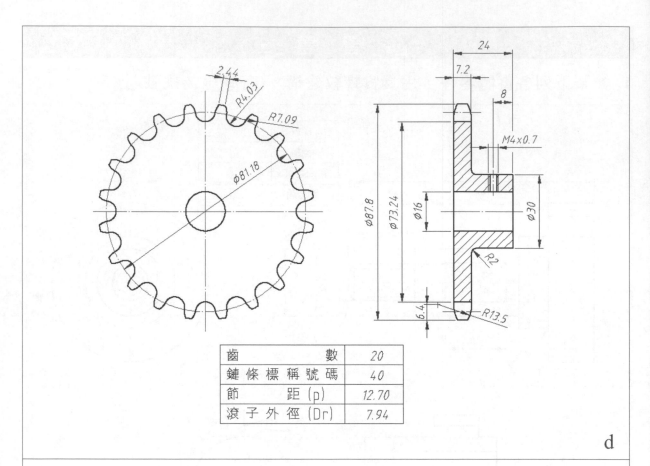

齒　　　　　　數	20
鏈 條 標 稱 號 碼	40
節　　　距 (p)	12.70
滾 子 外 徑 (Dr)	7.94

d

e

齒　數	24
模　數	4
壓力角	20°
齒　制	標　準

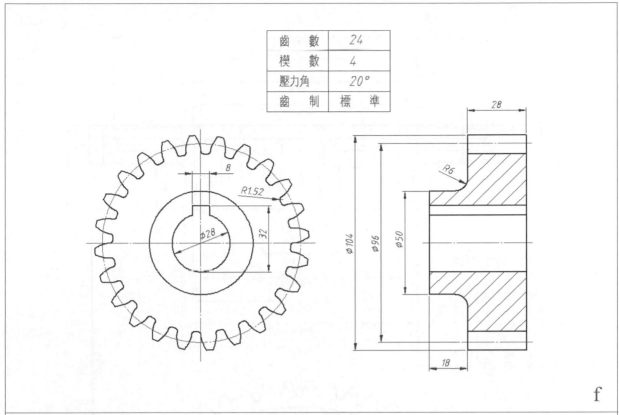

f

齒　數	24
模　數	4
螺旋角	30°
壓力角	20°
齒　制	標　準

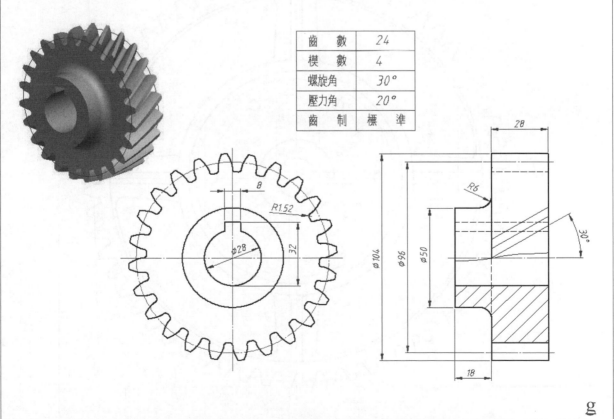

g

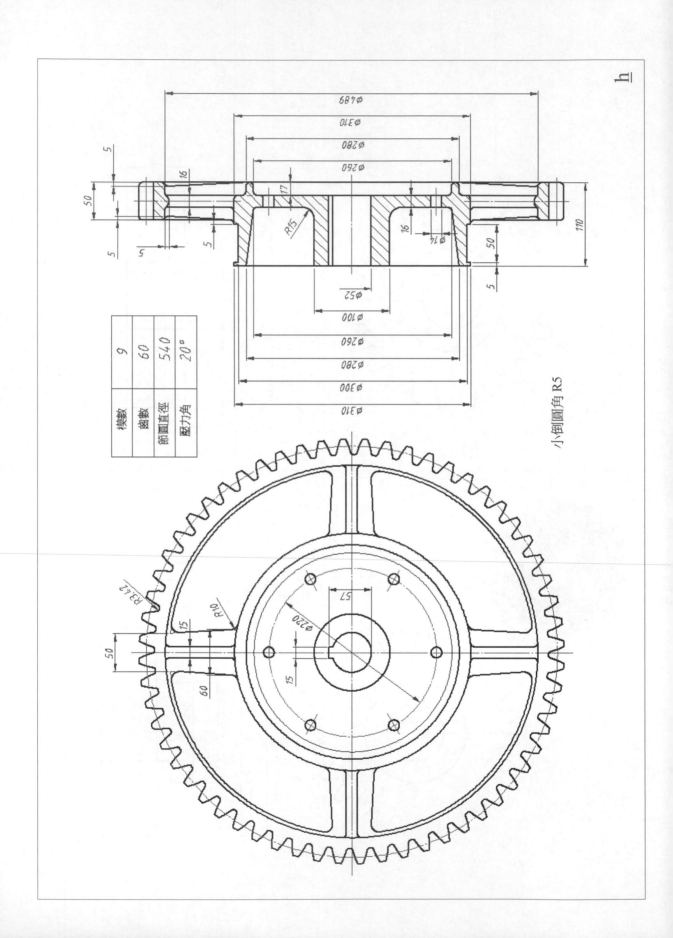

模數	9
齒數	60
節圓直徑	540
壓力角	20°

小倒圓角 R5

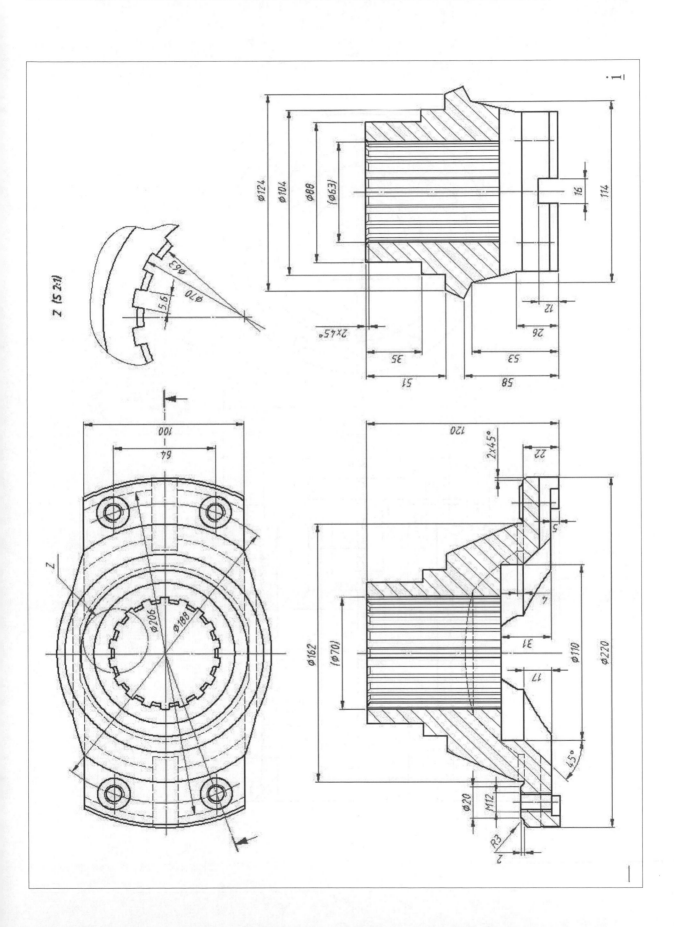

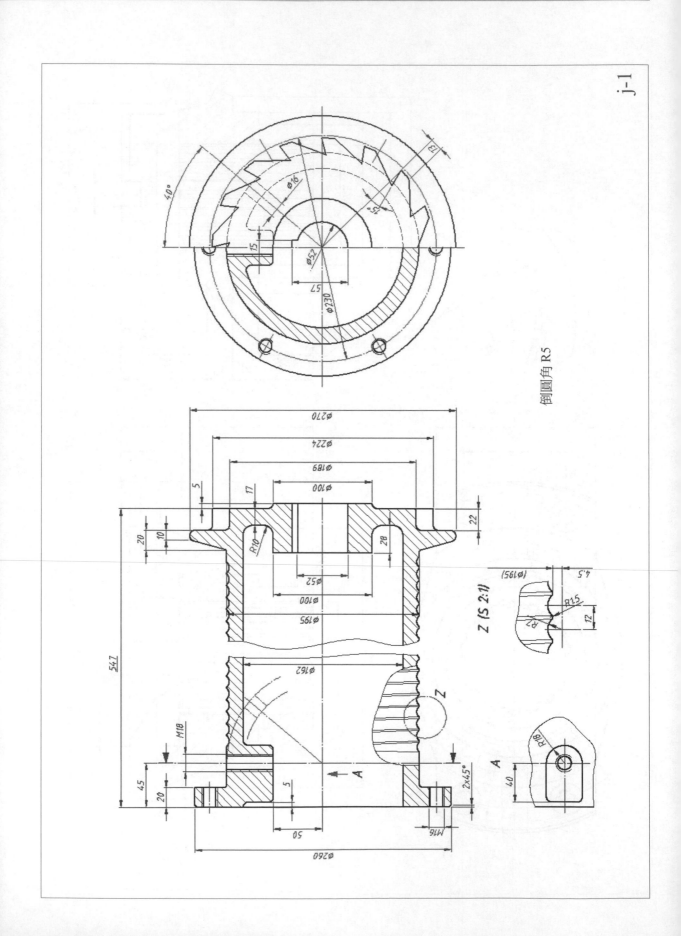

j-1

倒圓角 R5

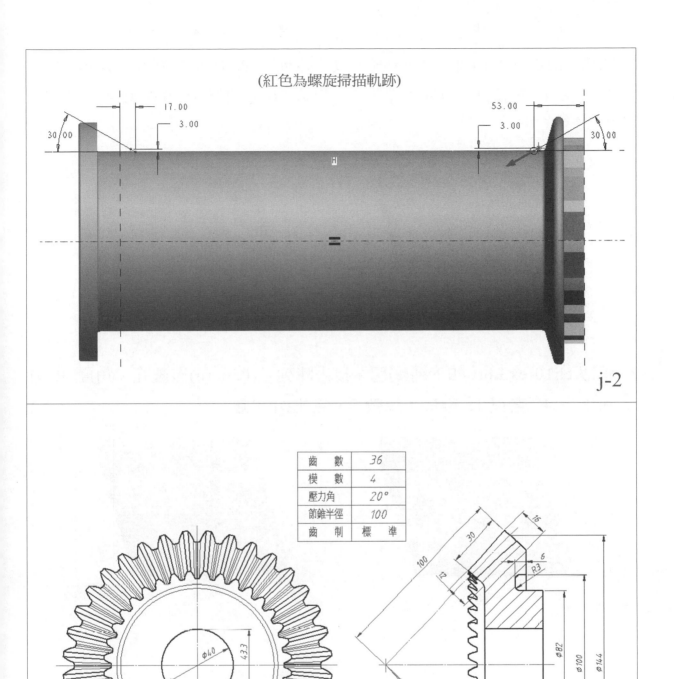

(紅色為螺旋掃描軌跡)

j-2

齒　　數	36
模　　數	4
壓力角	20°
節錐半徑	100
齒　　制	標　準

k

2. 開啟 ch10-ex2.prt 如下列(a)圖，以「陣列」(Pattern)複製孔，尺度 30 方向增量 40 尺度 15 增量 4 總數 3，尺度 20 方向增量 30 總數 4，完成如(b)圖。

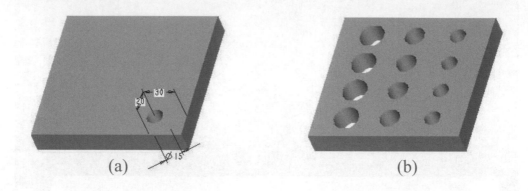

(a) (b)

3. 開啟 ch10-ex3.prt 如下列(a)圖，以「陣列」(Pattern)複製孔，角度 90 方向增量 45 直徑 15 增量 2 總數 5，完成如(b)圖。

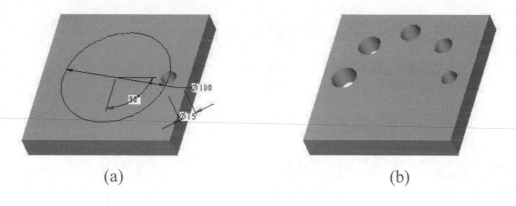

(a) (b)

以方程式繪製曲線，可真實的建構任何造型的零件，真的太棒了！

4

單 斜 塊

以基準平面及基準軸設定空間位置

建構單斜塊 45 度斜壁特徵

以取代位移特徵補空實體

以範本開啓工程圖，自動投影三視圖

投影剖視圖及局部輔助視圖

視圖顯示模式及尺度標註

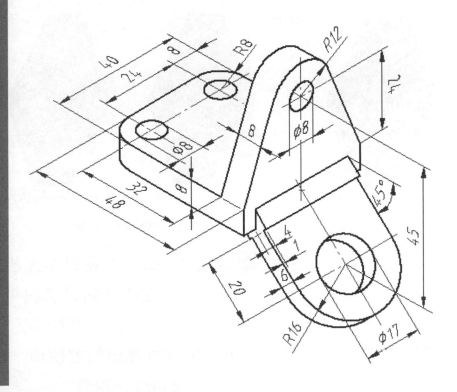

4.1 位移特徵

藉由位移曲面或曲線至一定距離或可變距離來建立新的特徵，稱為位移(Offset)特徵。然後可以使用位移曲面來建立幾何或陣列化幾何，或是使用位移曲線來建立一組曲線，然後用它們來建立曲面。標籤位移(Offset)對話方塊列中有各種選項可供使用，例如增加草繪至位移曲面，和在曲面中位移曲線等。

4.1.1 位移特徵的類型

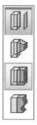

在標籤位移(Offset)對話方塊列中有四種位移的類型，即標準(Standard)、延展(Expand)、附帶拔模(With Draft)及取代(Replace)等，如左圖所示，說明如下：

1. 標準(Standard)：位移單一面組、曲面或實體表面，如圖 4-1 所示為實體表面位移。

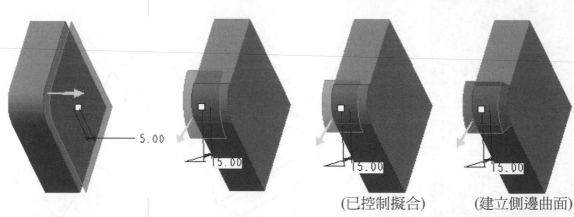

(已控制擬合)　(建立側邊曲面)

圖 4-1 位移特徵(標準)

2. 延展(Expand)：在封閉面組或實體草繪的所選表面之間建立連續的體積塊，或在使用「草繪區域」(Sketched region)選項時，在開放面組或實體曲面之間建立連續的體積塊，如圖 4-2 所示。

3. 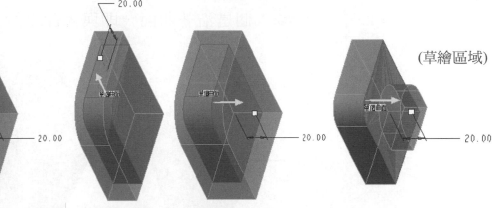附帶拔模(With Draft)：位移包含在草繪內的面組或曲面區域，並拔模側曲面。也可以建立直的或相切的側曲面輪廓，如圖 4-3 所示。

圖 4-2 位移特徵(延展)

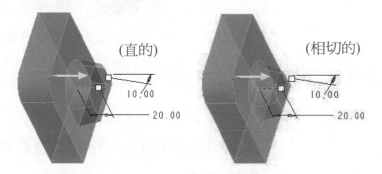

圖 4-3 位移特徵(附帶拔模)

4. 取代(Replace)：用面組或基準平面取代實體表面，如圖 4-4 所示，用面組代實體表面。

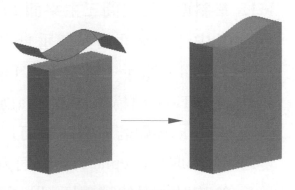

圖 4-4 位移特徵(取代)

　　當選取曲線做位移時，則有兩個圖像選項，即朝兩個方向位移曲線，如圖 4-5 所示，說明如下：

- 〰：是法向於曲面，即與表面垂直方向。
- 〰：個是沿著曲面，即與表面平行方向。

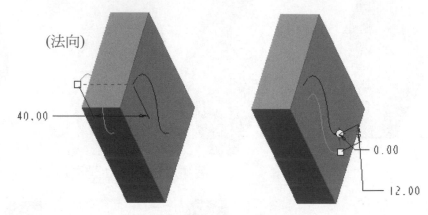

圖 4-5　位移特徵(曲線)

4.2　建構傾斜實體

　　傾斜實體其傾斜部份通常須另外插入傾斜基準面為草繪平面以「引伸實體長肉」建構，再做補空或去除工作。

　　空間傾斜面可分為**單斜面**及**複斜面**兩類，其傾斜實體建構過程不盡相同，說明如下：

1. **單斜面**：與空間三主平面 FRONT，RIGHT 及 TOP 其中任一平面仍保持垂直之傾斜面稱為單斜面，如圖 4-6 所示，以只垂直 FRONT 平面之單斜基準面 DTM1 建構單斜壁，(a)圖完成後通常需做銜接工作，(b)圖若有空缺時可以某表面(只能基準面或面組)取代(Replace)某表面方式補空，(c)圖若有多餘時以「引伸實體切削」去除即可。

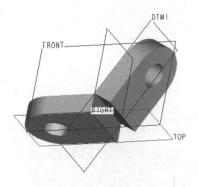
(a)空缺需做銜接

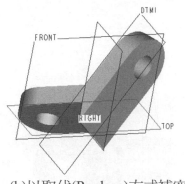
(b)以取代(Replace)方式補空

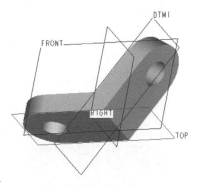
(c)以引伸實體切削去除多餘

圖 4-6　建構單斜壁

2. **複斜面**：與空間三主平面 FRONT，RIGHT 及 TOP 其中任一平面皆不垂直之傾斜面稱為複斜面。若主平面與複斜面有已存在之相交線時，其建構方法與前面單斜面相似。如圖 4-7 所示，直接建構複斜基準面 DTM1 通過主平面與複斜面之相交線，即可在 DTM1 上建構複斜壁。否則可在主平面畫一條直的 Datum Curve(基準曲線)，如圖 4-8 所示，然後建構複斜基準面 DTM1 通過該基準曲線，最後在 DTM1 上建構複斜壁。

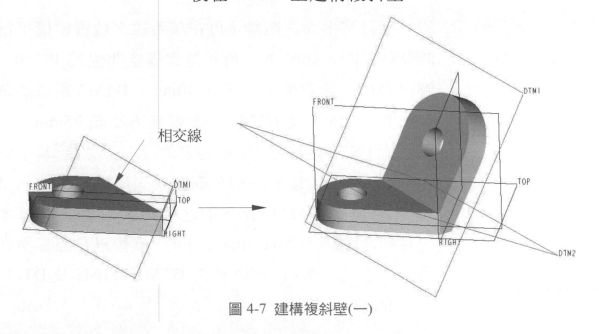
相交線

圖 4-7　建構複斜壁(一)

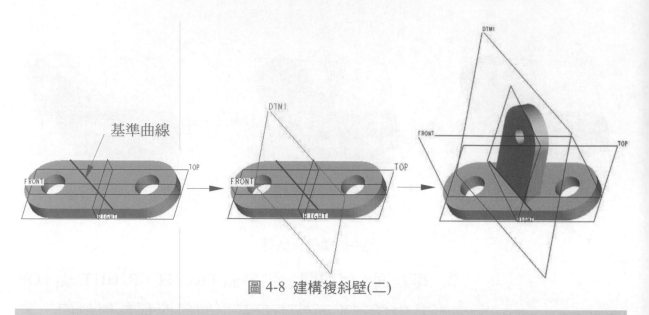

基準曲線

圖 4-8　建構複斜壁(二)

4.3　空間位置

　　空間的某位置，如果為二維方位可建構一基準軸(Datum Axis)定位，如果為三維方位可建構一基準點(Datum Point)定位。兩物件間之距離應以最短垂直計算，可在該距離建構平行基準平面以取得相關位置，方位不夠時再建構基準平面或基準點以取得其他相關位置，至空間位置確定為止。

　　平行某平面之距離，可在該距離之位置建構平行的基準平面，如圖 4-9 所示為建構空間位置 PNT0，圖中 DTM1 距實體上方平面 40mm，DTM2 距實體斜面上方 50mm，及 DTM3 距實體前方平面 75mm。空間位置 PNT0 建構過程：可選基準工具列之 ⁄ 基準軸(Datum Axis)，以參照兩平面方式先建構基準軸 A_1 位於 DTM1 及 DTM2 兩平面之相交線上，以及選基準工具列之 ×× 基準點(Datum Point)，然後以參照三平面方式再建構基準點 PNT0 位於 DTM1、DTM2 及 DTM3 三平面之相交點上。

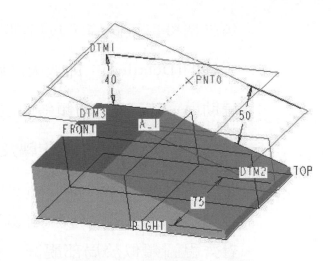

圖 4-9 空間位置 PNT0 建構

4.4 投影視圖

　　實體模型建構完成後，可投影需要之視圖(View)
投影視圖包括：全視圖、剖視圖、輔助視圖、局部視
圖或放大詳圖等。以工程圖範本(Template)開啟時通
常設定自動投影三視圖及顯示圖框及標題欄。否則必
須自行投影視圖，可在標籤配置圖(Layout)中，選按
群組模型檢視(Model Views)中之工具列圖像，如圖
4-10 所示，可選視圖的情況分別說明如下：

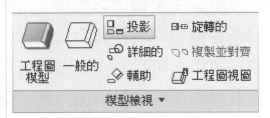

圖 4-10 模型檢視工具列

1. 一般的(General)：與其他視圖無投影關係之視圖，
   如第一個視圖或立體圖等。

2. 投影(Projection)：與其他視圖有投影關係之視圖如

第二個投影視圖等,包括剖面視圖及部份視圖。

3. 詳細的(Detailed):即放大詳圖,屬部份視圖。

4. 輔助(Auxiliary):即傾斜面之輔助視圖投影。

5. 旋轉的(Revolved):即旋轉及移轉剖視圖。

6. 複製並對齊(Copy and Align):只有當工程圖中已經顯示局部視圖(如放大詳圖)時才能使用。複製並對齊視圖類似於局部視圖,但複製並對齊視圖允許草繪數個局部視圖,以定義要顯示整個視圖的那些部份。局部視圖會沿著固定的水平或垂直線移除幾何。

4.5 輔助視圖

傾斜實體之傾斜部份其上設計有幾何特徵,在投影工程圖之主要視圖時將顯示變形,因此必須增加投影傾斜面之垂直方向視圖,稱為輔助視圖(Auxiliary View),以顯示真實形狀以供判別及尺度標註。

工程圖主要視圖之投影、剖面及尺度標註等,請參閱基楚篇第四及第五章所述。另外投影之輔助視圖依情況所需,可以為全視圖或局部視圖。因傾斜面有單斜及複斜兩類,單斜面只需一個輔助視圖,複斜面則需連續兩次輔助投影成兩個輔助視圖,稱複輔助視圖。第三角法之輔助視圖及複輔助視圖說明如下:

4.5.1 單輔助視圖

實體模型中有單斜面者,須由傾斜面**邊視圖**

(Edge View)的位置投影輔助視圖，即傾斜面邊視圖將投影成一直線，由垂直該直線之方向投影輔助視圖。

投影輔助視圖過程如下：先找出有傾斜面邊視圖之主要視圖，如圖 4-11 所示。(1)在標籤 配置圖(Layout) 中，按一下群組 模型檢視(Model Views) 中之圖像 ◇輔助 輔助(Auxiliary)；(2)點選直線(傾斜面之邊視圖)；(3)移動投影視圖框至適當位置，將投影輔助視圖，顯示單斜面之實形，箭頭所在約為視圖中心位置。

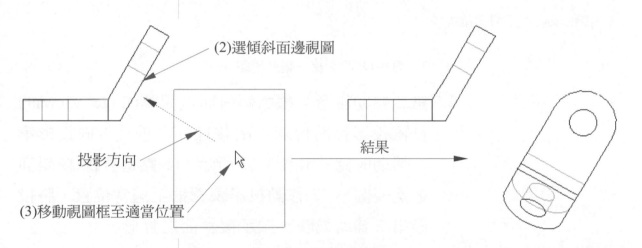

圖 4-11　投影輔助視圖

4.5.2　複輔助視圖

實體模型中有複斜面者，須分兩次連續投影輔助視圖，才能投影複斜面之實形。兩次操作過程與上面輔助視圖完全相同，兩次連續投影輔助視圖如下：

1. 第一輔助視圖：須沿著傾斜面與主平面相交直線的位置投影第一輔助視圖，即以該直線之延長為投影方向。傾斜面與主平面相交直線之視圖，如圖 4-12 所示，(1)點選直線(垂直於傾斜面與主平面

相交直線)；(2)移動投影視圖框至適當位置，將投影第一輔助視圖，顯示複斜面之邊視圖。

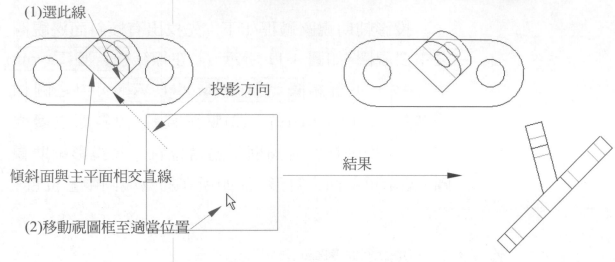

圖 4-12　投影第一輔助視圖

2. 第二輔助視圖：須由傾斜面邊視圖(Edge View)的位置投影輔助視圖，由該直線之垂直方向投影第二輔助視圖。如圖 4-13 所示，(1)點選直線(傾斜面之邊視圖)；(2)移動投影視圖框至適當位置，將投影第二輔助視圖，顯示複斜面之實形。

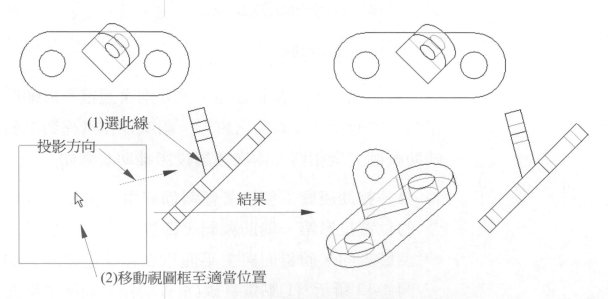

圖 4-13　投影第二輔助視圖

4.6　局部視圖

　　視圖在多餘或重複等情況下，可考慮只顯示其中重要部份以簡化圖面，稱為局部視圖或部份視圖(Partial View)，在圖面中增加局部視圖時，須先投影全視圖(Full View)，再由視圖之屬性(Properties)修改為局部視圖顯示。

　　部份視圖之操作過程：(1)開啟 工程圖視圖 (Drawing View) 對話框，如圖 4-14 所示，(2)目錄中選能見區域(Visible Area)，(3)視圖能見度選部份視圖(Partial View)，如圖 4-15 所示，(4)「幾何上的參照點」選局部視圖內的圖元上，將顯示△符號。(5)「雲規線邊界」以滑鼠左鍵點畫局部視圖之範圍，圍繞剛選之參照點，快完成時按滑鼠中鍵可銜接起始點成一封閉雲規線，完成後只顯示雲規線範圍內之視圖。

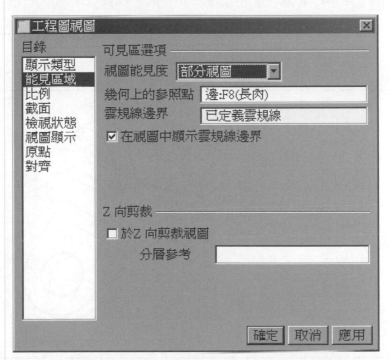

圖 4-14　「工程圖視圖」對話框(部份視圖)

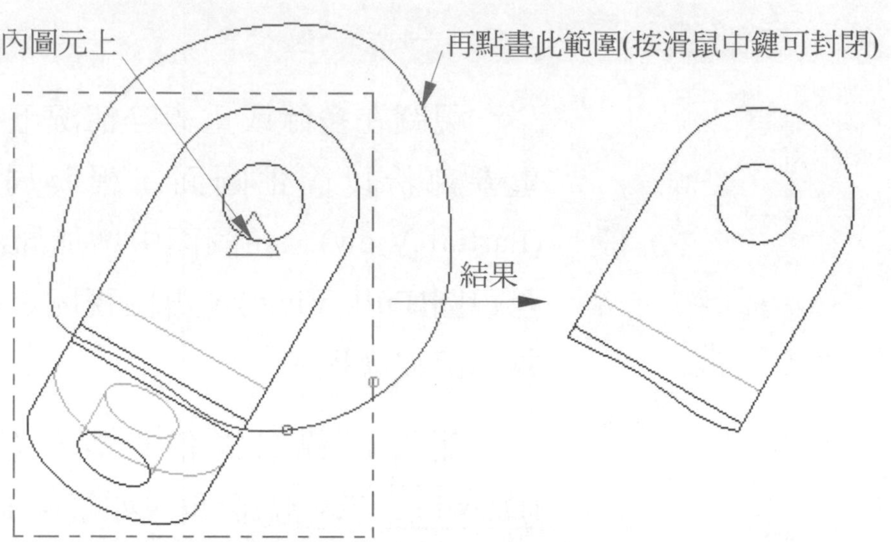

先選視圖內圖元上　　　　　　　　再點畫此範圍(按滑鼠中鍵可封閉)

結果

圖 4-15 投影局部視圖

　　主要視圖、輔助視圖或立體圖等，在投影時皆可以局部視圖方式顯示，局部視圖之斷裂線及視圖中之線條需要時亦可使其不顯示。

4.7　繪製單斜塊及工程圖(ch4.prt/ch4.drw)

　　完成之單斜塊實體尺度及其工程圖，含投影局部輔助視圖，分別如圖 4-16 及圖 4-17 所示。

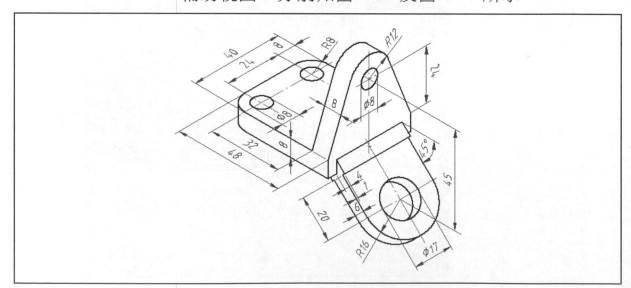

圖 4-16 單斜塊實體零件及尺度(ch04.prt)

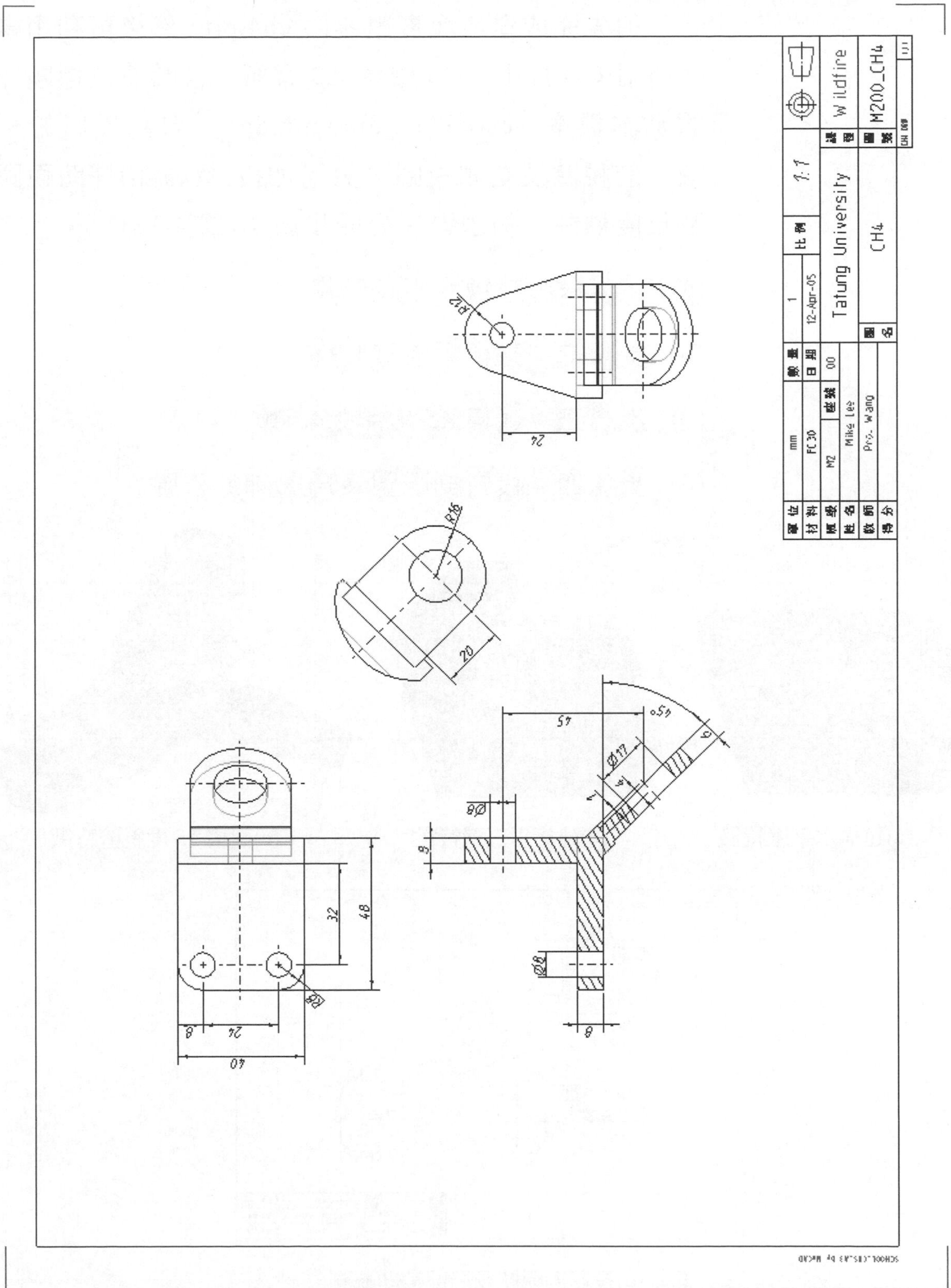

圖 4-17　單斜塊工程圖(ch4.drw)

xxx

須先完成單斜塊實體零件 ch4.prt，然後再利用書後所附 CD 片中 CNS 標準 A3 圖紙，含圖框及標題欄的範本檔案 school_a3_drawing.drw，自動投影俯視圖、前視圖及右側視圖，另增加投影(局部)輔助視圖及尺度標註，繪製過程分四步驟：(圖 4-18)

(a) 步驟一：建構水平壁特徵

(b) 步驟二：建構垂直壁特徵

(c) 步驟三：建構 45 度斜壁特徵

(d) 步驟四：投影剖視圖及局部輔助視圖

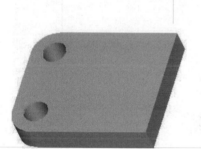
(a)建構水平壁特徵

(b)建構垂直壁特徵

(c)建構 45 度斜壁特徵

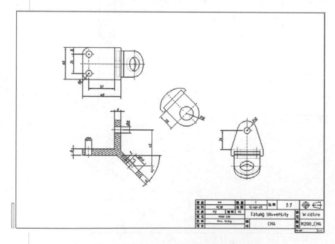
(d)投影剖視圖及局部輔助視圖

圖 4-18 建構過程分四步驟

4.7.1 步驟 O：複製 CD 片檔案至適當目錄中

1. 將書後所附 CD 片之資料夾(目錄)templates 中之所有*.drw 檔案複製至 Creo Parametric 2.0 載入程式中的 templates 資料夾中，(例如：C:\Program Files\PTC\Creo 2.0\Common Files\M040\templates)。

2. 將書後所附 CD 片之資料夾(目錄)formats 中之所有*.frm.1 檔案複製至 Creo Parametric 2.0 載入程式中的 formats 資料夾中，(例如：C:\Program Files\PTC\Creo 2.0\Common Files\M040\formats)。

3. 開啟 Creo Parametric 2.0 程式及選工作目錄。

　　提示：(1)工程圖範本檔案(*.drw)若事先存放在 Creo Parametric 2.0 原載入程式的 templates 資料夾中，即可自動被搜尋到。(2)工程圖格式檔案(*.frm.1)若配合工程圖範本時，須事先存放在 Creo Parametric 2.0 原載入程式的 formats 資料夾中，即可自動被搜尋到，並放入工程圖範本(template)中。(3)工程圖範本檔案(*.drw)及工程圖格式檔案(*.frm.1)要先放置在預設資料夾中，再開啟 Creo Parametric 2.0 程式，才可自動被搜尋到。

4.7.2 步驟一：建構水平壁特徵(圖 4-19)

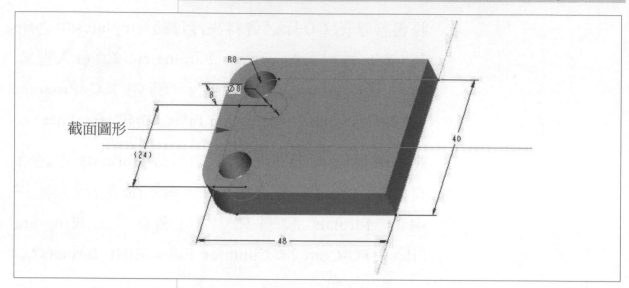

截面圖形

圖 4-19 建構水平壁特徵

過程：

引伸

1. 在上方的標籤模型(Model)中，按一下群組形狀(Shapes)工具列中之圖像 引伸(Extrude)，如左圖所示，開啟標籤引伸(Extrude)對話方塊列。

2. 按對話方塊列之放置(Placement)→定義(define)，開啟草繪(Sketch)對話框，點選 TOP 平面，接受預設草繪定向，按草繪(Sketch)。

3. 按一下圖形視窗上方工具列的圖像 。

4. 以群組草繪(Sketching)工具列之 中心線，先在 FRONT 平面上繪製一水平中心線，再以工具列之 矩形，以水平中心線為對稱，右側邊鎖點在 RIGHT 平面(直立線)上，如圖 4-20 所示，然後以 圓、 倒圓角、 尺度標註、 修改尺度及 對稱等圖像按鈕繪製截面，完成後須按圖像 確定。

RIGHT 平面 →

8.00

H T

H

R 2

R 1

8.00

(24.00)

40.00

中心線
(FRONT 平面)

R 1

R 2

H T

H

48.00

圖 4-20　完成截面圖形及尺度

5. 在標籤 引伸(Extrude) 對話方塊列中，輸入引伸長度
   8，如圖 4-21 所示，按中間滾輪移動滑鼠，觀察模
   型中引伸箭頭方向是否正確(指向 TOP 上方)。

6. 正確後須按圖像 ✔ 按鈕，即完成建構水平壁特
   徵，如圖 4-22 所示。

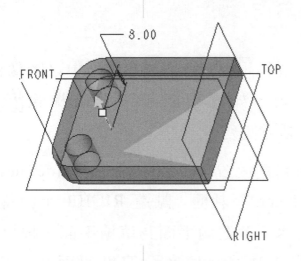

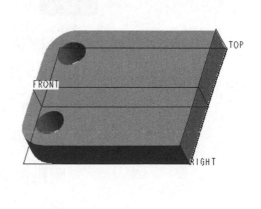

圖 4-21　觀察箭頭方向是否正確　　　　圖 4-22　完成建構水平壁特徵

🖉 提示：(1)上例水平壁上之倒圓角及兩圓孔特徵，亦可分開建構。(2)圖 4-20 中因倒圓角與圓孔為同心，故兩圓孔之中心距離(24.00)，此例中成為參考尺度。

4.7.3　步驟二：建構垂直壁特徵(圖 4-23)

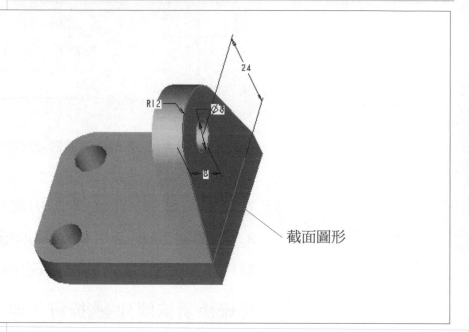

截面圖形

圖 4-23 拉伸垂直壁特徵

過程：

引伸

1. 繼續按一下群組 形狀(Shapes) 工具列中之圖像 ⬚ 引伸(Extrude)，如左圖所示。開啟標籤 引伸(Extrude) 對話方塊列。

2. 按對話方塊列之放置(Placement)➔定義(define)，開啟 草繪(Sketch) 對話框，點選 RIGHR 平面為草繪平面，或水平壁右側平面為草繪平面，按反向(Flip)，如圖 4-24 所示使參照 TOP 平面定向在右側，按草繪(Sketch)。

3. 以群組 草繪(Sketching) 工具列之完成截面圖形及尺度，如圖 4-25 所示，使直線與圓弧相切，出現 T 字限制符號，完成後須按圖像 ✔ 確定。

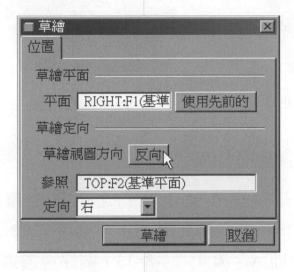

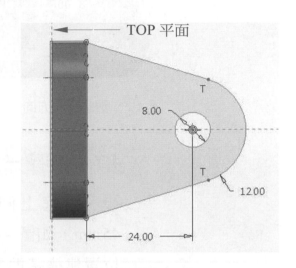

圖 4-24 草繪對話框　　　　　圖 4-25 完成截面圖形及尺度

　　🖎 提示：(1)先畫圓弧後畫直線，應可自動出現 T 字限制符號。(2)若直線與圓弧未能相切時(未出現 T 字限制符號)，須以 限制(Constraints) 工具列之圖像 ⚲ (相切)，如左圖所示，點選直線及圓弧，即可使之相切並出現 T 字限制符號。

4. 在 引伸(Extrude) 對話方塊列中，輸入引伸長度 **8**。按一下圖形視窗上方工具列的圖像 ◻ 之標準定向，如左圖所示，觀察模型中引伸箭頭方向是否正確，如圖 4-26 所示，若不對按 ⤢ 。

5. 正確後須按圖像 ✔ 確定，即完成建構垂直壁特徵，如圖 4-27 所示。

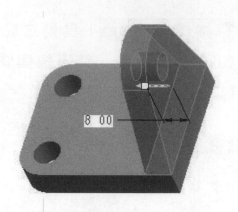

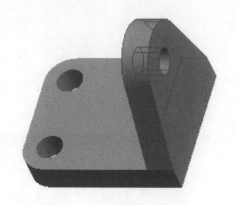

圖 4-26 觀察箭頭方向是否正確　　圖 4-27 完成建構垂直壁特徵

4.7.4 步驟三：建構傾斜壁特徵

　　斜壁上圓孔與垂直壁上圓孔之垂直距離為 45mm，如圖 4-28 所示。因此由 TOP 平面下方 13mm 位置建構基準平面 A，因 45-24-8=13，剛好會通過斜壁上圓孔位置。再建構斜壁傾斜角度(45)相同的基準平面 B，然後再平移斜壁厚度一半的基準平面 C，最後基準平面 A 與基準平面 C 相交線即為斜壁上垂直距離 45mm 圓的水平中心線，可在該交線上建構基準軸定位，如圖 4-29 所示。

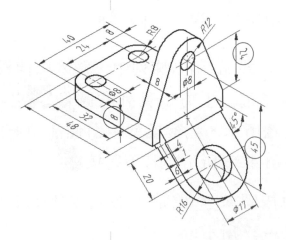

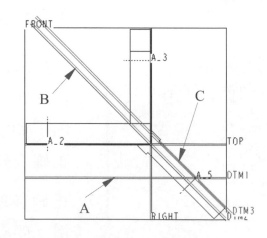

圖 4-28 斜壁圓與垂直壁圓之距離 45　　圖 4-29 在 A,C 交線上建構基準軸

(a) 做平移 13mm 的基準面特徵(圖 4-30)

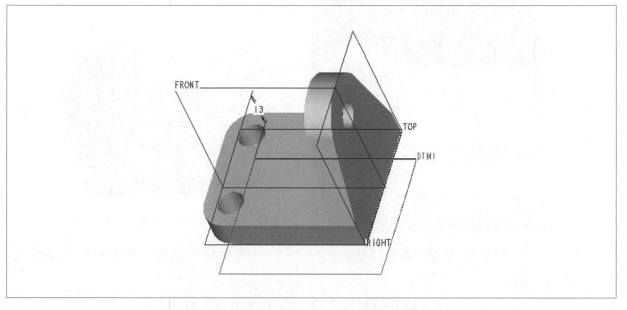

圖 4-30 做平移 13mm 的基準面特徵

過程：

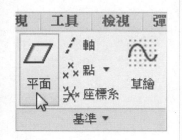

1. 按一下基準(Datum)工具列中之圖像 ▱ 平面，如左圖所示。開啟基準平面(Datum Plane)對話框。

2. 點選 TOP 平面，如圖 4-31 所示， TOP 平面須選為位移(Offset)，箭頭所指為正值，輸入平移距離 **-13**，按確定(OK)。

3. 即完成插入平行 TOP 平面的基準平面 DTM1 特徵，如圖 4-32 所示。

　　　🕮 提示：(1)亦可選與 TOP 同平面之水平壁下側平面當參照做平移。(2)亦若選與 TOP 平面平行(Parallel)，則須再選一個參照的位置，若輸入距離的平行則應選位移(Offset)。

圖 4-31 基準平面對話框

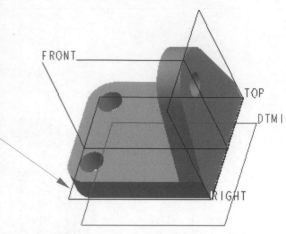

圖 4-32 完成基準平面 DTM1 特徵

(b) 做傾斜 135º 的基準平面特徵(圖 4-33)

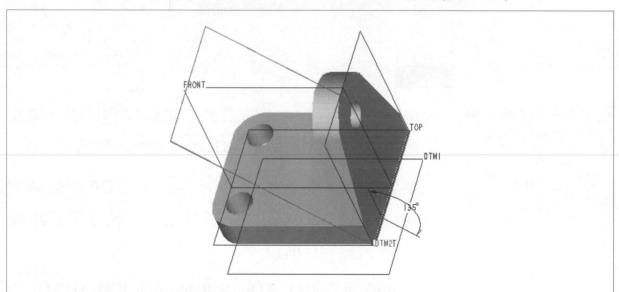

圖 4-33 做傾斜 135º 的基準平面特徵

過程：

1. 繼續按一下 基準(Datum) 工具列中之圖像 ▱ 平面。開啟 基準平面(Datum Plane) 對話框。

2. 按著<Ctrl>鍵，點選兩壁相交之外邊線及 RIGHT

平面,如圖 4-34 所示,邊須為貫通(Through) ,
RIGHT 平面須為位移(Offset),箭頭所指為正值,
輸入旋轉角度 **135**,按確定(OK)。

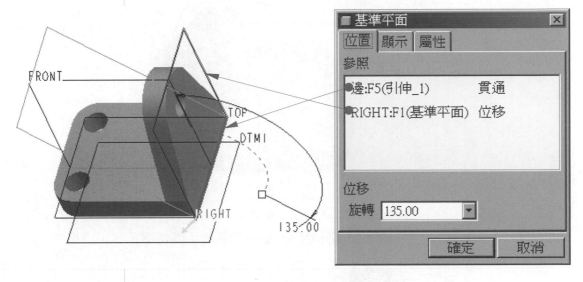

圖 4-34 基準平面對話框

◎ 提示:(1)RIGHT 平面亦可改選同平面之垂
直壁右側平面。(2)亦可改選 TOP 平面旋轉 45°。

3. 即完成插入傾斜 135º 的基準平面 DTM2 特徵,如
圖 4-35 所示。

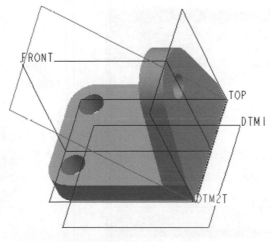

圖 4-35 完成基準平面 DTM2 特徵

(c) 再做平移 3mm 的基準平面特徵(圖 4-36)

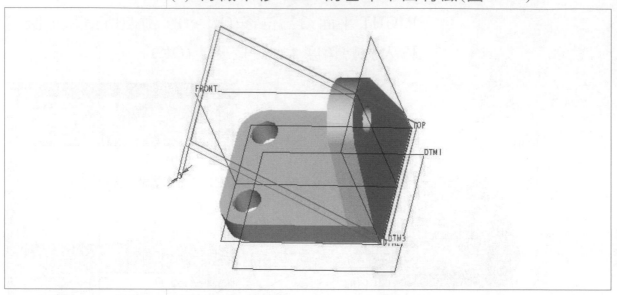

圖 4-36 再做平移 3mm 的基準平面特徵

過程：

1. 再繼續按一下 基準(Datum) 工具列中之圖像 □ 平面。開啟 基準平面(Datum Plane) 對話框。

2. 點選 DTM2 平面，如圖 4-37 所示， DTM2 平面須選為位移(Offset)，輸入平移距離 **-3**，按確定(OK)。即完成基準平面 DTM3，如圖 4-38 所示。

圖 4-37 基準平面對話框

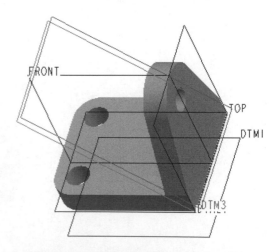

圖 4-38 完成基準平面 DTM3 特徵

$\mathcal{D}$ 提示：(1)修改輸入平移距離為負值時，為改變平移之另一側。(2)基準平面由 DTM1、DTM2 等順序編起，您圖中的編號可能不同。

(d) 在 DTM1 及 DTM3 平面上放置基準軸(圖 4-39)

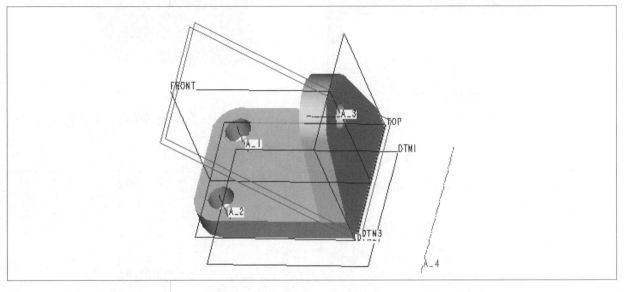

圖 4-39 在 DTM1 及 DTM3 平面上放置基準軸(A_4)

過程：

1. 按一下 基準(Datum) 工具列中之圖像 軸，如左圖所示。開啟 基準軸(Datum Axis) 對話框，按著<Ctrl>鍵，點選 DTM1 及 DTM3 兩基準平面，如圖 4-40 所示，按確定(OK)。

2. 即完成插入基準軸 A_4 特徵，如圖 4-41 所示。

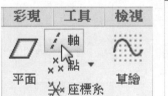

$\mathcal{D}$ 提示：(1)確定左圖所示工具列之 顯示軸已被選取，才能顯示基準軸。(2)基準軸亦為特徵之一。(3)基準軸由 A_1、A_2 等順序自動編起，您圖中的編號可能不同。

圖 4-40 基準軸對話框

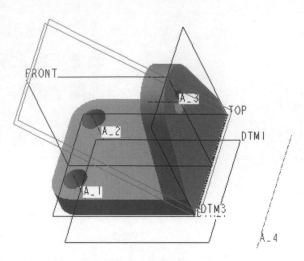

圖 4-41 完成基準軸 A_4 特徵

(e) 做雙側拉伸傾斜壁特徵(圖 4-42)

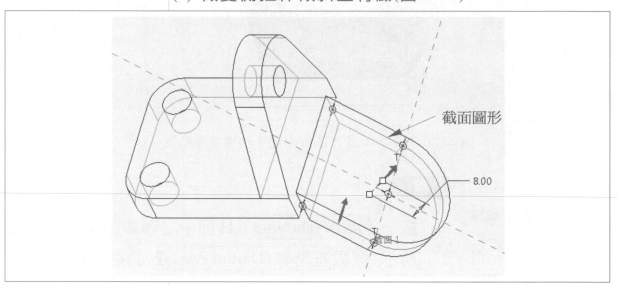

截面圖形

8.00

圖 4-42 做雙側拉伸傾斜壁特徵

過程：

引伸

1. 在上方的標籤模型(Model)中，按一下群組形狀(Shapes)工具列中之圖像 引伸(Extrude)，如左圖所示，開啟標籤引伸(Extrude)對話方塊列。

2. 按對話方塊列之放置(Placement)→定義(define)，開啟草繪(Sketch)對話框，點選 DTM2 為草繪平

面，草繪定向選模型中之某平面為參照，定向選頂部(Top)，如圖 4-43 所示，按草繪(Sketch)。

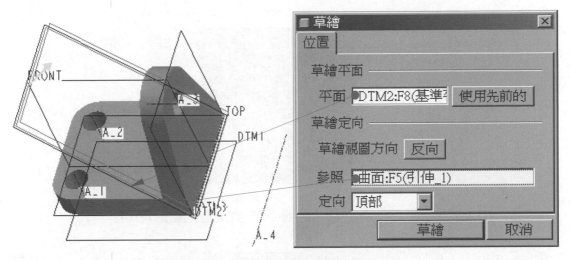

圖 4-43　選 DTM2 為草繪平面及草繪定向

3. 按一下圖形視窗上方工具列的圖像 ⬚ 。

4. 按一下群組 設定 (Setup) 工具列之圖像 ⬚ 參照 (Reference)，直接點選模型中之基準軸 A_4，兩壁之相交線及 FRONT 平面等三條線當參照基準，如圖 4-44 所示。

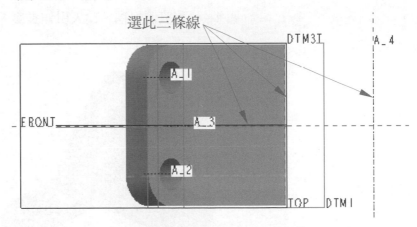

圖 4-44　選三條線當參照基準

5. 以 草繪 (Sketching) 工具列之圖像 ⊙ 畫圓及 ∧ 直線等，完成截面圖形及尺度，如圖 4-45 所示，左側

為開放不封閉,使圓弧之圓心,鎖點在基準軸 A_4
及 FRONT 平面上,完成後須按圖像✔確定。

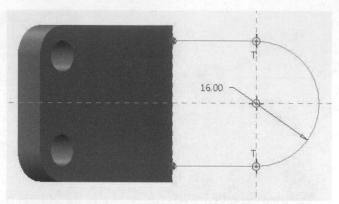

圖 4-45 完成截面圖形及尺度

6. 在標籤 引伸(Extrude) 對話方塊列中,選 ⊟ 雙側對
   稱,輸入引伸總長度 **8**,如圖 4-46 所示。

7. 完成後須按圖像✔按鈕,即完成雙側對稱引伸傾
   斜壁特徵,如圖 4-47 所示,注意兩個箭頭方向。

圖 4-46 選雙側對稱,輸入引伸長度 8

圖 4-47 完成雙側對稱引伸傾斜壁特徵

◎ 提示：(1)引伸(Extrude)實體長肉，正常情況會垂直引伸，當截面某邊靠在已有實體上，該邊呈開放時，靠實體邊會延著實體引伸。(2)本例之已有實體邊有兩面，只能靠一邊之面引伸。(3)引伸實體長肉，正常垂直引伸時，只有一個引伸箭頭方向。本例應為引伸之特例，有兩個箭頭方向，一為引伸方向，另一為截面實體側方向。

(f) 以取代位移特徵補實體(圖 4-48)

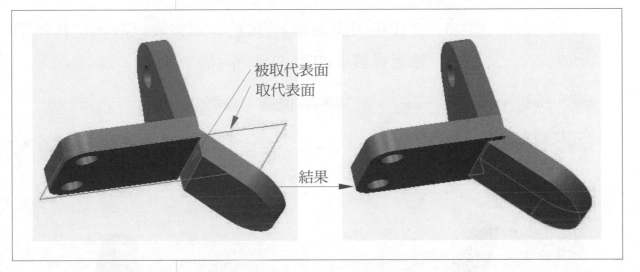

圖 4-48 以取代位移特徵補空實體

過程：

1. 先仔細選傾斜壁之端平面，選到變綠(Wildfire 版為紅色)，如圖 4-49 所示。

2. 按一下編輯(Editing)工具列之圖像位移(Offset)。開啟標籤位移(Offset)對話方塊列，如圖 4-50 所示，選位移類型 取代(Replace)，直接選基準平面為取代面組。

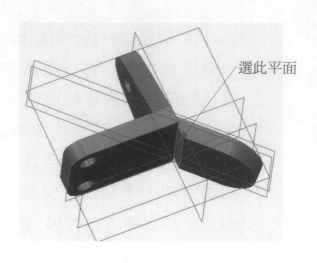

選此平面

圖 4-49　選傾斜壁之端平面

3. 完成後須按圖像✔按鈕，即完成以取代位移特徵
補空實體，如圖 4-51 所示。

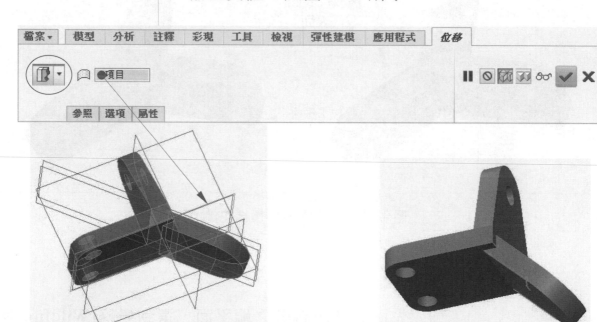

圖 4-50　「位移」對話方塊列(取代)　　　圖 4-51　完成以取代位移特徵補實體

　　📖 提示：(1)取代面組除基準平面外，亦可選
面組(曲面)為取代面組。(2)取代面組選基準平面
時，一次只能取代一平面，選面組則可多變。

(g) 傾斜壁上切減孔(圖 4-52)

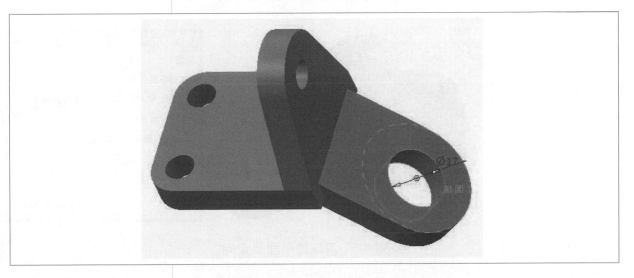

圖 4-52 傾斜壁上切減孔

過程：

引伸

1. 在上方的標籤模型(Model)中，按一下群組形狀(Shapes)工具列中之圖像📐引伸，如左圖所示。開啟標籤引伸(Extrude)對話方塊列，如圖 4-53 所示。按一下◾(移除材料)，再按一下⚊至下一個(To Next)，將切削引伸至下一個表面。

至下一個　　　　　移除材料

圖 4-53 引伸(Extrude)對話方塊列(切削至下一個表面)

2. 按對話方塊列之放置(Placement)→定義(Define)，開啟草繪(Sketch)對話方塊，選平面為草繪平面，點選如圖 4-54 所示之平面，及選某平面當底部為草繪定向，按草繪(Sketch)。進入草繪器，準備繪

製 2D 的切減截面圖形。

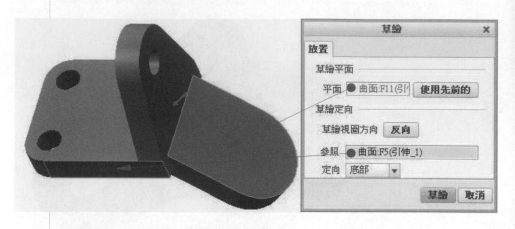

圖 4-54 選草繪平面及定向

3. 按一下圖形視窗上方工具列的圖像。

4. 以草繪(Sketching)工具列之圖像◎同心，先選傾斜壁上之圓弧，即可直接畫同心圓，按滑鼠中鍵可結束畫同心圓，完成如圖 4-55 所示之圓及尺度。

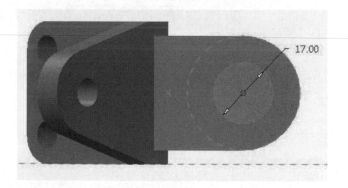

圖 4-55 畫同心圓

5. 截面完成後須按圖像✓確定。回標籤引伸(Extrude)對話方塊列，切減孔預覽正確後按圖像✓按鈕，如圖 4-56 所示。即完成傾斜壁上切減孔特徵。

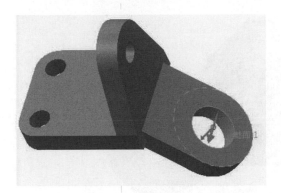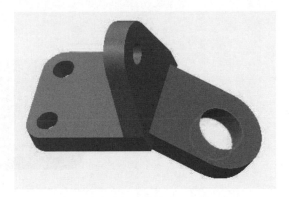

圖 4-56 預覽及完成傾斜壁上切減孔特徵

(h) 引伸切削實體厚度(圖 4-57)

截面圖形

20

圖 4-57 引伸切削實體厚度

過程：

引伸

1. 在標籤模型(Model)中，按一下群組形狀(Shapes)
   中之圖像 引伸(Extrude)，如左圖所示，開啟標
   籤引伸(Extrude)對話方塊列。

2. 按對話方塊列之放置(Placement)→定義(define)，
   開啟草繪(Sketch)對話框，點選如圖 4-58 所示之平
   面，接受預設草繪定向，按草繪(Sketch)。

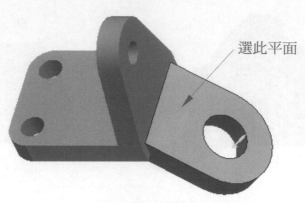

選此平面

圖 4-58 選草繪平面

3. 按一下圖形視窗上方工具列的圖像 ⬚ 。

4. 按一下群組 設定(Setup) 工具列之圖像 ⬚ 參照
   (Reference)，直接增選三條邊線當參照基準，如圖
   4-59 所示，在該邊線上會出現青色虛線。

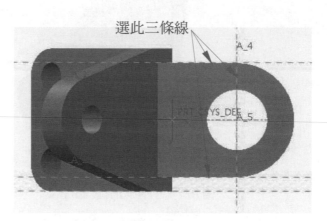

選此三條線

圖 4-59 增選三條線當參照基準

5. 以 草繪(Sketching) 工具列之圖像 ⬚ 直線，畫一直
   線為截面圖形，完成如圖 4-60 所示之尺度數字
   (20)，完成後須按圖像 ⬚ 確定。

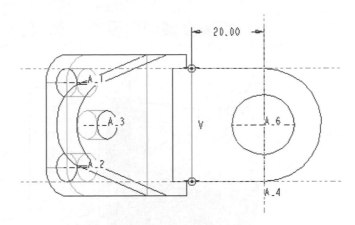

圖 4-60　完成截面圖形及尺度

6. 在標籤引伸(Extrude)對話方塊列中，按 ◢ 移除材料，輸入引伸長度 **1**，如圖 4-61 所示，按中間滾輪移動滑鼠，預覽模型中箭頭方向是否正確，若不對試按 ╱ 反向。正確後須按圖像 ✔ 按鈕，即完成引伸切削實體厚度特徵，如圖 4-62 所示。

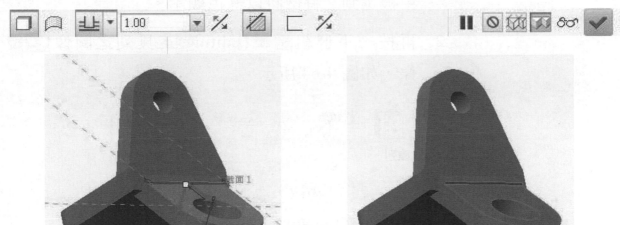

圖 4-61　預覽箭頭方向是否正確　　　圖 4-62　完成引伸切削實體厚度特徵

(i) 鏡像複製切削厚度特徵(圖 4-63)

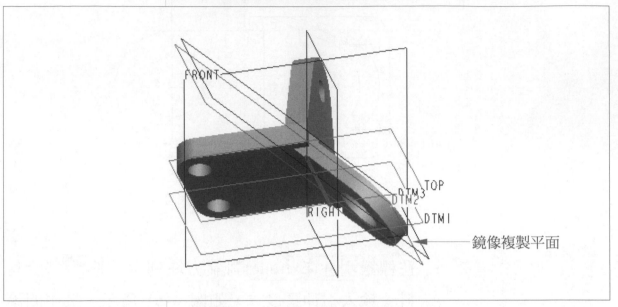

鏡像複製平面

圖 4-63 鏡像複製切削厚度特徵

過程：

1. 選剛完成之引伸切削實體厚度特徵，在實體模型中被選到之特徵將以綠色顯示。

2. 再按一下群組 編輯(Editing) 工具列之圖像 鏡像，如圖 4-64 所示。

圖 4-64 鏡像複製

3. 開啟標籤 鏡像(Mirror) 對話方塊列對話方塊列，直接選 DTM2 平面為基準複製，如圖 4-65 所示。

4. 完成後須按圖像 按鈕，即完成以 DTM2 平面為基準之切削實體特徵鏡像複製，如圖 4-66 所示。

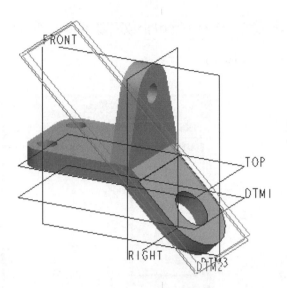

圖 4-65　鏡像複製　　　　　圖 4-66　完成切削實體厚度特徵鏡像複製

(j) 在 FRONT 平面做割面線 A-A

1. 按一下上方的標籤檢視(View)，再按一下群組模型顯示(Model Display)工具列中之下拉圖像截面▼(Section▼)。或圖像管理視圖▼(Manage Views▼)，再選視圖管理員(View Manager)，如圖 4-67 所示。

或

圖 4-67　按截面▼或下拉圖像管理視圖▼

2. 在圖像截面▼(Section▼)選按位移(Offset)。或圖像管理視圖▼(Manage Views▼)，開啟視圖管理員(View Manager)對話框，按標籤截面(Section)，按

新建▼(New▼)，再選 位移(Offset) ，如圖 4-68 所示。
輸入割面線名稱 **A**，按<Enter>。

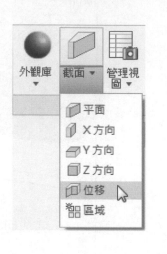　或　

圖 4-68　按一下截面，再選平面

　　🕮 提示：(1)在處理截面(Section)動作，按圖
像 截 面▼(Section▼)選 按 位 移(Offset) 較 快 速 為
Creo 新操作，但為簡單的割面動作。(2)按圖像管
理視圖▼(Manage Views▼)，開啟 視圖管理員(View
Manager) 對話框，雖為 Wildfire 舊操作，但可管理
割面、剖面線、顯示及切割等各種動作。

3. 開啟標籤 截面(Section) 對話方塊列，按一下草繪
(Sketch)→定義(Define)，開啟 草繪(Sketch) 對話
框，選物體的平面為草繪平面，如圖 4-69 所示。

4. 按一下圖形視窗上方的圖像 🔄 。

5. 以群組 草繪(Sketching) 工具列之 ✏ 直線，畫連接
三直線為截面圖形，完成如圖 4-70 所示之圖形，
不管尺度數字(只注意 12.00)，使水平兩直線超出

橫跨零件並分別通過圓心及中心線。完成後須按圖像 ✔ 確定。

圖 4-69 選草繪平面

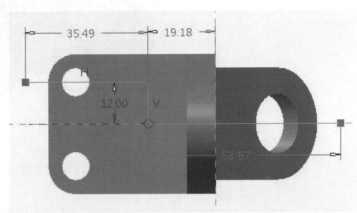

圖 4-70 完成位移切割截面圖形

6. 在標籤 截面(Section) 對話方塊列中，可試按各圖像按鈕，如圖 4-71 所示，觀察模型之顯示。

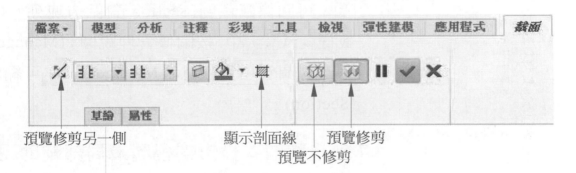

圖 4-71 截面(Section)對話方塊列

7. 在對話方塊列中，按圖像顯示剖面線及圖像預覽不修剪，完成後按 ✔ 按鈕，即完成建構割面線 A-A，如圖 4-72 所示。

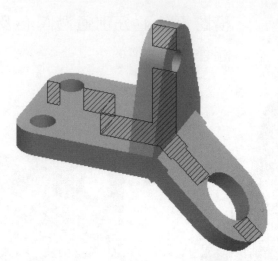

圖 4-72 完成割面線 A-A(剖面 A-A)

模型樹
CH04.PRT
　RIGHT
　TOP
　FRONT
　PRT_CSYS_DEF
▶ 引伸 1
▶ 引伸 2
　DTM1
　DTM2
　DTM3
　A_4
▶ 引伸 3
　複製 1
　位移 1
▶ 引伸 4
▶ 鏡像 1
→ 在此插入
▼ 截面
▶ A

提示：(1)截面(Section)非為特徵，但可儲存於模型中，並在工程圖中投影剖視圖時使用。(2)截面(Section)在模型樹中位→在此插入之後，如左圖所示。(3)點選截面名稱，按著右鍵，選編輯定義，可回標籤截面(Section)對話方塊列。(4)在標籤檢視(View)中，按圖像管理視圖▼(Manage Views ▼)→視圖管理員(View Manager)，亦可編輯截面(Section)。

4.7.5 步驟四：投影剖視圖及局部輔助視圖

(a) 複製 CD 片範本檔案至 Creo 2.0 適當目錄中

1. 將書後所附 CD 片之資料夾(目錄) templates 中之所有*.drw 檔案複製至 Creo Parametric 2.0 載入程式中的 templates 資料夾中，(例如：C:\Program Files\PTC\Creo 2.0\Common Files\M040\templates)。

2. 將書後所附 CD 片之資料夾(目錄) formats 中之所有*.frm.1 檔案複製至 Creo Parametric 2.0 載入程式

中的 formats 資料夾中，(例 如 ： C:\Program Files\PTC\Creo 2.0\Common Files\M040\formats)。

　　☝ 提示：(1)最前面步驟 O 若已複製，則上面過程(a)省略。(2)須先複製上面過程後再開啟 Creo Parametric 2.0 程式，自動投影三視圖及圖框標題欄才可自動被搜尋到。

(b) 使用範本新建工程圖

1. 按一下功能表檔案(File)➔新建(New...)。

2. 點選工程圖(Drawing)，並在圖面名稱(Name)輸入 **ch4**，(不含.drw)，工程圖與零件通常習慣使用相同名稱，接受內定預選使用內定範本(Use default template)，選好按確定(OK)

3. 在新工程圖(New Drawing)對話框中，如圖 4-73 所示內定模型(Default Model)應為 CH4.PRT，指定範本(Specify Template)接受內定為使用範本(Use template)，選好按確定(OK)，進入工程圖，將出現 CNS 標準 A3 圖框標題欄及投影三視圖，如圖 4-74 所示。

　　☝ 提示：(1)若 CNS 標準範本(Templatc)檔案不在 Creo 2.0 之 templates 資料夾中，亦可從硬碟中自行選用。(2)若格式(Format)檔案不在 Creo 2.0 之 formats 資料夾中，必須與範本(Template)檔案同　資料夾中，否則範本將找不到圖框及標題欄。

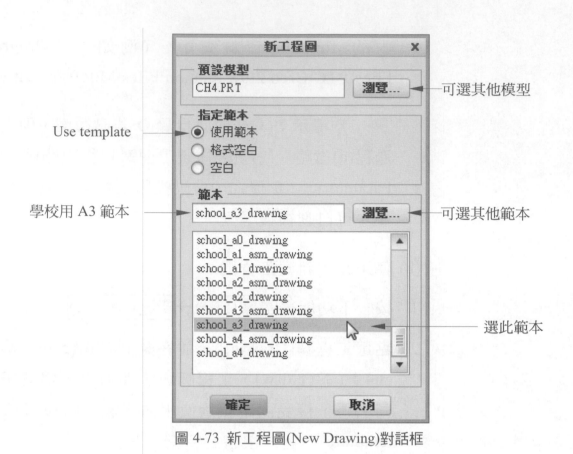

可選其他模型

Use template

學校用 A3 範本

可選其他範本

選此範本

圖 4-73　新工程圖(New Drawing)對話框

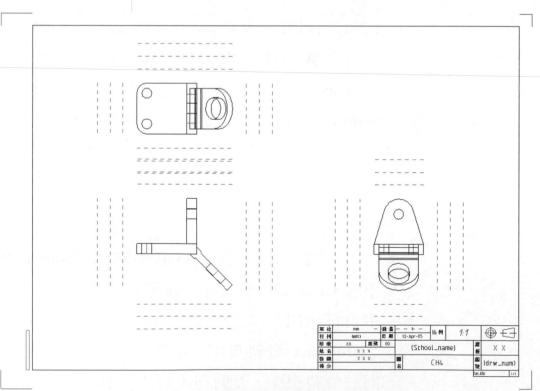

(a)圖框標題欄及自動投影三視圖

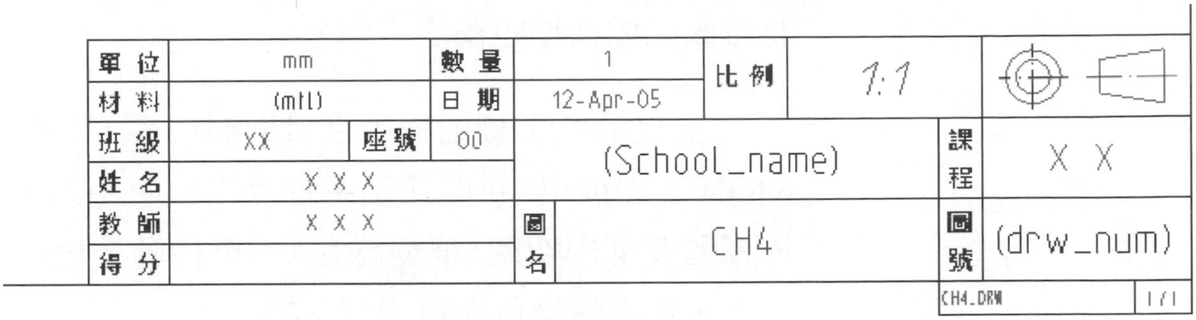

單　位	mm		數　量	1	比　例	1:1	
材　料	(mtl)		日　期	12-Apr-05			
班　級	XX	座　號	00	(School_name)		課程	X X
姓　名	X X X						
教　師	X X X		圖名	CH4		圖號	(drw_num)
得　分						CH4.DRW	1/1

(b)圖框標題欄(放大)

圖 4-74 使用學校用 A3 範本(school_a3_drawing)新建工程圖

(c) 修改標題欄文字內容

1. 按一下上方的標籤 表格(Table)，點選標題欄中想修改的文字，例如：點選姓名欄之 X X X，按著右鍵選 Properties(屬性)。

2. 只需將 X X X 部份改成 **Mike Lee** 或李麥克(中文版)。

　　　　👂 提示：(1)標題欄中之比例，圖名，工程圖檔名及頁數等各欄之內容，乃由內建參數自動產生，勿須修改，圖名為 3D 模型檔案名稱，最右下角兩欄為工程圖檔案名稱及頁數。(2)標題欄中之材料(mtl)，及圖號(drw_num)等欄之內容，可準備由 3D 模型參數自動傳遞，目前勿須修改。

3. 按照上面第 1，2 項之操作，依各人所需，逐一修改標題欄中各欄之內容。本例標題欄可修改文字之欄位為：(School_Name)，班級，座號，姓名，教師，課程，日期，單位，及數量等。

4. 完成標題欄中文字部份的修改，如圖 4-75 所示，

為修改完成後標題欄之一例。

　　📝 提示：(1)標題欄中之日期欄內容，若改成 &todays_date，則可改顯示系統今天日期。(2)先選按標題欄框內空間（框變綠色），再移動至框內文字上，當字變綠色即可選到文字。

單 位	mm		數 量	1	比 例	1:1	⊕ ⊏⊐
材 料	(mtl)		日 期	26-Dec-13			
班 級	M2	座 號	00	Tatung University		課程	Creo 2.0
姓 名	Mike Lee						
教 師	Wang, Chao-Ming		圖名	CH4		圖號	(drw_num)
得 分							

圖 4-75　修改完成後標題欄之一例

(d) 標題欄內容由模型中參數傳遞

1. 在標籤 檢視(View) 中，按一下群組 視窗(Window) 之工具列圖像視窗(Windows)→ 1 CH4.PRT ，將回零件模型視窗。在上方標籤 工具(Tools) 中，按一下群組 模型意圖(Model Intent) 之工具列圖像 [] 參數(Parameters)。開啟 參數(Parameter) 對話框，如圖 4-76 所示。

2. 按一下 ➕ 增加新參數，輸入參數名稱 **mtl**，選參數類型為字串(String)，輸入參數值為 **FC300**。

3. 再按一下 ➕ 增加新參數，輸入名稱 **drw_num**，選類型為字串(String)，輸入參數值為 **M200-CH4**。

4. 完成後按確定(OK)。

5.　在標籤 檢視(View) 中，按一下群組 視窗(Window)
之工具列圖像視窗(Windows)→ 2 CH4.DRW:1 ，將
回工程圖視窗。

6.　選標題欄中想傳遞的參數，點選材料欄之(mtl)，
將 出 現 (mtl) 改 成 **&mtl** 。 繼 續 點 選 圖 號 欄 之
(drw_num)，出現(drw_num)改成 **&drw_num**。標題
欄之材料及圖號欄內容將由零件模型之參數傳
遞，如圖 4-77 所示。

圖 4-76　參數(Parameter)對話框

🦻 提示：(1)當來回模型與工程圖有錯誤時，
在標籤 檢視(View) 中，按一下群組 視窗(Window)
之工具列圖像啟動(Activate)，如左圖所示。或按
一下<Ctrl>+<A>亦可。

單 位	mm		數 量	1	比 例	1:1	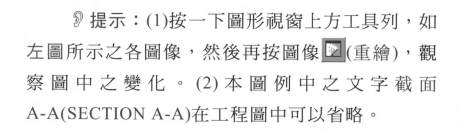
材 料	FC300		日 期	26-Dec-13			
班 級	M2	座 號	00	Tatung University		課 程	Creo 2.0
姓 名	Mike Lee						
教 師	Wang, Chao-Ming		圖 名	CH4		圖 號	M200-CH4
得 分							CH4.DRW 1/1

圖 4-77 標題欄之材料及圖號欄內容由零件模型傳遞

(e) 改投影視圖為剖視圖

1. 直接點選想修改的視圖，點選前視圖，在前視圖有綠框線時(被選到時)，按著右鍵選屬性(Properties)，進入工程圖視圖(Drawing View)對話框，如圖 4-78 所示。

2. 選截面 (Sections)，點選 2D 橫截面 (2D cross-section)，再按 ＋ ，選 A(在模型中已完成之橫截面)，按套用(Apply)，最後按關閉(Close)。前視圖將顯示全剖面，如圖 4-79 所示。

🖝 提示：(1)按一下圖形視窗上方工具列，如左圖所示之各圖像，然後再按圖像 ▷(重繪)，觀察圖中之變化。 (2) 本圖例中之文字截面 A-A(SECTION A-A)在工程圖中可以省略。

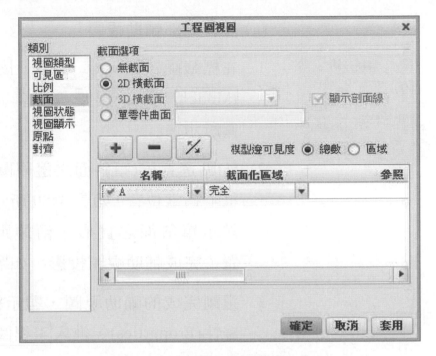

圖 4-78 工程圖視圖對話框(截面)

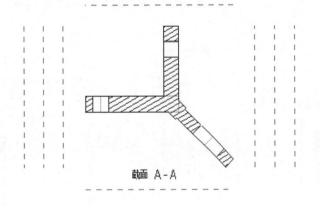

截面 A-A

圖 4-79 投影前視圖為截面 A-A

(f) 拭除文字截面 A-A

1. 點選前視圖中之文字截面 A-A，選到變綠，按著右
   鍵選ㄨ刪除(Delete)，前視圖中之文字截面 A-A 將
   被刪除。(工程圖中正確寫法為 A-A 在視圖上方)

(g) 投影局部輔助視圖

1. 在標籤配置圖(Layout)中，按一下群組模型檢視▼ (Model Views▼)中之圖像輔助(Auxiliary…)，如左圖所示。

2. (1)點選直線(傾斜面之邊視圖)。(2)移動投影視圖框至適當位置，如圖 4-80 所示，將投影輔助視圖，顯示單斜面之實形，箭頭距離約為視圖中心位置，完成輔助視圖投影，如圖 4-81 所示。

3. 選剛完成的輔助視圖，顯示綠框線，按著右鍵選屬性(Properties)，進入工程圖視圖(Drawing View)對話框，類別中選可見區(Visible Area)，視圖可見度選部份視圖(Partial View)，如圖 4-82 所示。

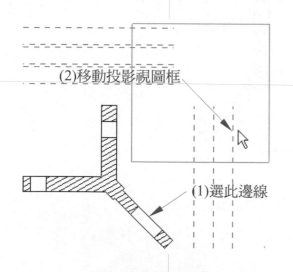

圖 4-80　先選邊視圖再移動投影視圖框

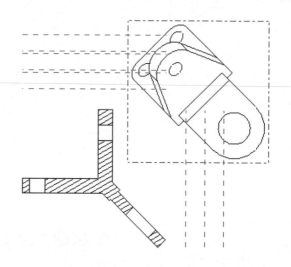

圖 4-81　完成輔助視圖投影

　　　提示：(1)「幾何上的參照點」選局部視圖內的圖元上，將顯示△符號。(2)「雲規線邊界」以滑鼠左鍵點畫局部視圖之範圍，大約圍繞剛選

之參照點，快完成時按滑鼠中鍵可銜接起始點成一封閉雲規線，完成後只顯示雲規線封閉範圍內之視圖。

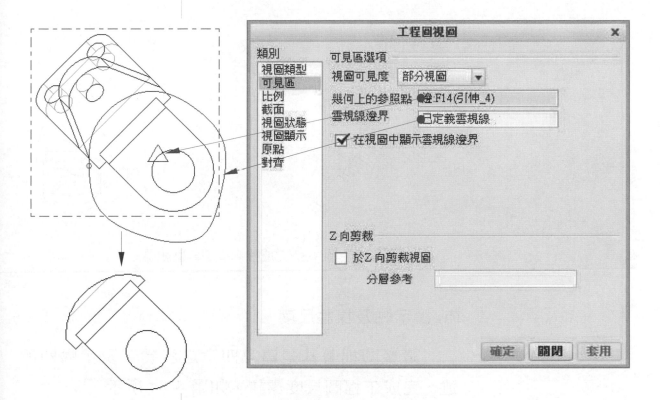

圖 4-82　工程圖視圖對話框(部份視圖)

4. 即完成投影局部輔助視圖，如圖 4-83 所示。

　　　　◎ 提示：目前視圖中虛線以灰色顯示，切線投影以淺灰色顯示，系統出圖時灰色將內定以虛線式樣印出，淺灰色則內定以細實線式樣印出。

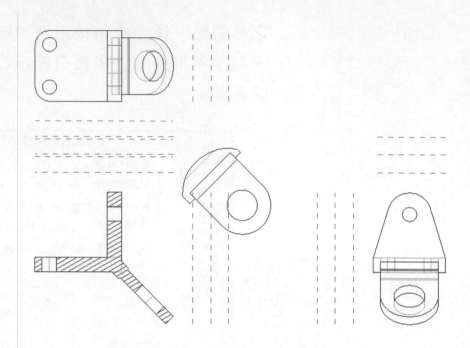

圖 4-83 完成投影局部輔助視圖

(h) 顯示軸及標註尺度

請參閱拙著基楚篇第四章之步驟三及步驟四所述，完成工程圖尺度標註，如圖 4-84 所示。

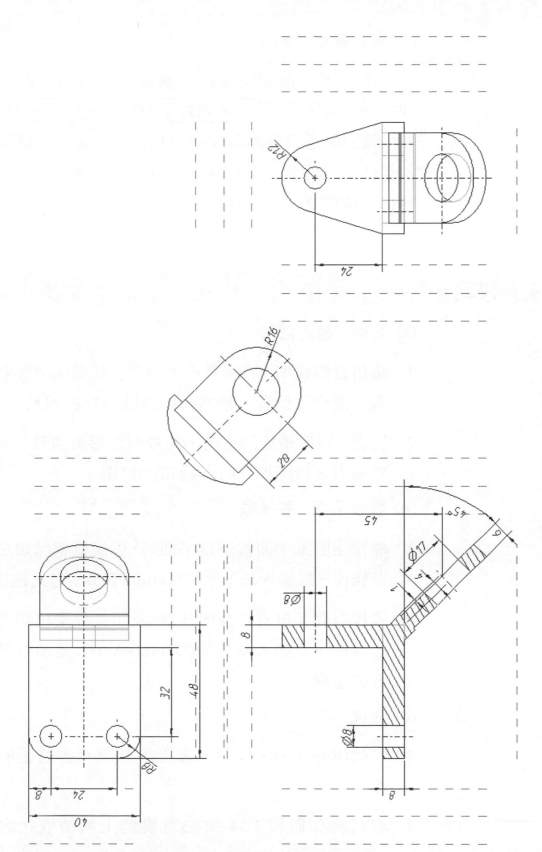

圖 4-84　完成工程圖尺度標註

(i) 固定視圖之顯示

選視圖，選到時顯示綠框線，按著右鍵選屬性(Properties)，進入 工程圖視圖(Drawing View) 對話框，類別中選視圖顯示(View Display)。顯示式樣改選消隱(No Hidden)。相切邊顯示式樣改選無(None)，即可固定視圖之顯示式樣。

4.8　重點歸納

(a) 特徵, 截面圖形

1. 建構實體模型，將特徵愈細分時，其截面圖形愈好畫，適合初學者，繪圖操作時間通常亦較長。

2. 反之，將特徵愈簡化時，其截面圖形愈複雜，適合熟練者，繪圖操作時間通常亦較短。

(b) 基準平面, 基準軸

1. 尋找空間某平面當草繪平面時，可從模型已知之特徵條件，以插入基準平面(Datum Plane)方式建構。

2. 尋找空間某位置當參照基準時，可從模型已知之特徵條件，以插入基準軸(Datum Axis) 或基準平面方式建構。

(c) 取代

1. 取代(Replace)，以另一表面取代原來實體上的表面。

2. 取代操作過程：(1)須先選實體上將被取代之表

面，(2)接著須選基準平面(Datum Plane)或面組(Quilt)。

3. 實體模型表面之取代(Replace)將包含增加及切減材料之情況。

(d) 輔助視圖

1. 輔助視圖(Auxiliary View)的目的為投影傾斜面之真實形狀(True Shape)，簡稱實形(TS)。

2. 空間之傾斜面可分為單斜面及複斜面兩種。

3. 輔助視圖的位置由傾斜面之邊視圖平行投影。

4. 傾斜面之邊視圖即一直線，單斜面時應在主要視圖中可以找到。

5. 遇複斜面時，要先從主要視圖中找與複斜面相交之實長線，由實長線垂直投影得複斜面之邊視圖，再由複斜面之邊視圖平行投影得複斜面之實形。

(e) 部份視圖

1. 部份視圖(Partial View)的中心位置，只要在外圍線之裡面即可。

2. 部份視圖的中心位置，須在圖元上。

3. 部份視圖的外圍線，不可相交。

4. 部份視圖又稱為局部視圖。

(f) mtl, drw_num, 系統參數

1. 本練習材料欄之 mtl 及圖號之 drw_num 參數為使用者自定，非系統參數。

2. 工程圖標題欄中使用參數時，須在參數前加&。

3. 比例之系統參數為&scale。

4. 日期之系統參數為&todays_date。

5. 圖名(模型名稱)之系統參數為&model_name。

6. 姓名欄內容可改用系統參數&MODELED_BY。

習 題 四

1. 以 mm 單位，先繪製下列各實體零件，再畫工程圖(含輔助視圖)。(有底線為挑戰題)

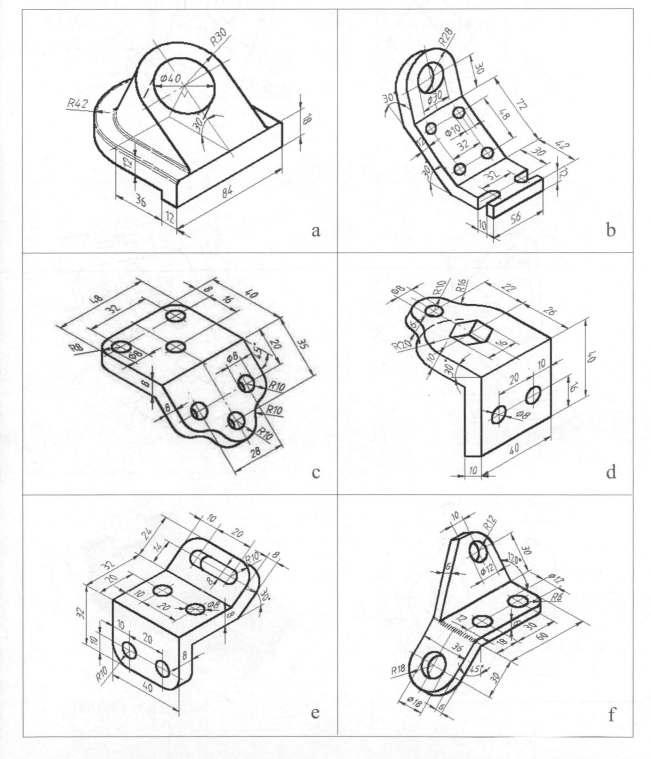

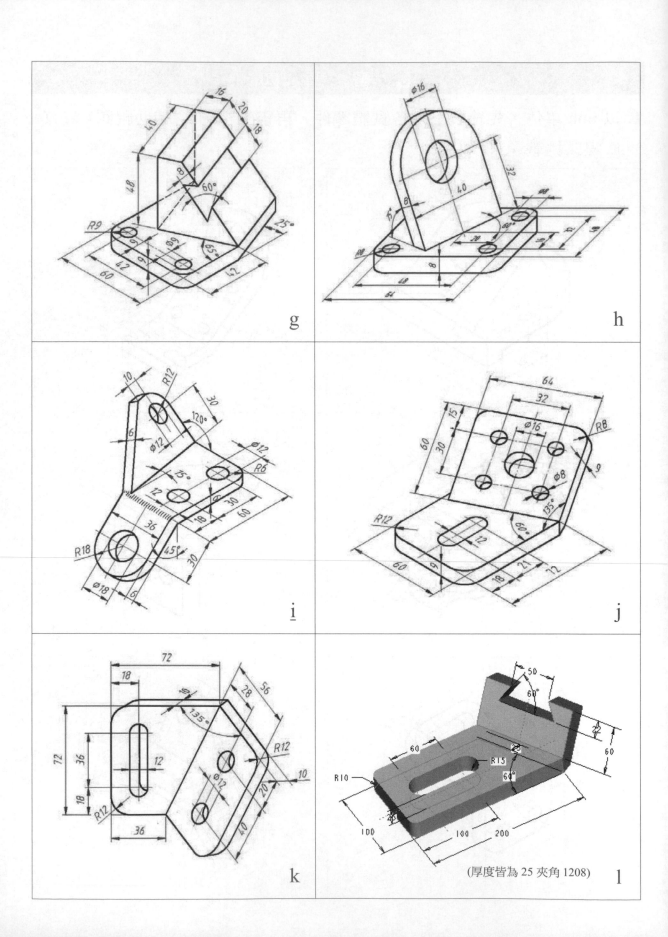

g

h

i

j

k

(厚度皆為 25 夾角 1208)

l

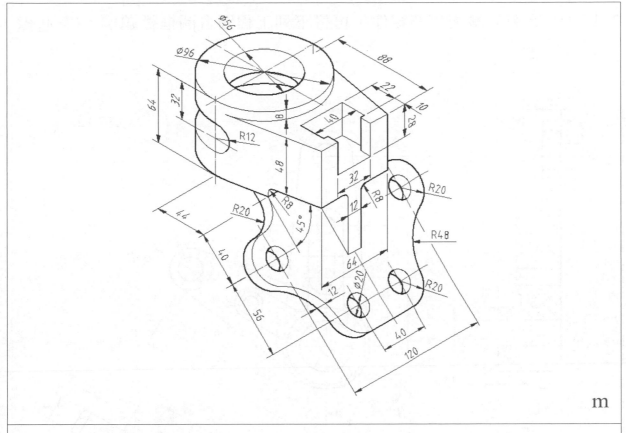

m

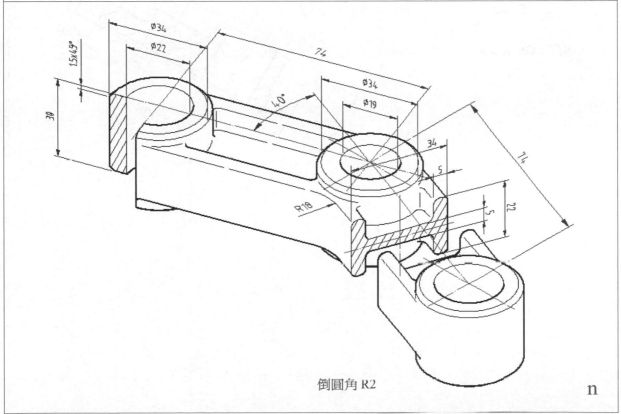

倒圓角 R2

n

2. 以 1:1 比例先繪製實體零件，再畫下列工程圖含圖框標題欄。(有<u>底線</u>為挑戰題)

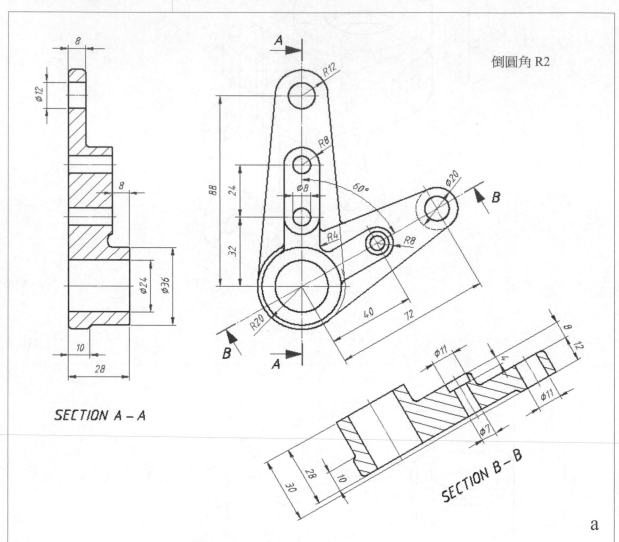

SECTION A – A

SECTION B – B

倒圓角 R2

a

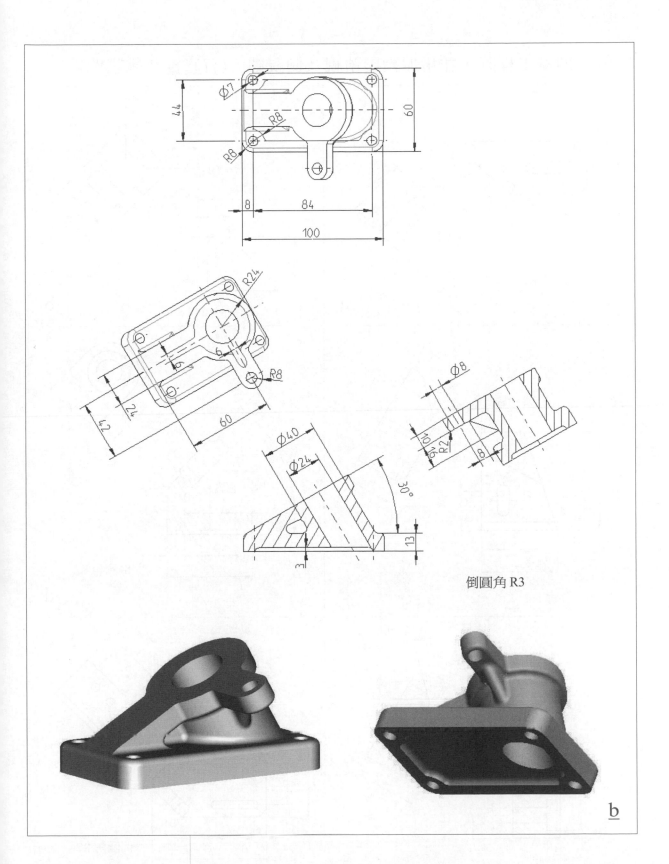

倒圓角 R3

<u>b</u>

3. 依下列畫工程圖，並增加投影俯視及側視圖。(有<u>底線</u>為挑戰題)

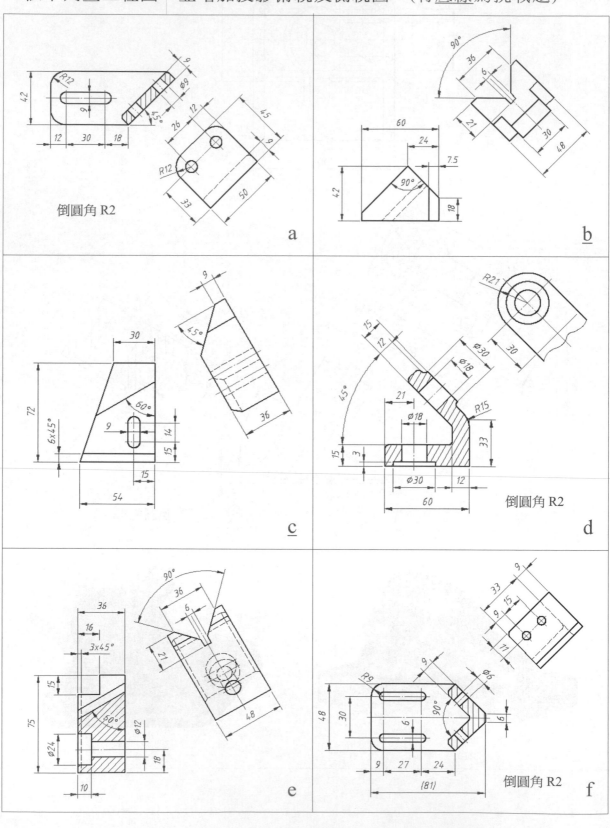

5

塑膠杯

建構等變杯體及光滑變化杯嘴

做塑膠杯底凹陷及倒圓角

挖空塑膠杯本體

做杯底凸出文字

規則斷面塑膠杯把手

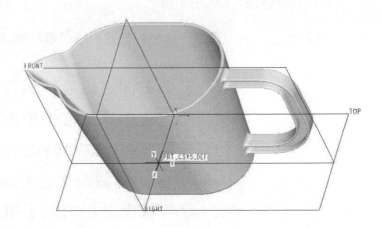

5.1 混成特徵的起始點

　　如基礎篇第十章所述，混成(Blend)至少須以兩個截面建構特徵，假設各截面之線段數相同時，仍必須注意各截面線段起始點(Start Point)之位置，各截面內定預設之起始點通常為繪製截面圖形時之第一點，如圖 5-1 所示。(a)圖各截面起始點位置要相對映。(b)圖即使箭頭方向不同時仍然可順利建構特徵，圖中作用中之截面為青色，其餘非作用中之截面為灰色。

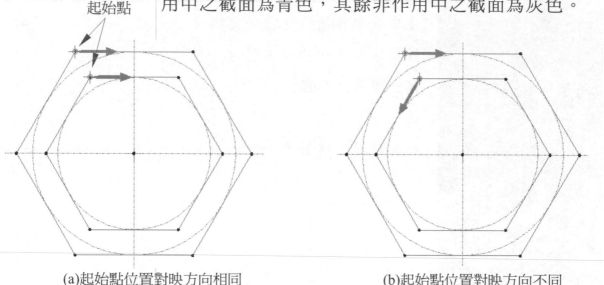

起始點

(a)起始點位置對映方向相同　　　　　　　　(b)起始點位置對映方向不同

圖 5-1　起始點位置對映可順利建構特徵

　　若各截面之線段數相同，因繪製截面圖形之關係使預設之起始點位置不相對映，或刻意改變起始點之位置，在邏輯上許可時仍然可成功建構特徵，因混成(Blend)會從各截面之起始點開始連線至特徵建構完成，當各截面之起始點不相對映，所建構之特徵會扭曲成另一形狀。

　　改變截面圖形之起始點位置，如圖 5-2 所示。(a)

圖須先選好起始點位置，可選為綠選到變紅，再按著
右鍵，在彈出功能表選 起始點(Start Point)。(b)圖即完
成改變起始點位置。(c)圖原本截面之起始點相對映
時，所建構之特徵。(d)圖截面之起始點不相對映時，
所建構之特徵會依起始點連線扭曲成另一形狀。

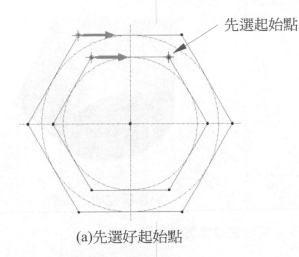

先選起始點

(a)先選好起始點　　　　　　　　　(b)完成改變起始點位置

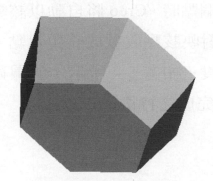
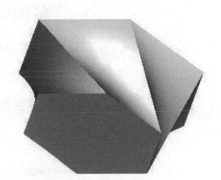

(c)起始點相對映所建構之特徵　　　(d)特徵依起始點扭曲成另一形狀

圖 5-2　改變截面之起始點位置

　　各截面之線段數保持相同，但截面圖形中若有圓
或圓弧對映兩條線段以上時，圓或圓弧必須繪製分割
點，使圓或圓弧分割成與對映之線段數相同。在完成
有圓或圓弧之截面圖形及尺度之後，按一下群組 編輯
(Editing) 工具列之圖像 ⌐ 分割，點選位置將圓或圓弧

分割。以正方形及圓截面為例，圓須分割成四段且最好等長以對映正方形，如圖 5-3 所示。(a)圖圓分割成四段相等，第一個分割點位置會出現箭頭成為起始點。(b)圖以正方形及圓為截面建構完成之特徵。

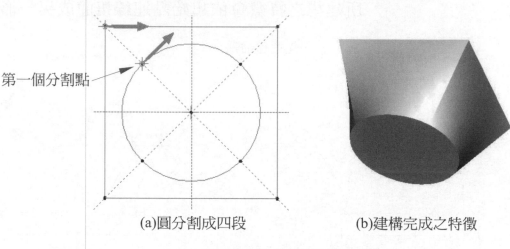

第一個分割點

(a)圓分割成四段　　　　　　　(b)建構完成之特徵

圖 5-3　圓或圓弧繪製分割點

截面圖形若只畫一個點時，Creo 將自動以該點為起始點，且其他截面將對映該點收斂成一尖銳點，當然仍須輸入截面間之深度，如圖 5-4 所示。(a)圖截面只畫一個點。(b)圖建構完成之特徵。

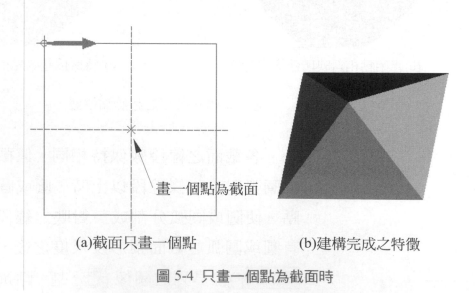

畫一個點為截面

(a)截面只畫一個點　　　　　　　(b)建構完成之特徵

圖 5-4　只畫一個點為截面時

5.2　混成特徵的混成頂點

　　混成(Blend)的各截面圖形之線段數允許有不相同情況，但必須在較少線段數的截面從起始點開始安排點的對映數，即在某頂點增加點的對映數，即稱為混成頂點(Blend Vertex)，做一次混成頂點將增加一個點的對映數，最後必須使各截面圖形之線段數相同，即所有頂點皆剛好有對映點，但起始點(Start Point)無法做混成頂點。

　　在較少線段數的截面上頂點增加點的對映數，以正方形及正三角形為例，如圖 5-5 所示。(a)圖須先選好三角形中要增加對映點的頂點，可選為綠選到變紅，再按著右鍵，在彈出功能表選 混成頂點(Blend Vertex) 。(b)圖即完成在該頂點上增加一個對映點，注意：在該點上會顯示一個小圓圈，每做一次混成頂點將會增加一個小圓圈。(c)圖當各截面圖形之頂點皆剛好有對映點時，即可成功地建構混成(Blend)特徵。

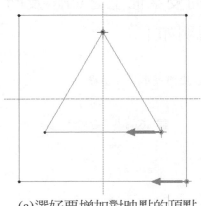
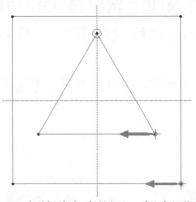
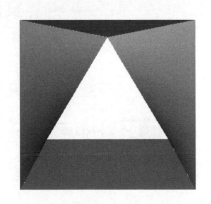

(a)選好要增加對映點的頂點　　(b)在該點上會顯示一個小圓圈　　(c)建構完成之特徵

圖 5-5　混成特徵的混成頂點

　　另以正五邊形及正三角形為例，如圖 5-6 所示。

(a)圖將三角形中要增加對映點的頂點做兩次混成頂點(Blend Vertex)，該點會增加兩個小圓圈。(b)圖成功建構完成之混成(Blend)特徵。

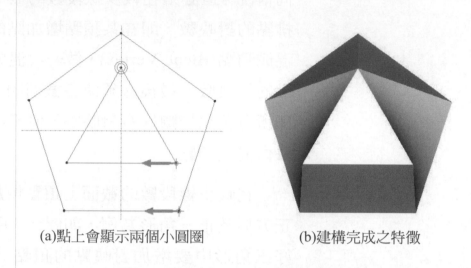

(a)點上會顯示兩個小圓圈　　　(b)建構完成之特徵

圖 5-6　兩次 Blend Vertex(混成頂點)

5.3　位移特徵的延展

　　如前面第 4.1 節所述，實體模型之表面可做延展之設計，先選表面後可在標籤位移(Offset)對話方塊列中選位移類型 ▥ 延展(Expand)，如圖 5-7 所示。可在實體表面上做位移，包括曲面及平面上之凹陷及凸出，因位移情況甚多，分別說明如下：

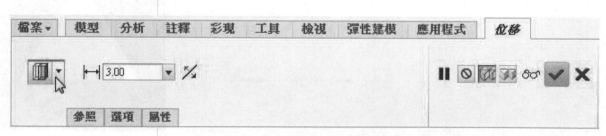

圖 5-7　「位移」對話方塊列(延展)

　　在「選項」滑動面板中，如圖 5-8 所示。表面位移後曲率方面有兩種，如圖 5-9 所示：

1. **法向於曲面**(Normal to Surface)：(a)圖即位移後之表面與原表面之曲率(半徑)依位移值而變動，表面間之垂直距離不變。

2. **平移**(Translate)：(b)圖即位移後之表面與原表面之曲率不變，表面間之平行距離不變。

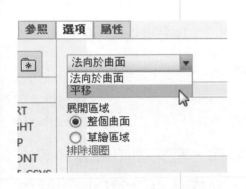

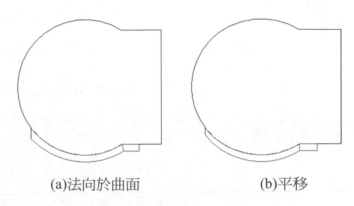

(a)法向於曲面　　　　　(b)平移

圖 5-8 「選項」滑動面板　　　　圖 5-9 表面位移後曲率選項

　　「選項」滑動面板在展開區域單選的選單中亦有兩種：

1. **整個曲面**(Whole Surface)：即直接以所選之表面做為位移範圍。

2. **草繪區域**(Sketched Region)：即必須在平面上繪製截面再投影至位移之表面上做為位移範圍。

　　在展開區域的選單若選草繪區域時，如圖 5-10(a)所示，在側邊曲面法向方面亦有兩種：

3. **曲面**(Surface)：(b)圖即位移延展之實體側邊垂直於被延展之曲面。

4. **草繪**(Sketch)：(c)圖即位移延展之實體側邊垂直於草繪平面。

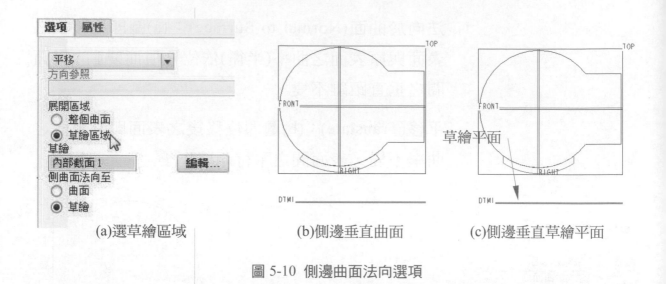

(a)選草繪區域　　　　　(b)側邊垂直曲面　　　　(c)側邊垂直草繪平面

圖 5-10　側邊曲面法向選項

5.4　殼特徵

　　材質厚度一致之實體零件，常見如塑膠零件等，可先建構實心零件之外形，完成後再以殼(Shell)特徵去除最外表面及輸入材質厚度，即從最外表面挖空實心零件使厚度一致，在做殼特徵之前，最好先將零件外形之倒圓角或去角等特徵處理好，挖空後零件各處之壁厚才會均勻。

　　另外須注意：(1)若外倒圓角半徑小於薄殼厚度時 Shell 特徵建構將不會成功。(2)如果將要刪除的曲面具有與其相切的鄰接曲面，就不能選擇它

　　做殼(Shell)特徵在去除最外表面可複選，如圖 5-11 所示。(a)圖選實體兩處最外表面。(b)圖輸入適當薄壁厚度依所選兩處最外表面完成殼特徵。(c)圖若將薄壁厚度加大至與外倒圓角半徑相同時為最大極限，仍可完成殼特徵建構，但圖中小圓柱因壁間隔太窄將不挖空做薄殼，即其直徑不受薄壁厚度影響。

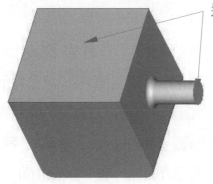
選此兩表面

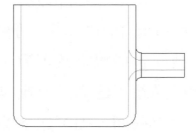

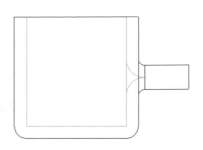

(a)選實體兩處最外表面　　　(b)薄壁厚度適當　　　(b)壁厚等於圓角半徑(極限)

圖 5-11　殼(Shell)特徵建構

5.4.1　殼特徵之非預設厚度

　　殼(Shell)特徵最少須移除一個表面,及輸入一個適當薄壁厚度,才可建構殼特徵,即從移除表面挖空實心零件使厚度一致。但在情況需要時,可增加一「非預設厚度」,即有兩種厚度,對於「非預設厚度」必須另給厚度外,亦必須選出非預設厚度之表面,這些表面可以為移除表面外之其它完整表面,如圖 5-12 所示。

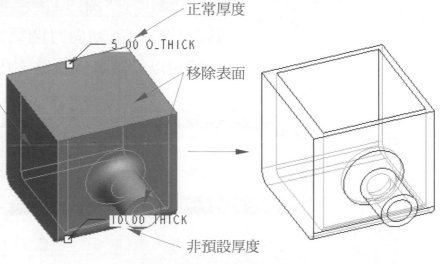
正常厚度
5.00 O_THICK
非預設厚度表面
移除表面
10.00 THICK
非預設厚度

圖 5-12　殼特徵之非預設厚度

5.5 實體掃描特徵之軌跡

掃描(Sweep)特徵為以一個截面可沿著多條軌跡(Trajectories)掃描建構，請參閱前面第二章第 2.1 節所述。截面包括恆定及可變，軌跡亦包括多條及一條。因此掃描除可建構多變複雜的實體或曲面外，單一軌跡的恆定截面，則可建構簡單小變化的實體或曲面。掃描的軌跡可為封閉及開放情況，說明如下：

1. 封閉軌跡：即軌跡之起始點與終止點為同一點，軌跡圖形為一迴路。Wildfire 版及 Creo 版情況不一樣，分別說明如下：

    Wildfire 版軌跡若封閉時，則會增加一屬性(Attributes)之選項，如左圖所示。有 No Inn Fcs(無內部因素) 及 Add Inn Fcs(增加內部因素) 兩種：

    • No Inn Fcs(無內部因素)：為預設選項，必須為剛好封閉截面，以截面圖形垂直軌跡掃描建構而成實體，如圖 5-13 所示。

    • Add Inn Fcs(增加內部因素)：必須為開放截面，其開放缺口須朝向封閉軌跡之內側，使缺口方向能夠以實體填滿軌跡之內側，如圖 5-14 所示。

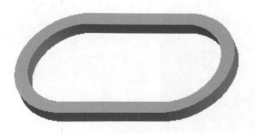

圖 5-13 封閉軌跡無內部因素   圖 5-14 封閉軌跡增加內部因素

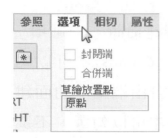

Creo 版軌跡封閉時，已無 Wildfire 版屬性之選項，如 Add Inn Fcs(增加內部因素)。且在「選項」滑動面板中的選單封閉端(Cap ends)及合併端(Merge ends)亦無作用(無法選)，如左圖所示。

2. 開放軌跡：即軌跡之起始點與終止點不接觸，掃描建構實體時，邏輯上截面必須為剛好封閉。若在掃描建構之前已有實體存在時，Wildfire 版及 Creo 版情況仍不一樣，分別說明如下：

　　Wildfire 版會增加一屬性(Attributes)之選項，如左圖所示。有 Merge Ends(合併端) 及 Free Ends(自由端點) 兩種：

• Merge Ends(合併端)：新建構掃描實體之兩端與已存在之實體自動合併，只要兩實體有接觸到時會自動合併端點連接，如圖 5-15 所示。

• Free Ends(自由端點)：新建構掃描實體之兩端與已存在之實體不自動合併，如圖 5-16 所示。若兩實體端點完全接觸時亦會自然合併端點。

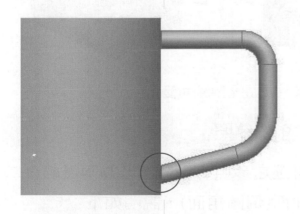

圖 5-15 開放軌跡(合併端)

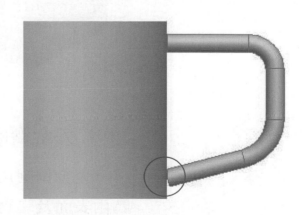

圖 5-16 開放軌跡(自由端點)

Creo 版軌跡開放時，實體建構時，「選項」滑動面板中的選單合併端(Merge ends)才可以勾選，不選時則如 Wildfire 版的自由端點；曲面建構時，則選單封閉端(Cap ends)才可以勾選，不選時則端點不加蓋。

5.6 完全倒圓角特徵

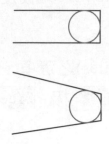

在實體的三個面間做相切之圓角，稱為完全倒圓角(Full Round)，完全倒圓角之半徑值依實體的三個面間自動而得，如左圖所示。等厚壁完全倒圓角之半徑，即壁厚之一半。當修改等厚壁之厚度時，完全倒圓角之半徑將自動修正。

非等厚之壁，端面兩邊線即使不平行，亦可完全倒圓角，半徑則依端面之寬度而變化，形成變化圓角，如圖 5-17 所示。

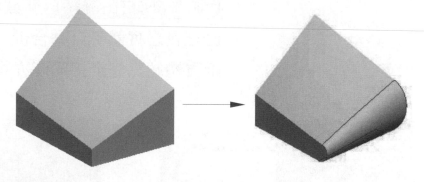

圖 5-17 完全倒圓角(變化)

5.6.1 完全倒圓角之參照

完全倒圓角可選之參照有兩類，一為兩邊線，二為兩表面及驅動曲面(倒圓角面)，說明如下：

1. 選兩邊線：須為同表面間之兩邊線，兩邊線不可

在同一條鏈線上，如圖 5-18 所示。

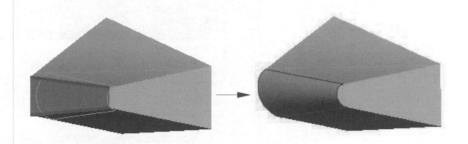

圖 5-18　完全倒圓角(選兩邊線)

2.　選兩表面及驅動曲面：驅動曲面(Driving　Surface)
必須在兩表面之間，如圖 5-19 所示。

選此兩面

驅動曲面

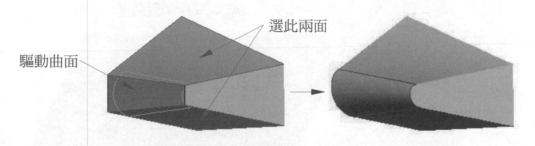

圖 5-19　完全倒圓角(選兩表面及驅動曲面)

5.7　立體文字

建構實體零件時，改以書寫文字方式為其截面圖
形，可建構凸出或凹空之立體文字。立體文字為引伸
(Extrude)特徵，在選好草繪平面進入草繪器後，乃以
草繪(Sketching)工具列之圖像 $\boxed{\text{IA}}$ 文字，先畫一直線
(由下往上畫)做為字高後，將出現文字(Text)對話框，
如圖 5-20(a)所示。接受字體(Font)為 font3d，亦可點
選沿曲線排列文字等，完成立體文字之各例，如圖
5-20(b)所示。

(a)文字(Text)對話框

(b)完成實體文字之各例

圖 5-20 立體文字特徵

5.8 繪製塑膠杯(ch05.prt)

本章練習建構零件塑膠杯 ch05.prt，首先利用混成(Blend)特徵建構塑膠杯本體，包括以平滑(Smooth)及畫一點為截面建構塑膠杯出水嘴，以「位移」特徵的表面延展(Expand)做杯底凹空，以「殼」(Shell)特徵挖空塑膠杯等厚壁及做實體凸出文字(Text)，最後以「掃描」(Sweep)特徵之合併端(Merge Ends)做塑膠

把手，完成之塑膠杯，如圖 5-21 所示。

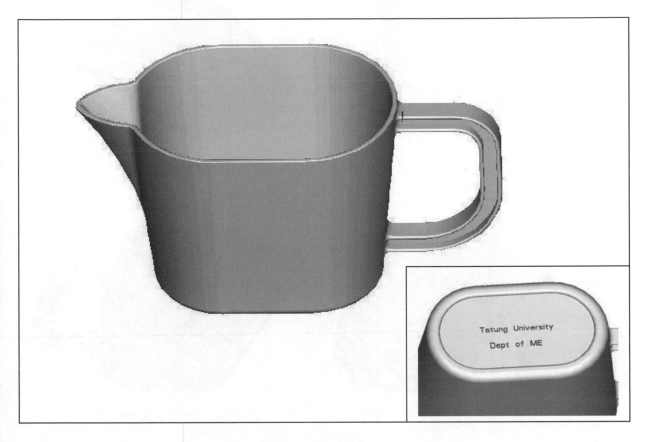

圖 5-21 建構完成之塑膠杯(ch05.prt)

　　練習過程將先建構塑膠杯本體，出水嘴，做杯底凹空，挖空塑膠杯成等厚壁及做實體凸出文字，最後做塑膠把手，繪製過程分四步驟：(圖 5-22)

(a) 步驟一：建構塑膠杯本體及出水嘴

(b) 步驟二：建構杯底凹陷

(c) 步驟三：挖空杯體及實體凸出文字

(d) 步驟四：建構塑膠把手及倒圓角

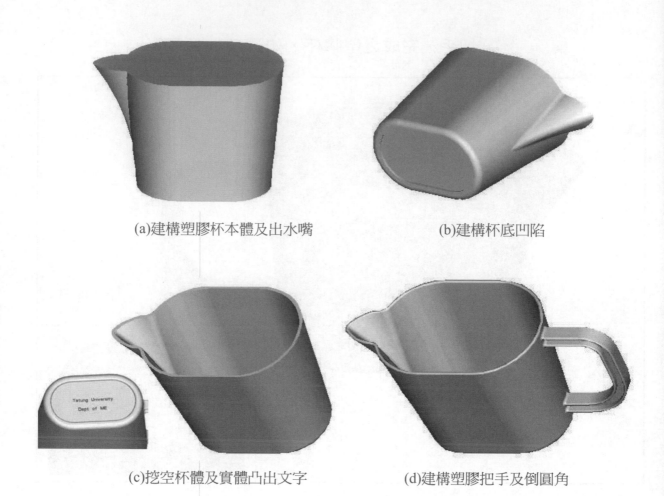

(a)建構塑膠杯本體及出水嘴　　　　(b)建構杯底凹陷

(c)挖空杯體及實體凸出文字　　　　(d)建構塑膠把手及倒圓角

圖 5-22　建構過程分四步驟

5.8.1　步驟一：建構塑膠杯本體及出水嘴

(a) 以混成建構等變杯體特徵(圖 5-23)

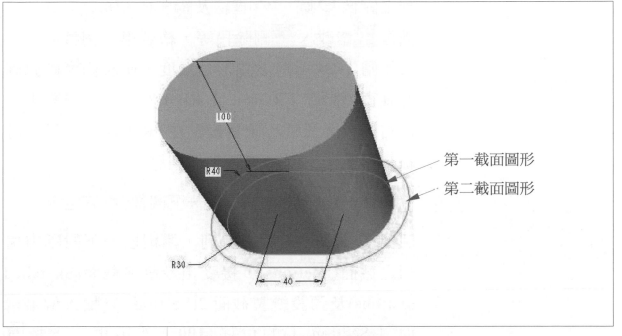

　　　　　　　　　　　　　　　　　　　第一截面圖形
　　　　　　　　　　　　　　　　　　　第二截面圖形

圖 5-23　以混成建構等變杯體特徵

過程：

1. 在標籤模型(Model)中，按一下群組形狀▼(Sharp▼)
   工具列中之下拉選項混成(Blend)，如左圖所示。

2. 開啟標籤混成(Blend)對話方塊列，按對話方塊列
   之截面(Sections)，開啟截面(Sections)滑動面板。
   接受預設草繪截面(Sketched sections)及預設繪製
   截面 1(Section 1)，按一下定義...(Define...)。

3. 開啟草繪(Sketch)對話框，選 TOP 平面，接受內定
   箭頭方向，按草繪(Sketch)，進入草繪器，準備繪
   製 2D 的二個截面圖形。

4. 按一下圖形視窗上方工具列的圖像 ⟨圖⟩ 。

5. 先以 草繪(Sketching) 工具列之圖像 中心線在 RIGHT 平面之右側繪製一直立中心線，再以工具列之圖像 圓、 直線及 編輯(Editing) 工具列之圖像 修改、 刪除段等，繪製第一個截面，完成如圖 5-24 所示之圖形及尺度，使左側半圓弧圓心確實鎖點在 FRONT 及 RIGHT 兩平面交點上，使右側半圓弧圓心確實鎖點在 FRONT 平面及中心線交點上，使兩半圓弧半徑相等。

6. 完成第一個截面後，須按一下圖像 確定。

7. 回 混成(Blend) 對話方塊列，繼續按一下對話方塊列之截面(Sections)，接受預設草繪截面(Sketched sections)及預設繪製截面 2(Section 2)，輸入偏離截面 1(Section 1)的位移 **100**，然後再一下按 草繪…(Sketch…) 。

8. 完成如圖 5-25 所示之圖形及尺度，正確後須按一下圖像 確定。

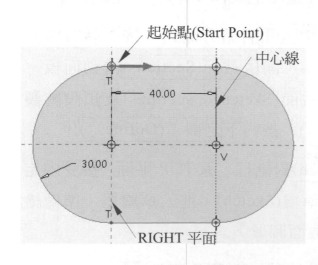

起始點(Start Point)
中心線
40.00
30.00
RIGHT 平面

圖 5-24 完成第一個截面圖形及尺度

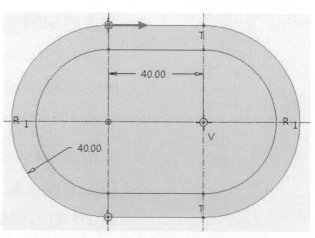

40.00
40.00

圖 5-25 完成第二個截面圖形及尺度

提示：(1)兩截面之起始點(Start Point)必須相對映。(2)修正起始點位置，可先選點，再按著右鍵選 起始點(Start Point) 即可。(3)通常開始畫截面之第一點會被預設為起始點。

9. 回標籤 混成(Blend) 對話方塊列，預設將可預覽結果，如圖 5-26(a)所示。確定無誤後須按圖像 ✓ 按鈕，即完成以混成建構等變杯體特徵，如圖 5-26(b)所示。

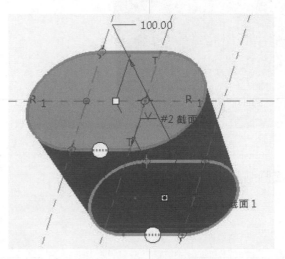
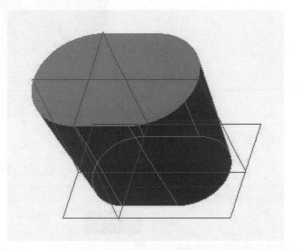

(a)預覽結果　　　　　　　　　　　(b)完成混成特徵

圖 5-26 完成以混成建構等變杯體特徵

(b) 以混成建構圓弧杯嘴特徵(圖 5-27)

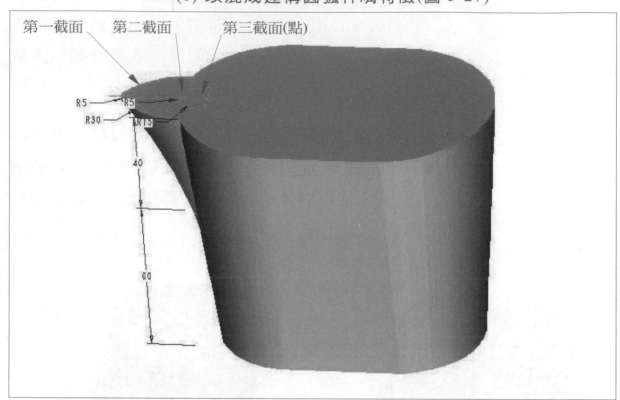

圖 5-27 以混成建構圓弧杯嘴特徵

過程：

1. 繼續在標籤模型(Model)中，按一下群組形狀▼ (Sharp▼)工具列中之下拉選項混成(Blend)，如左圖所示。

2. 開啟標籤混成(Blend)對話方塊列，按對話方塊列之截面(Sections)，開啟截面(Sections)滑動面板。接受預設草繪截面(Sketched sections)及預設繪製截面 1(Section 1)，按一下定義...(Define...)。

3. 選草繪平面，點選實體上面，如圖 5-28 所示。箭頭應指向實體上方，若無則按 Flip(反向)，接受內

定箭頭方向，按草繪(Sketch)，進入草繪器。

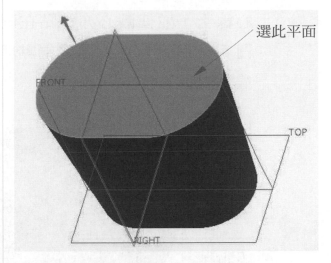

選此平面

圖 5-28 選草繪平面及視圖方向

4. 按一下圖形視窗上方工具列的圖像 ⚃ 。

5. 在標籤 草繪(Sketch)，按一下群組 設定▼(Setup▼) 工具列中之圖像 ▣ 參照(Reference)，直接增加點選外圓弧為參照基準，如圖 5-29 所示。

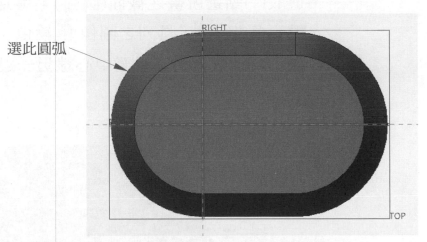

選此圓弧

圖 5-29 增選圓弧為參照基準

6. 先以 草繪(Sketching) 工具列之圖像 ⫶ 中心線在參照圓弧圓心位置繪製水平中心線，使中心線確實鎖點(重疊)在 FRONT 平面上。再以工具列之 ⟲ 圓

弧繪製一圓弧，使兩端分別鎖點在參照圓弧及中心線上，並使圓心亦鎖點在同參照圓弧線上，如圖 5-30 所示。使圓弧之端點與 R30 的圓心以中心線為對稱。

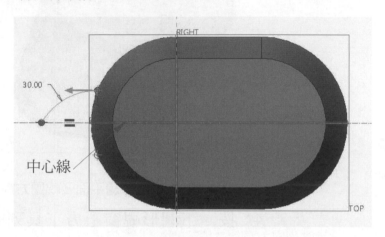

圖 5-30 使圓弧之端點與圓心以中心線為對稱

7. 完成上圖後，以 操作(Operations) 工具列之圖像 ▶ 選取(1)點選所畫之截面(圓弧)，選到變綠。 (2)選 編輯(Editing) 工具列之圖像 ◑◐ 鏡像。 (3)再選中心線，可鏡射複製圓弧至中心線另一邊，如圖 5-31 所示。

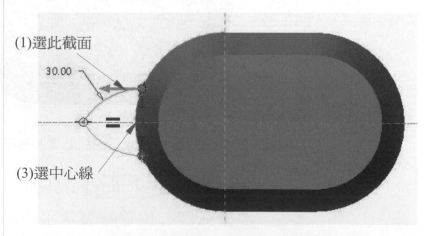

圖 5-31 鏡射複製圓弧至中心線另一邊

8. 最後以 草繪(Sketching) 工具列之圖像 ∿ 直線、⌐ 圓角及 ⇗ 「修改尺度」等，完成第一截面圖形及尺度，如圖 5-32 所示。

起始點(Start Point)

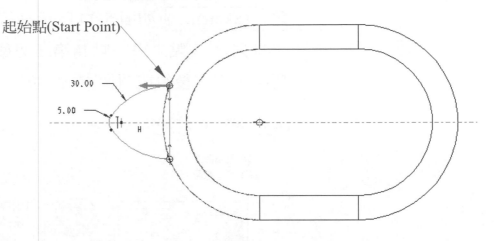

圖 5-32 完成第一截面圖形及尺度

9. 完成第一個截面後，須按圖像 ✔ 確定，回標籤 混成(Blend) 對話方塊列，按 截面(Sections) ，接受預設，輸入偏離截面 2(Section 2)的位移 **40**，再按一下 草繪...(Sketch...) 。繼續以相同之畫法繪製第二個截面，完成如圖 5-33 所示之圖形及尺度。

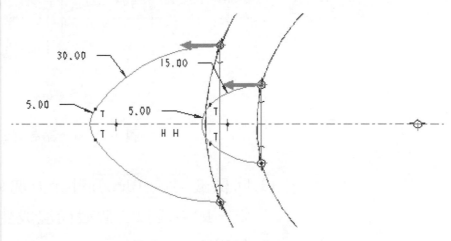

圖 5-33 完成第二截面圖形及尺度

10. 完成第二個截面後，以上面相同的過程，在 截面 (Sections) 滑動面版中，按 插入(Insert) 新增截面 3，輸入偏離 截面 2(Section 2) 的位移 **60**，再按一下 草繪...(Sketch...) ，如圖 5-34 所示。以 草繪(Sketching) 工具列之 ✖ 點，畫一點為第三個截面，如圖 5-35 所示，完成後須按圖像 ✔ 確定。

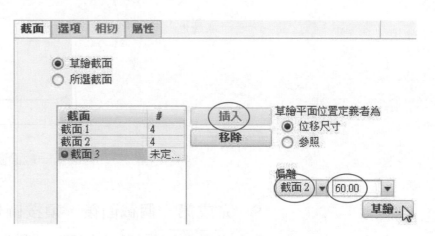

圖 5-34 插入(Insert)截面 3，輸入偏離截面 2 的位移 60

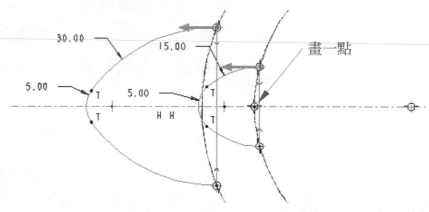

圖 5-35 畫一點為第三個截面

11. 回標籤 混成(Blend) 對話方塊列，須按圖像 ✔ 確定，即完成以三個截面混成建構圓弧杯嘴特徵，如圖 5-36 所示。

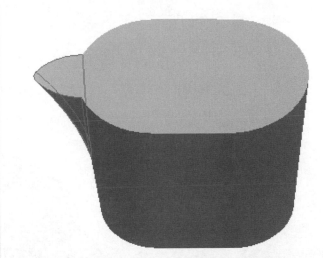

圖 5-36 完成以混成建構圓弧杯嘴特徵

5.8.2 步驟二：建構杯底凹陷

(a) 做倒圓角 R5 特徵(圖 5-37)

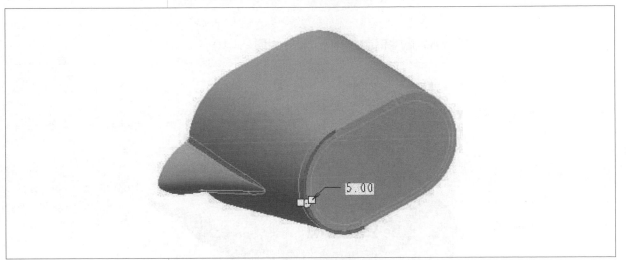

圖 5-37 做倒圓角 R5 特徵

過程：

1. 繼續按一下群組 工程(Engineering) 中之圖像 倒圓角(Round)。

2. 開啟標籤 倒圓角(Round) 對話方塊列，輸入半徑 **5**。按著<Ctrl>鍵，點選塑膠杯外側兩處邊線，如

圖 5-38 所示。

3. 正確後須按圖像 ✓ 按鈕，即完成建構塑膠杯外側兩處倒圓角特徵，如圖 5-39 所示。

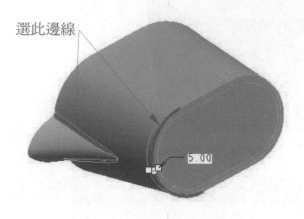

選此邊線

5.00

圖 5-38 選要倒圓角 R5 之邊線

圖 5-39 完成塑膠杯兩處倒圓角 R5

(b) 做杯底凹陷 2mm(圖 5-40)

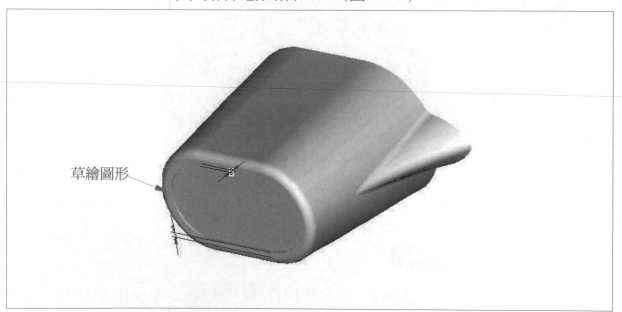

草繪圖形

圖 5-40 做杯底凹陷 2mm

過程：

1. 先選塑膠杯底之平面，如圖 5-41 所示。

圖 5-41　選塑膠杯底之平面

2. 按一下編輯(Editing)工具列之圖像位移(Offset)。
   開啟標籤位移(Offset)對話方塊列，如圖 5-42 所
   示。選位移類型回延展(Expand)，按選項(Options)
   開啟滑動面板，選草繪區域(Sketched Region)，按
   定義(Define)。

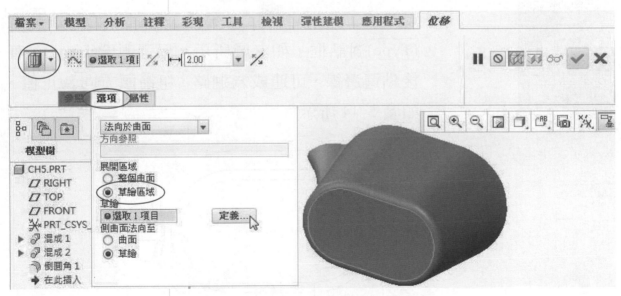

圖 5-42　「位移」對話方塊列選項滑動面板

3. 開啟草繪(Sketch)對話框，再選一次杯體之底面為
   草繪平面，如圖 5-43 所示。選取 FRONT 平面為
   視圖方位之底部(Bottom)為草繪定向，按草繪

(Sketch)，進入草繪器。

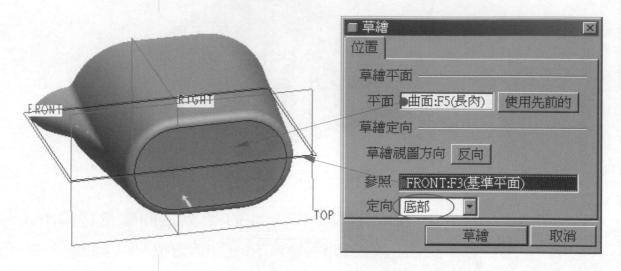

圖 5-43 選草繪平面及草繪定向

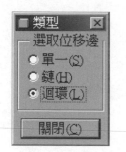

4. 按一下圖形視窗上方工具列的圖像 。。

5. 以草繪工具列之 「位移邊」，進入位移邊類型 (Type)對話框，如左圖所示。另選迴環(Loop)，直接點選邊線，可連成為迴路，粗箭頭方向為正值，如圖 5-44 所示。

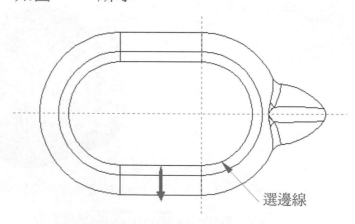

圖 5-44 選邊線，箭頭顯示位移正值方向

6. 輸入位移值-3，即完成所要之迴路位移邊值-3 的截面圖形，如圖 5-45 所示。

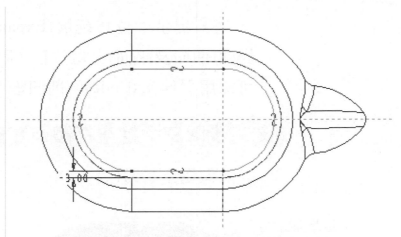

圖 5-45　完成迴路位移邊值-3 的截面圖形

7. 完成後須按圖像 ✔ 確定，回 位移(Offset) 對話方塊
   列，輸入位移值 **2**，按中間滾輪移動滑鼠，觀察模
   型中位移方向是否正確，延展方向箭頭應指向塑
   膠杯內側成凹陷，如圖 5-46 所示。若不正確試按
   ⧅ (反向)。

8. 正確後須按圖像 ✔ 按鈕，即完成建構杯底凹陷
   2mm 特徵，如圖 5-47 所示。

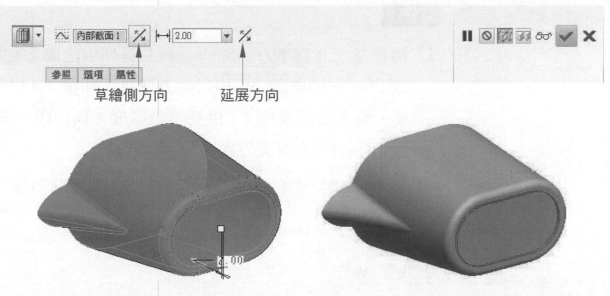

草繪側方向　　　　延展方向

圖 5-46 觀察位移方向是否正確　　　　圖 5-47 完成建構杯底凹陷 2mm 特徵

🔊 提示：位移延展(Expand)特徵，可在實體表面(曲面及平面)上做位移，因杯底為平面，故亦可採用引伸(Extrude)切削凹陷 2mm 特徵。

5.8.3 步驟三：挖空杯體及實體凸出文字

(a) 以殼做挖空特徵(圖 5-48)

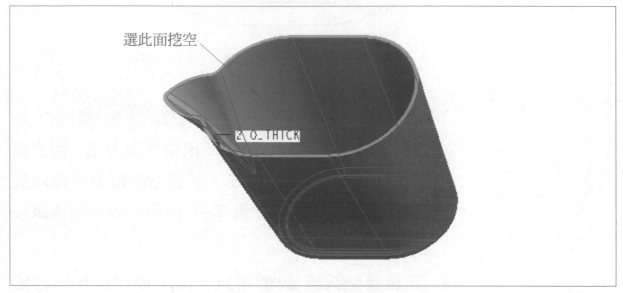

選此面挖空

2 0_THICK

圖 5-48 以殼做挖空特徵

過程：

1. 繼續按一下 工程(Engineering) 工具列中之圖像 回 殼 Shell。開啟 殼(Shell) 對話方塊列，如圖 5-49 所示。輸入薄殼厚度 **2**。接受預設厚度方向向內，按 🗹 (反向)可使厚度方向向外。

圖 5-49 「殼」對話方塊列

2. 選實體要挖空之表面，點選塑膠杯頂面為要刪除挖空的曲面，如圖 5-50 所示。即完成以殼(Shell)做挖空特徵，如圖 5-51 所示。

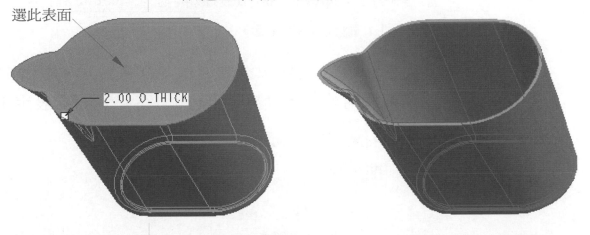

選此表面

圖 5-50 選塑膠杯頂面為要刪除挖空的面　　　　圖 5-51 完成以殼做挖空特徵

🖎 提示：(1)選實體要挖空之表面，包括平面及曲面，且可複選。(2)當薄殼表面有大倒圓角時，可考慮先倒圓角再做薄殼，其厚度才會均勻。(3)但薄殼厚度必須小於等於倒圓角半徑，否則殼(Shell)特徵將不會成功。

(b) 做杯體倒圓角特徵(圖 5-52)

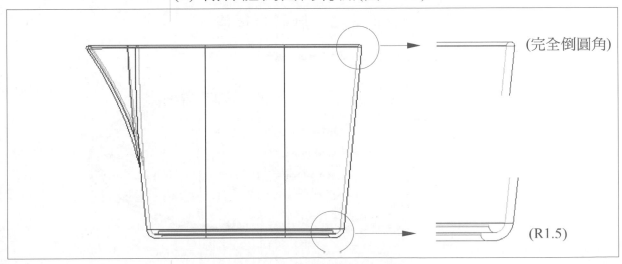

(完全倒圓角)

(R1.5)

圖 5-52 做杯體倒圓角特徵

過程：

1. 繼續按一下群組工程(Engineering)中之圖像 倒圓角(Round)。開啟標籤倒圓角(Round)對話方塊列，輸入半徑 **1.5**。

2. 按集合(Sets)開啟滑動面板，按著<Ctrl>鍵，點選杯底內外兩邊線為參照，如圖 5-53 所示之設定 1。

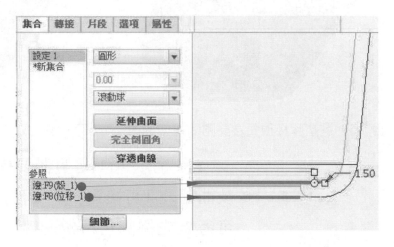

圖 5-53 集(Sets)滑動面板，選杯底內外兩邊線

3. 點選*新集合，按著<Ctrl>鍵，點選杯口之兩邊線為參照，按完全倒圓角(Full Round)，如圖 5-54 所示之設定 2，無需半徑值。

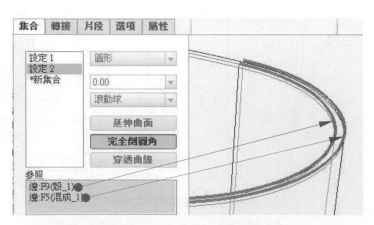

圖 5-54 集合滑動面板，選杯底口兩邊線(完全倒圓角)

4. 完成後須按圖像 ✅ 按鈕,即完成建構杯體倒圓角
   特徵,如圖 5-55 所示。

圖 5-55　完成建構杯體倒圓角特徵

　　🖑 提示:(1)選參照收集器中之第二個邊時,
若同時按<Ctrl>鍵,半徑 R 值相同為同一設定。(2)
若不按<Ctrl>鍵,或按*新集合,將另增一設定,
則可輸入不同 R 值。(3)半徑 R 可由模型、對話方
塊列或滑動面板中輸入。

(c) 以引伸做凸出文字特徵(圖 5-56)

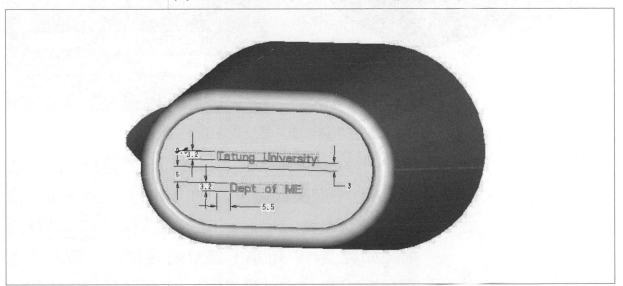

圖 5-56　以引伸做凸出文字特徵

過程：

1. 在上方的標籤模型(Model)中，按一下群組形狀(Shapes)工具列中之圖像 ⬚ 引伸(Extrude)，如左圖所示，開啟標籤引伸(Extrude)對話方塊列。

2. 按對話方塊列之放置(Placement)→定義(Define)，開啟草繪(Sketch)對話框。

3. 點選杯底平面為草繪平面，如圖 5-57 所示。選取 FRONT 平面為視圖方位之頂部(Top)為草繪定向，按草繪(Sketch)，進入草繪器，準備繪製 2D 的文字高度及輸入文字內容。

4. 按一下圖形視窗上方工具列的圖像 ⬚ 。

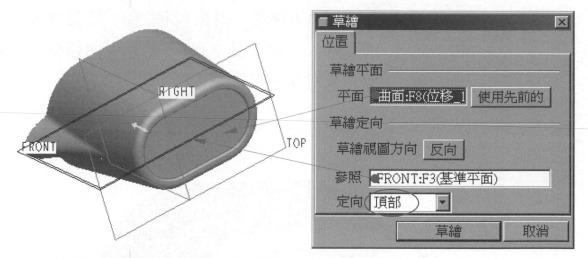

圖 5-57 選草繪平面及草繪定向

5. 按一下草繪(Sketching)工具列之 ⒜ 文字，在 FRONT 平面上方之 RIGHT 平面上，由下而上繪製一直立線為文字之高度，進入文字(Text)對話框，如圖 5-58 所示。接受內定預設，輸入文字 **Tatung University**(或其他)，完成後按確定(OK)。

圖 5-58　文字(Text)對話框

6. 修改文字之高度及位置，完成如圖 5-59 所示之文字大小及位置。

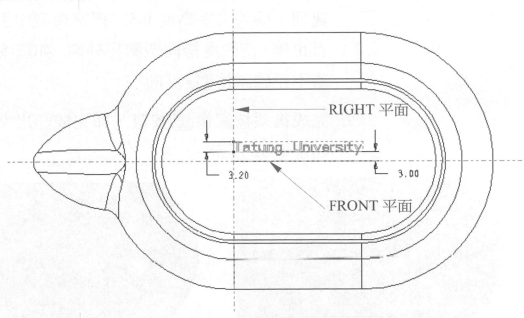

圖 5-59 完成修改文字之高度及位置

7. 與前面 5 及 6 項相同之操作方法，寫第二行文字，

完成如圖 5-60 所示。

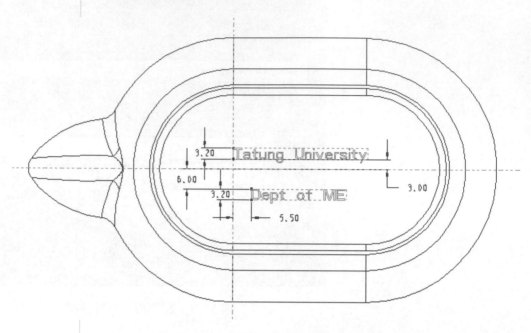

圖 5-60 完成兩行文字之高度及位置

8. 完成後須按圖像 ✔ 確定，回 引伸(Extrude) 對話方塊列，輸入文字高度 **0.5**，觀察模型中引伸方向是否正確，箭頭應指向塑膠杯外側，如圖 5-61 所示。若不正確試按 ⚒ (反向)。

9. 完成後須按圖像 ✔ 按鈕，即完成凸出文字特徵，如圖 5-62 所示。

圖 5-61 觀察引伸方向是否正確

圖 5-62 完成凸出文字特徵

提示：以相同之方法，當選按 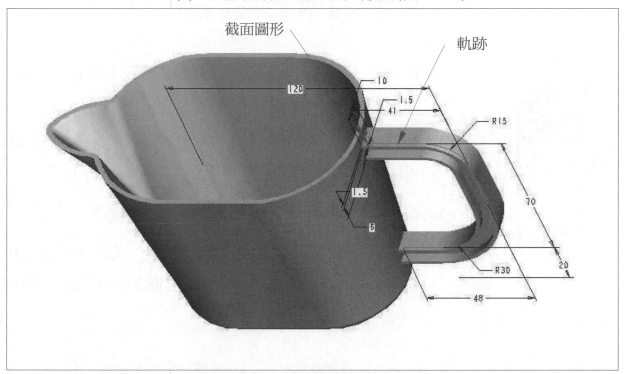移除材料，則可做凹陷文字特徵。

5.8.4 步驟四：建構塑膠把手及倒圓角

(a) 以掃描做塑膠把手特徵(圖 5-63)

截面圖形　　　　　　　軌跡

圖 5-63 以掃描做塑膠把手特徵

過程：

1. 在標籤模型(Model)中，按一下群組形狀▼(Shapes▼)工具列中之圖像 掃描▼(Sweep▼)。

2. 開啟標籤掃描(Sweep)對話方塊列，如圖 5-64 所示。預設為建構較簡單的實體恆定截面掃描特徵，其右側有一基準工具列，可繪製基準曲線做為掃描之軌跡。

實體　　　　恆定截面

圖 5-64 「掃描」(Sweep)對話方塊列

3. 按一下右側基準工具列之圖像 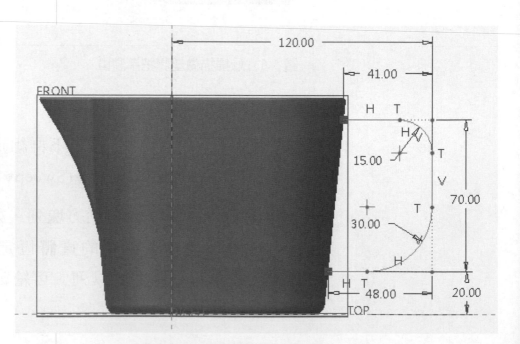基準曲線，如左圖所示，做為掃描之軌跡。

4. 選 FRONT 平面，接受內定箭頭方向，按草繪(Sketch)，進入草繪器。

5. 按一下圖形視窗上方工具列的圖像 ⎙。

6. 以 草繪(Sketching) 工具列之圖像 ⌢ 直線、⌐ 圓角及 ⇉ 修改等，完成掃描軌跡之圖形及尺度，如圖5-65 所示。

圖 5-65 完成軌跡圖形及尺度

7. 軌跡繪製完成後須按圖像 ✓ 確定，回 掃描(Sweep) 對話方塊列，按一下 選項(Options) 滑動面板，選合併端(Merge ends)，如左圖所示。

8. 先按對話方塊列中之圖像 ✍ 建立截面。再按一下圖形視窗上方工具列的圖像 ⟲，模型將旋轉至起始點之端視圖，準備繪製截面圖形。

9. 在兩條參照線相交點為軌跡起始點之端視圖，以 草繪(Sketching) 工具列之 ⋮ 中心線及 ∧ 直線等，完成封閉截面圖形及尺度，如圖 5-66 所示。

10. 確定一切無誤後，須按工具列之 ✓ 按鈕。即完成以掃描(Sweep)做塑膠杯把手特徵，如圖 5-67 所示。

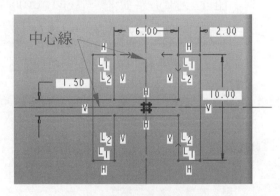

圖 5-66 完成封閉截面圖形及尺度

圖 5-67 完成以掃描(Sweep)做塑膠杯把手特徵

(b) 把手做三次拔模斜度(圖 5-68)

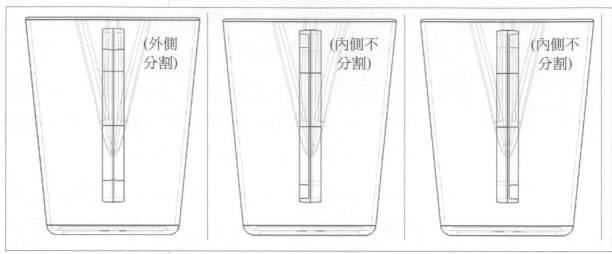

圖 5-68 把手做三次拔模斜度

過程：

1. 在上方的標籤模型(Model)中，按一下群組工程▼(Engineering▼)中之圖像 🖾 拔模，開啟標籤拔模(Draft)對話方塊列，如圖 5-69 所示。

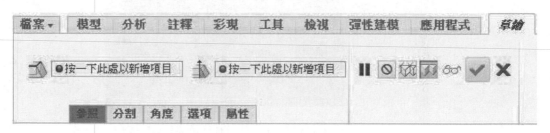

圖 5-69 「拔模」對話方塊列

2. 按對話方塊列之參照(References)，開啟參照滑動面板，如圖 5-70 所示。按著<Ctrl>鍵，選兩層把手的最上及最下表面共兩處為拔模曲面，選 FRONT 平面為草繪絞鏈，拉出方向將自動將 FRONT 平面填入，出現拔模角度輸入框。

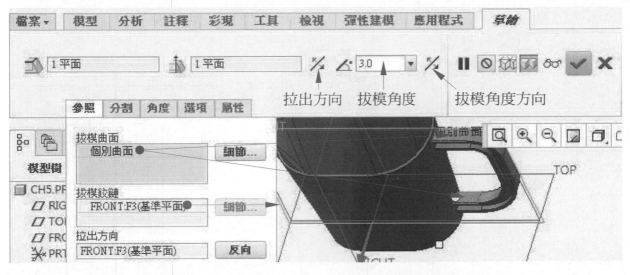

圖 5-70 「拔模」對話方塊列(參照滑動面板)

3. 按對話方塊列之 分割(Split) 滑動面板，如圖 5-71
所示。在分割選項(Split options)選以拔模鉸鏈分割
(Split by draft hinge)，出現兩個拔模角度輸入框，
皆輸入拔模角度為 3 度。

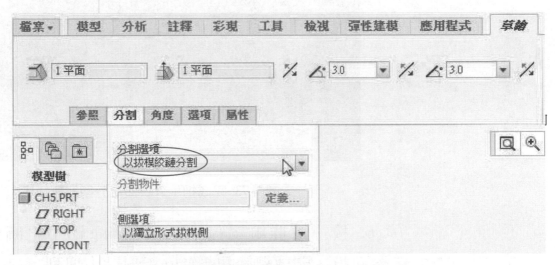

圖 5-71 「拔模」對話方塊列(分割滑動面板)

4. 將模型轉至側視方向，如圖 5-72 所示。觀察拔模
角度方向是否正確，若不對按一下第二個　拔模

角度方向，或第三個 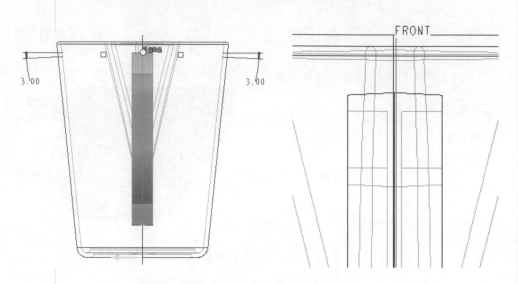 拔模角度方向。

圖 5-72 觀察拔模角度方向是否正確

5. 正確後須按圖像 ✔ 按鈕，即完成把手外表面之分割雙側拔模特徵，如圖 5-73 所示。

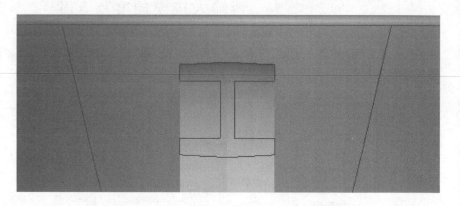

圖 5-73 完成把手外表面之分割雙側拔模

6. 按一下群組 工程▼(Engineering▼) 中之圖像 拔模，開啟標籤 拔模(Draft) 對話方塊列，

7. 按對話方塊列之參照(References)，開啟參照滑動面板，如圖 5-74 所示。按著<Ctrl>鍵，選兩層把手的左側內部上及下表面共兩處為拔模曲面，選

FRONT 平面為草繪絞鏈，出現拔模角度輸入框。

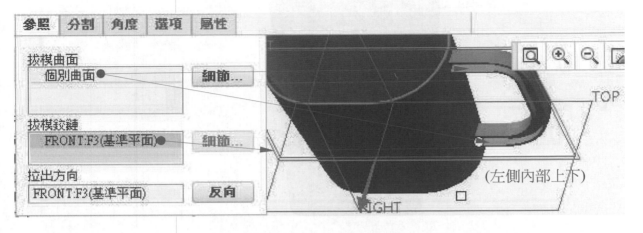

圖 5-74 「拔模」對話方塊列(參照滑動面板)

8. 按對話方塊列之分割(Split)滑動面板，如圖 5-75 所示。在分割選項(Split options)接受內定不分割 (No Split)，出現一個拔模角度輸入框，輸入拔模角度為 **3** 度。

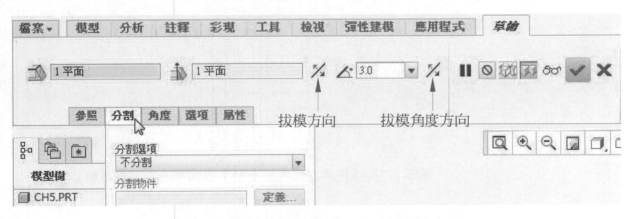

圖 5-75 「拔模」對話方塊列(分割滑動面板)

9. 將模型轉至側視方向，如圖 5-76 所示。觀察拔模角度方向是否正確，若不對按一下 ⚟ 拔模角度方向。

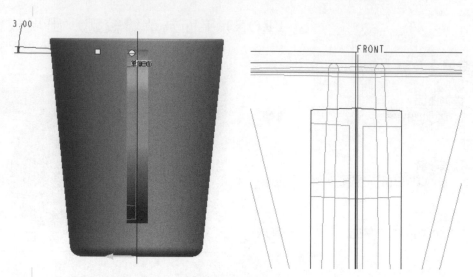

圖 5-76 觀察拔模角度方向是否正確

10. 正確後須按圖像✔按鈕，即完成把手左側內部上
及下表面之不分割單側拔模特徵，如圖 5-77 所示。

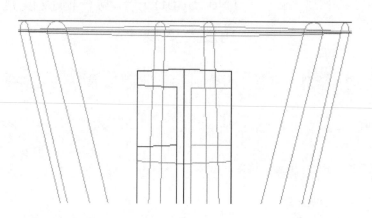

圖 5-77 完成把手左側內部上及下表面不分割單側拔模

11. 以前面第 6 至 10 項相同之操作過程，完成把手右
側內部上及下表面之不分割單側拔模特徵，如圖
5-78 所示。

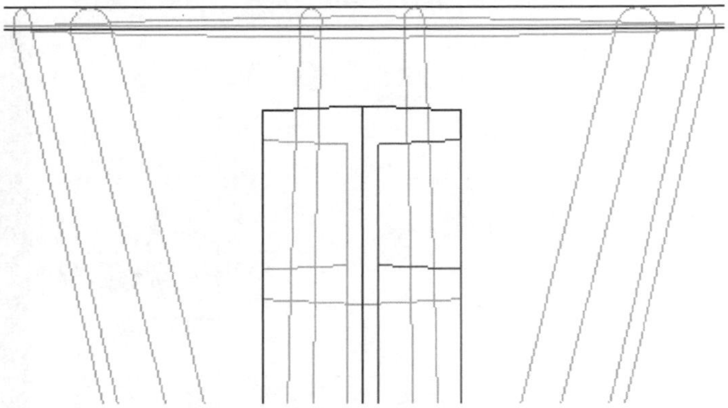

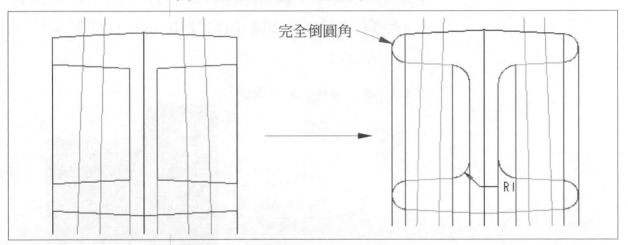

圖 5-78 完成把手右側內部上及下表面不分割單側拔模

(c) 做把手倒圓角特徵(圖 5-79)

圖 5-79 做把手倒圓角特徵

完全倒圓角

R1

過程：

1. 在上方的標籤模型(Model)中，按一下群組工程▼ (Engineering▼)中之圖像 倒圓角(Round)。開啟 標籤倒圓角(Round)對話方塊列。

2. 按集合(Sets)，開啟滑動面板，按著<Ctrl>鍵，點 選把手之兩邊線為參照，按完全倒圓角(Full Round)，如圖 5-80 所示之設定 1。

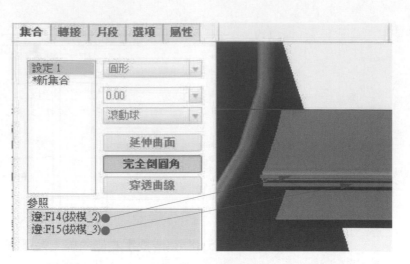

圖 5-80 設定 1，選把手之兩邊線(完全倒圓角)

3. 點選*新集合，按著<Ctrl>鍵，點選把手之兩邊線
   為參照，按完全倒圓角(Full Round)，如圖 5-81 所
   示之設定 2。

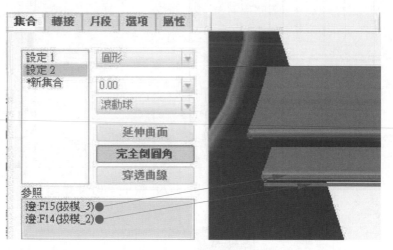

圖 5-81 設定 2，選把手之兩邊線(完全倒圓角)

4. 再點選*新集合，按著<Ctrl>鍵，點選把手之兩邊
   線為參照，按完全倒圓角(Full Round)，如圖 5-82
   所示之設定 3。

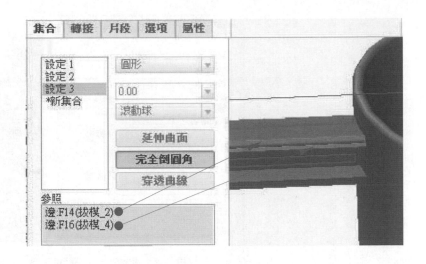

圖 5-82　設定 3，選把手之兩邊線(完全倒圓角)

5. 再點選*新集合，按著<Ctrl>鍵，點選把手之兩邊
線為參照，按完全倒圓角(Full Round)，如圖 5-83
所示之設定 4。

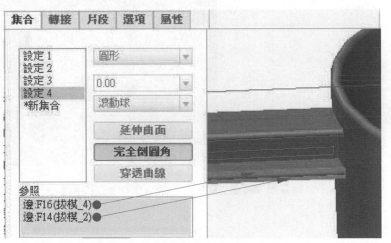

圖 5-83　設定 4，選把手之兩邊線(完全倒圓角)

6. 再點選*新集合，輸入半徑 **1**，按著<Ctrl>鍵，點選
把手工字內側之四邊線為參照，如圖 5-84 所示之
設定 5。

圖 5-84 設定 5，選把手工字內側之四邊線

7. 完成後須按圖像 ✔ 按鈕，即完成建構把手倒圓角
特徵，如圖 5-85 所示。

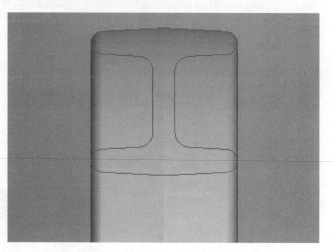

圖 5-85 完成建構把手倒圓角特徵

(d) 做杯體與把手間倒圓角特徵(圖 5-86)

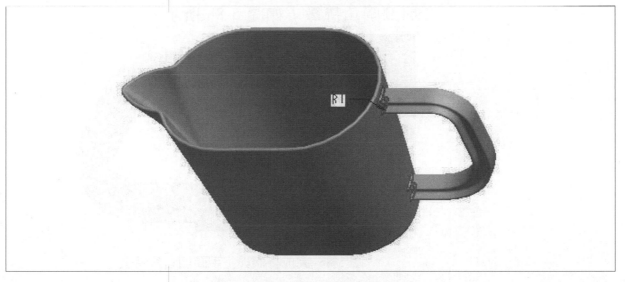

圖 5-86 做杯體與把手間倒圓角特徵

過程：

1. 在上方的標籤 模型(Model) 中，按一下群組 工程▼ (Engineering▼) 中之圖像 🌀 倒圓角(Round)。開啟標籤 倒圓角(Round) 對話方塊列。輸入半徑 **1**。

2. 按著<Ctrl>鍵，直接點選把手與杯體間之所有邊鏈為參照，如圖 5-87 所示。

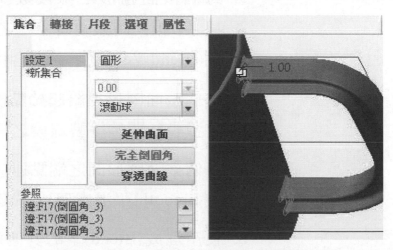

圖 5-87 選把手與杯體間之所有邊鏈為參照

3. 完成後須按圖像 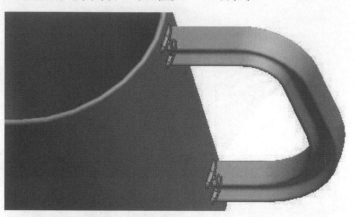 按鈕，即完成建構杯體與把手間倒圓角特徵，如圖 5-88 所示。

圖 5-88 完成杯體與把手間倒圓角特徵

5.9 重點歸納

(a) 混成、平行及混成頂點

1. 混成(Blend)以單軌跡多截面方式建構實體，故至少須有兩個截面以上。

2. 兩個截面之草繪平面互相平行(Parallel)時，其截面間之距離，即為兩草繪平面之垂直距離。

3. 每個截面圖形之線段數(即端點數)原則上須相同，不相同時須須將多餘之線段合併，稱為混成頂點(Blend Vertex)，甚至合併成一點。

4. 每個截面圖形須給起始點(Start Point)之位置，內定預設為開始繪製線段之第一點。

5. 每個截面圖形間之端點連接，可採 Straight(直線)或 Smooth(平滑處理)方式建構實體。

6. 使用混成(Blend)下的其他選項，可做各種複雜多

變化之形態。

(b) 位移特徵, 延展, 草繪區域

1. 位移(Offset)特徵之延展(Expand)可在實體表面上做位移，表面包括平面及曲面。

2. 表面位移後曲率方面有兩種選項：

 • 法向於曲面(Normal to Surface)：即位移後之表面與原表面之曲率(半徑)依位移值而變動，表面間之垂直距離不變。

 • 平移(Translate)：即位移後之表面與原表面之曲率不變，表面間之平行距離不變。

3. 表面位移後在延展區域方面亦有兩種選項：

 • 草繪區域(Sketched Region)：即必須在平面上繪製截面再投影至位移之表面上做為位移範圍。

 • 整個曲面(Whole Surface)：即直接以所選之表面做為位移範圍。

4. 表面位移延展後在側邊曲面法向方面亦有兩種選項：

 • 曲面(Surface)：即位移延展之實體側邊垂直於被延展之曲面。

 • 草繪(Sketch)：即位移延展之實體側邊垂直於草繪平面。

(c) 殼特徵

1. 殼(Shell)特徵為將實體某表面挖空成均勻厚度，選實體要挖空之表面，包括平面及曲面，且可複選。

2. 實體表面挖空時，當不相鄰(如對面)之壁，因薄殼厚度尺度太大而接觸(干涉)時，殼(Shell)特徵將不會成功。

3. 當薄殼表面須有圓角時，可考慮先倒圓角再做薄殼，其厚度才會均勻。

4. 殼(Shell)特徵須輸入厚度值。

5. 但在情況需要時，可增加一「非預設厚度」，即有兩種厚度，除必須另給厚度外，亦必須選出非預設厚度之表面。

(d) 立體文字

1. 以引伸(Extrude)工具在草繪器中選 [A] 文字，可做文字凸出特徵。

2. 以引伸工具在草繪器中選 [A] 文字，若按 [⌀] 移除材料可做文字凹陷特徵。

(e) 實體掃描, 軌跡, 合併端

1. Wildfire 版以一個截面(Section)垂直沿一條軌跡(Trajectory)建構，稱為掃描(Sweep)特徵。繪製軌跡完成後，系統會自動轉至軌跡起始點端視方向繼續繪製截面。

2. Creo 版以一個截面(Section)，可沿多條軌跡(Trajectories)建構，稱為掃描(Sweep)特徵。繪製軌跡完成後，系統不會自動轉至軌跡起始點端視方向繪製截面，可在 3D 環境中或使用者操作轉至軌跡起始點端視方向繪製截面。

3. Creo 版的掃描(Sweep)功能包含 Wildfire 版的掃描 (Sweep)及可變截面掃描(Variable Section Sweep)。

4. Wildfire 版軌跡封閉時截面可為封閉或開放圖 形，當軌跡封閉及截面開放時才可選擇 Add Inn Fcs(增加內部因素)選單。

5. 軌跡開放時，截面必須為剛好封閉圖形。

6. 軌跡封閉時，截面可為封閉或開放圖形。

7. 軌跡與截面之圖形不一定要相交。

8. 當軌跡與實體表面接觸時，以合併端(Merge ends) 可與實體自動合併連接。

(f) 完全倒圓角，驅動曲面

1. 完全倒圓角可選之參照有兩類：

- 選兩邊線：兩邊線不可在同一條鏈線上。

- 選兩表面及驅動曲面：驅動曲面(Driving Surface) 必須在兩表面之間。

習 題 五

1. 以公制 mm 單位，繪製下列零件，以「殼」(Shell)特徵取 1.5mm 厚度，並於底部書寫班級座號及姓名，大小位置自定凸出高度 0.5mm。(有<u>底線</u>為挑戰題)

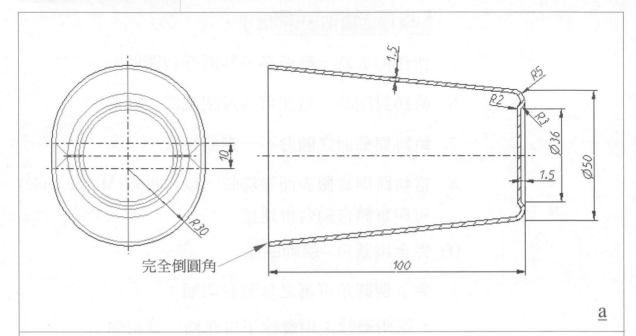

完全倒圓角

a

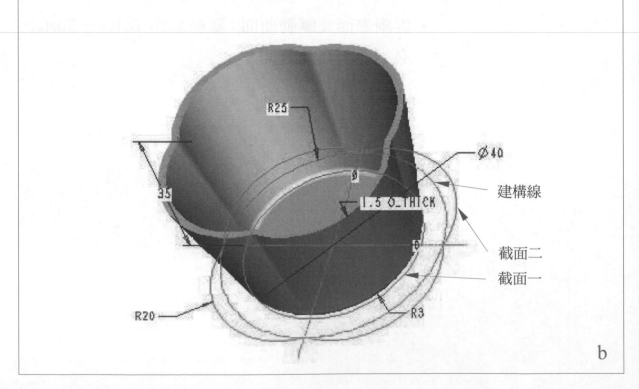

建構線

截面二

截面一

b

2. 自行設計不同造型塑膠杯零件，杯高 150mm，以 Blend(混成)建構杯身及杯嘴，以 Shell(殼)取 1-2mm 厚度，以 Sweep(掃描)建構實體把手，並於杯底書寫班級座號及姓名，大小位置自定凸出高度 0.5mm。

3. 模仿設計造型花瓶零件，瓶高 200mm，如下圖所示。以多截面 Blend(混成)及 Smooth(光滑)方式建構瓶身，以 Shell(殼)取 3mm 厚度，並於瓶底書寫班級座號及姓名，大小位置自定凸出高度 1mm。

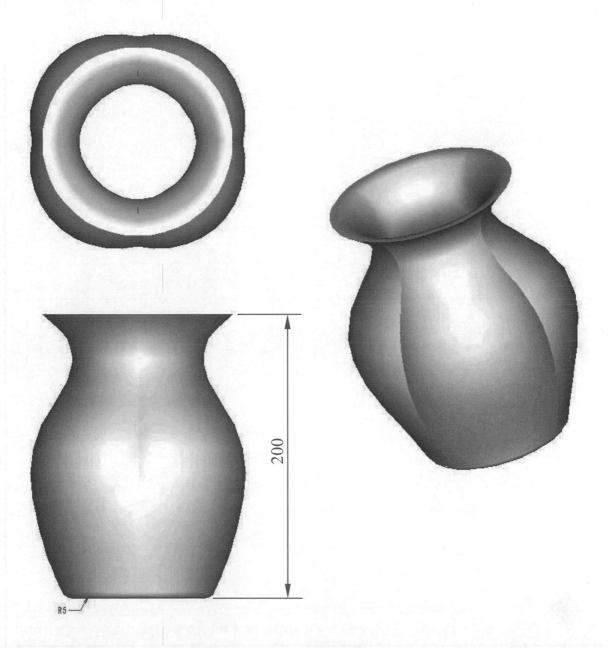

當薄殼表面須有圓角時，可考慮先倒圓角再做殼特徵，其厚度才會均勻！

6

滑 鼠

點、曲線與曲面的繪製

曲率調整與曲面的合併

使用面組加厚成薄殼實體

以中曲線做拔模斜度

以主模型方法建立上蓋、左鍵、中鍵及右鍵

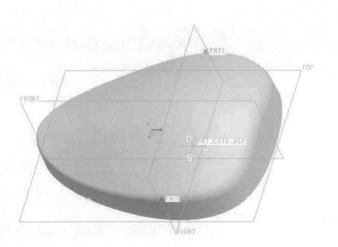

6.1　曲面及面組特徵

　　一種非自然界實體，無厚度之面積範圍，例如實體零件之表面範圍等，在 Creo 中稱為曲面(Surface)，曲面屬於特徵可在建構實體過程時使用，在模型中可與實體重疊存在。可由線條顏色來判別曲面存在情況，因曲面之內部以暗紫色(Dark Magenta)顯示，邊界則以土黃色顯示。如圖 6-1 所示。(a)圖圓柱上一半圓弧面有一張曲面重疊存在。(b)圖以著色(Shading)顯示時，亦可顯示曲面的存在，但 Wildfire 版則顏色一樣無法分辨。

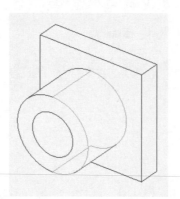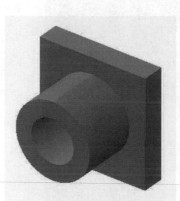

(a)曲面以土黃色及暗紫色顯示　　　　(b)以著色顯示時

圖 6-1　曲面(Surface)特徵

　　當兩張曲面(Surface)合併成一張曲面時則稱為面組(Quilt)，面組可視為曲面的廣義名稱。如圖 6-2 所示。圖中紅紫色線條為曲面或面組的邊界。(a)圖兩張對稱曲面，相接之邊界為紅紫色。(b)圖兩張相等對稱曲面已合併(Merge)成為一張曲面，即又稱面組(Quilt)。(c)圖以著色(Shading)顯示時無法分辨曲面是否已合併成面組。

曲面邊界(土黃色)

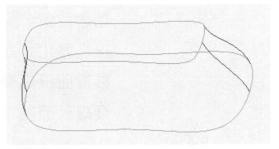

(a)兩張對稱曲面(Surface)　　　　　　(b)合併成一張曲面(面組)

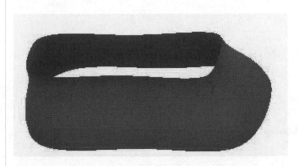

(c)以著色(Shading)顯示時無法分辨是否已合併

圖 6-2 曲面(Surface)及面組(Quilt)特徵

6.2 觀察及調整曲線之曲率

　　以繪製曲線方式建構曲面時,通常畫曲線時點數不一定要多,以建構想要之線形(造形)為主要目的,中間點數通常愈少愈好,甚至沒有,可調整中間點位置以掌控曲線之變化,中間點位置適當曲線自然漂亮,曲線漂亮所建構之曲面必定順暢。

　　在建構曲面之前,可先觀察曲線之曲率(Curvature)是否順暢,但通常先標註重要點尺度,如曲線之兩端點以及標註切線角度,然後以草繪(Sketching)工具列之 ▶ 選取,連續選按兩下曲線,將進入修改雲規線(Modify Spline)對話方塊列,如圖 6-3 所示。選按 ✍ 顯示曲率(Display Curvature)及輸入較大比例值,圖中將

顯示該曲線之曲率圖。預設選按 ⌒ 可移動插入(中間)點之位置，或選按 ⌒ 可移動控制點之位置，以調整曲線之變化，並觀察曲率是否順暢。圖中切線角尺度將影響曲線之變化，標註切線角方法：1.選兩線(曲線及直線參照基準)及其交點。2.按滑鼠中鍵放置數字。

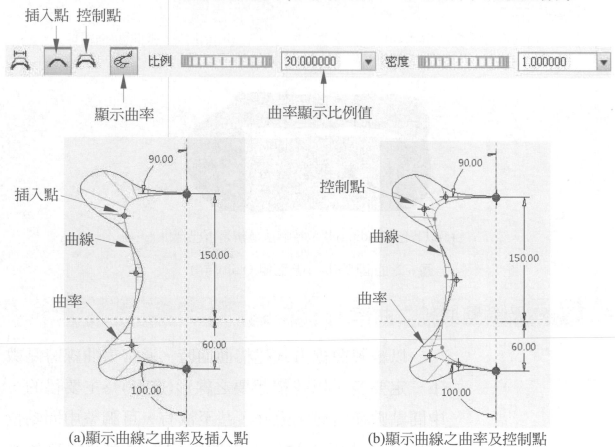

插入點　控制點

顯示曲率　　　　曲率顯示比例值

比例 　30.000000　 密度 　1.000000

插入點
曲線
曲率

90.00
150.00
60.00
100.00

控制點
曲線
曲率

90.00
150.00
60.00
100.00

(a)顯示曲線之曲率及插入點　　(b)顯示曲線之曲率及控制點

圖 6-3　觀察及調整曲線之曲率

　　曲面建構完成在長成實體之前，必須合併(Merge)成單一面組，若型態之各面有曲面封閉，即形成一中空的表面再轉成實體，稱實體化(Solidify...)。若型態之表面有部份無曲面封閉時，亦可加厚(Thicken...)成薄實體，但必須輸入板厚及決定往外、內或對稱等，再轉成薄實體。

6.3　引伸曲面特徵

　　以引伸(Extrude)的方式建構曲面(Surface)特徵，與建構實體(Solid)特徵之過程方法及觀念相似，唯曲面特徵建構時，其截面圖形之限制，會因「選項」滑動面板之選單是否選封閉端(Capped ends)及選新增錐度(Add taper)而有所變化，如圖 6-4 所示，新增錐度(Add taper)為 Creo 新增功能，Wildfire 版只能垂直引伸。說明如下：

圖 6-4　「選項」滑動面板

1. 不選：為內定選項，即不選封閉端及不選新增錐度，其引伸完成之曲面，兩端面呈開放(不加蓋)，其截面圖形幾乎沒有限制即任何線條圖行皆可，如圖 6-5 所示。(a)圖截面圖形可以為任意不封閉線條，垂直引伸無錐度。(b)圖截面圖形可以為任意相交線條，垂直引伸無錐度。(c)圖截面圖形可以為封閉線條，其兩端面呈開放不加蓋，垂直引伸無錐度。

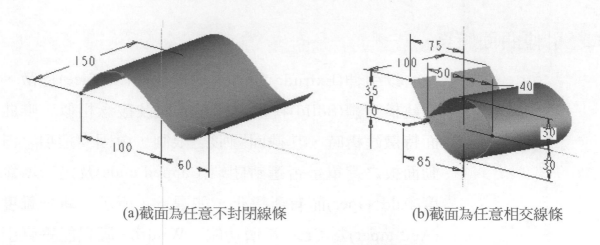

(a)截面為任意不封閉線條　　　　　　(b)截面為任意相交線條

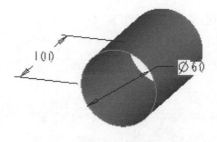

(c)截面為剛好封閉線條兩端不加蓋

圖 6-5　引伸曲面特徵(選項不選)

2.　封閉端(Capped ends)：即引伸完成之曲面，其兩端
　　面呈封閉(加蓋)，其截面圖形邏輯上則必須為剛好
　　封閉線條才可，如圖 6-6 所示。(a)圖截面圖形必
　　須為剛好封閉線條，以著色(Shading)顯示時似實
　　體(中空)。(b)圖以非著色顯示時確定為曲面。

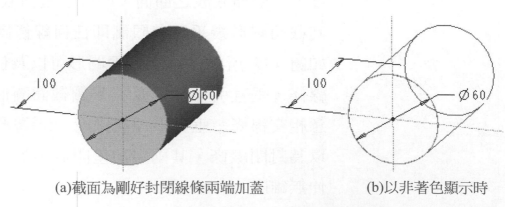

(a)截面為剛好封閉線條兩端加蓋　　　　　　(b)以非著色顯示時

圖 6-6　引伸曲面特徵(封閉端)

3. 新增錐度(Add taper)：即依輸入之錐度引伸建構曲
   面，為 Creo 版新增功能，Wildfire 版的引伸只能
   垂直。勾選時即可在收集器中輸入錐度，如圖 6-7
   所示，(a)圖錐度為 5 度，(b)圖錐度為負 5 度。

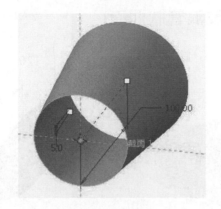 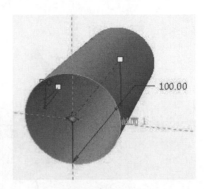

(a)引伸錐度為 5 度　　　　　　(b)引伸錐度為負 5 度

圖 6-7　引伸曲面特徵(新增錐度)

6.4　掃描曲面特徵

簡易的掃描(Sweep)，可只用一條軌跡(Trajectory)
及一個沿著(垂直)該軌跡之截面(Section)所掃描建構
而成之特徵，軌跡及截面之圖形皆可以為封閉或開放
形式，截面圖形可以不與軌跡線相交。當開始繪製軌
跡時有一箭頭為起始點，軌跡繪製完成後須選按圖像
🖉建立截面，再按圖像♻，將轉至軌跡起始點之端
視方向為草繪平面繪製截面圖形。

曲面(Surface)特徵以簡易的掃描(Sweep)建構
時，其過程方法、選單及觀念與前面第二章介紹之實
體(Solid)特徵，以簡易的掃描(Sweep)建構幾乎相同，
唯當軌跡為開放時，實體特徵建構，邏輯上截面必須

為封閉才能建構特徵,而曲面特徵建構,其截面可以為開放或封閉皆能建構特徵,如圖 6-8 所示。在相同(開放)軌跡情況下。(a)圖截面為開放(另一曲線),將建構一似波浪曲面。(b)圖截面為封閉(一圓),將建構一似波浪管狀曲面。

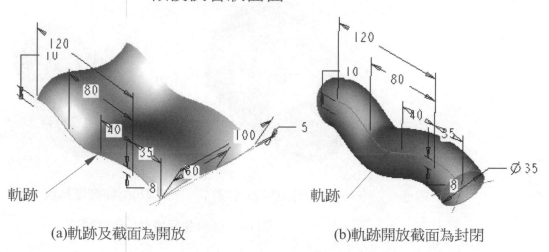

(a)軌跡及截面為開放　　　　　　　(b)軌跡開放截面為封閉

圖 6-8　曲面特徵以掃描建構(相同軌跡)

曲面掃描特徵建構軌跡為封閉時,在「選項」滑動面板中的選單合併端(Merge ends)與封閉端(Cap ends)已灰化不可選。

6.5　對稱零件建構

建構含對稱形狀之零件,尤其外形須經由曲面建構時,通常先建構以某平面為對稱之一半曲面,完成後再以該平面為基準鏡像複製。在建構一半之曲面時,須考慮鏡像複製後之銜接情況,因此常須標註切線角為 90°,以使銜接時外形順暢不留痕跡,即銜接處曲率相等,如圖 6-9 所示。(a)圖曲線兩端標註切線角 90°。(b)圖顯示曲線之曲率圖。(c)圖完成一半之曲

面。(d)圖鏡像複製後之兩張曲面銜接處曲率相等外形順暢不留痕跡。

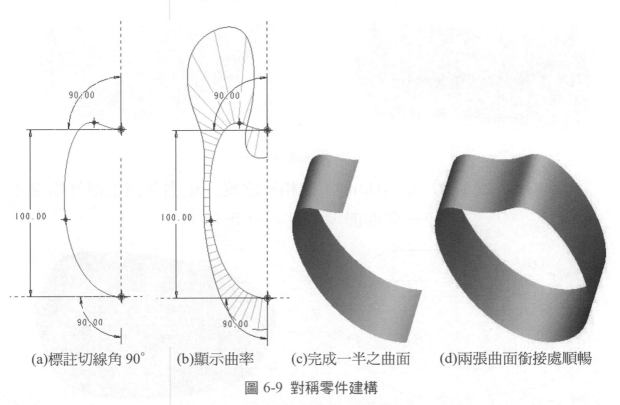

(a)標註切線角 90°　(b)顯示曲率　(c)完成一半之曲面　(d)兩張曲面銜接處順暢

圖 6-9　對稱零件建構

　　曲線之插入(中間)點數通常愈少愈好，甚至沒有，可調整插入點或控制點位置以掌控曲線之變化。標註切線角方法：1.選兩線(曲線及直線參照基準)及兩線之交點。2.按滑鼠中鍵放置角度數字。

6.6　曲面合併

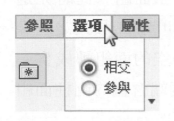

　　兩張曲面(Surface)經合併(Merge)後成一張曲面，稱為面組(Quilt)。兩張曲面必需要相接觸才可以合併(Merge)，合併「選項」(Options)滑動面板區分為兩類，如左圖所示。說明如下：

1. 相交(Intersect)：兩張曲面須剛好完全相交，即互

相全部相交，相交後分四部份，須選按 ✗ 反向，決定那兩部份為所需，如圖 6-10 所示。

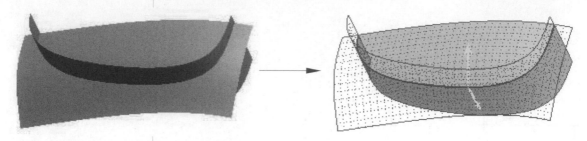

圖 6-10 兩張曲面相交

2. 參與(Join)：即相接之意，兩張曲面須剛好銜接成一張曲面，如圖 6-11 所示。

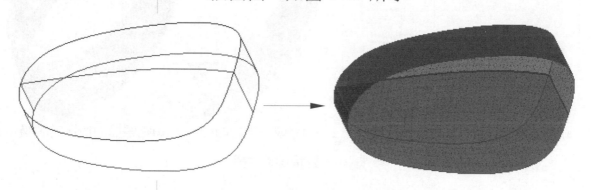

圖 6-11 兩張曲面相接

6.7 面組轉實體

一張曲面(Surface)或面組(Quilt)才可轉實體(Solid)。面組轉實體有兩種情況，說明如下：

1. **各表面皆有曲面**：即立體形態之各表面皆必須有曲面覆蓋，合併形成中空的一張面組。此時先選該面組，再按一下群組 編輯(Editing) 工具列之圖像 🔲 實體化(Solidify)，即可將中空的面組轉成實心的實體，如圖 6-12 所示。將兩端含蓋的圓柱面組轉成實體。

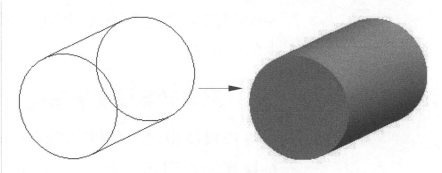

圖 6-12 面組實體化

2. 部份表面無曲面：即立體形態之表面有部份無曲面覆蓋。此時先選該面組，再按一下群組編輯(Editing)工具列之圖像 ⊏ 加厚(Thicken)，即可將面組轉成有厚度的薄實體，如圖 6-13 所示。將兩端無蓋的圓柱面組轉成薄實體。

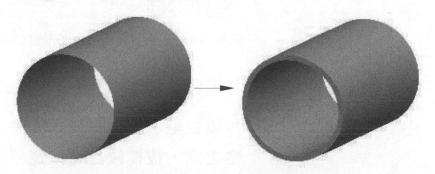

圖 6-13 面組加厚成薄實體

📎 提示：(1)面組轉成有厚度的薄實體，可從面組的兩側及中間對稱等三種情況加厚成薄實體。(2)立體形態之各表面皆有曲面覆蓋時，亦可將面組轉成有厚度的中空薄實體。

6.8 拔模特徵之滑動面板

拔模(Draft)又稱脫模，可事先在零件的表面上新增拔模角度，以利脫模動作。在此介紹拔模特徵之滑

動面板選單之選項及使用情況。拔模特徵另請參閱第 1.5 節所述。

6.8.1 拔模之參照

拔模特徵之「參照」(References)滑動面板，如圖 6-14 所示說明如下：

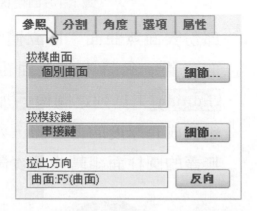

圖 6-14 「參照」(References)滑動面板

1. **拔模曲面**：選做拔模角度範圍之零件的所有表面。

2. **拔模鉸鏈**：即做拔模角度時拔模曲面上尺度不改變之處，拔模鉸鏈可以選平面或鏈線。選邊線時預設為「串接鏈」(One by One Chain)，同時按著 <Shift> 鍵可複選完整邊鏈線。

3. **拉出方向**：亦稱為拔模方向，用來度量拔模角度的方向。可選平面(拉出方向法向於此平面)、直邊、基準軸或座標系統軸來定義拉出方向。

6.8.2 拔模之分割

拔模特徵之「分割」(Split)滑動面板，如圖 6-15 所示說明如下：

圖 6-15 「分割」(Split)滑動面板

1. 不分割(No split)：為預設選項，即以拔模絞鏈之某一側(單側)方向拔模。

2. 以拔模絞鏈分割(Split by draft hinge)：即以拔模絞鏈為中間尺度不變，分兩側方向拔模。

3. 以分割物件分割(Split by split object)：須另外草繪截面範圍於拔模曲面中做為物件來分割拔模方向，即可有不同拔模角度，如圖 6-16 所示。

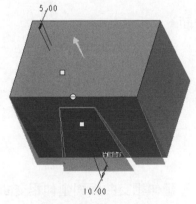

圖 6-16 按分割物件分割

6.8.3 拔模之選項

拔模特徵之「選項」(Options)滑動面板，如圖 6-17 所示。說明如下：

1. 拔模相切曲面(Draft tangent surfaces)：為預設選

項，拔模曲面與其它表面相切時，將所相切之曲面一併做拔模，如圖 6-18 所示。但拔模絞鏈與拔模曲面間之倒圓角除外。

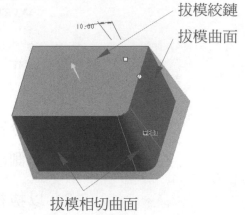

圖 6-17　「選項」(Options)滑動面板　　　圖 6-18　拔模相切曲面

2. 延伸相交曲面(Extend intersect surfaces)：當做拔模曲面與其它曲面相交時，將以延伸曲面的方式相交，如圖 6-19 所示。

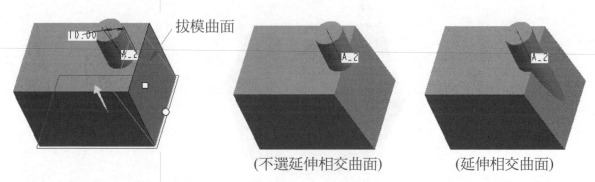

(不選延伸相交曲面)　　　(延伸相交曲面)

圖 6-19　不延伸相交曲面與延伸相交曲面

3. 排除迴圈(Exclude Loops)：一張拔模曲面因切削特徵而分成多個範圍，如圖 6-20 所示之兩範圍(兩迴圈)，可選排除迴圈。

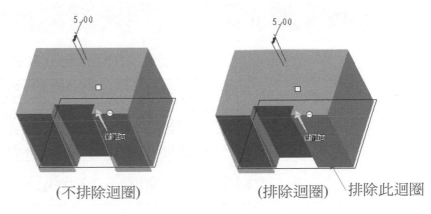

(不排除迴圈)　　　　　(排除迴圈)　　排除此迴圈

圖 6-20　不排除迴圈與排除迴圈

6.9　中曲線拔模

選邊鏈線為拔模絞鏈做拔模特徵時，稱中曲線 (Neutral Curve)拔模。拔模絞鏈必須選與拔模曲面相交完整之鏈線，拔模絞鏈為做拔模斜度時尺度未改變之處。

拔模曲面與拉出方向垂直之邊若有倒圓角時，若非拔模絞鏈處則拔模不會成功，如圖 6-21 所示。若為拔模絞鏈處雖可拔模但不能相切於圓角，如圖 6-22 所示。且必須點掉「選項」(Options)滑動面板的預設選項「拔模相切曲面」(Draft tangent surfaces)。

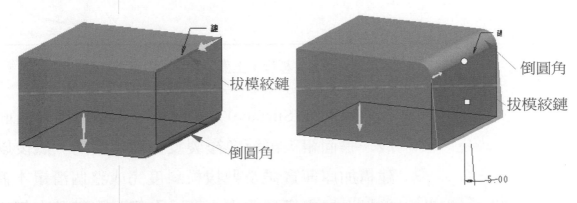

圖 6-21　拔模不成功　　　　　　圖 6-22　拔模成功但不能相切於圓角

6.10 繪製滑鼠(ch06.prt)

　　本章以曲面(Surface)方式建構滑鼠表面，將練習曲面之 引伸(Extrude) 、 掃描(Sweep) 、 倒圓角(Round) 、 合併(Merge) 及 加厚(Thicken) 等基本方法，先完成滑鼠之主模型，再從主模型建立上蓋、左鍵、中鍵及右鍵零件等，如圖 6-23 所示。

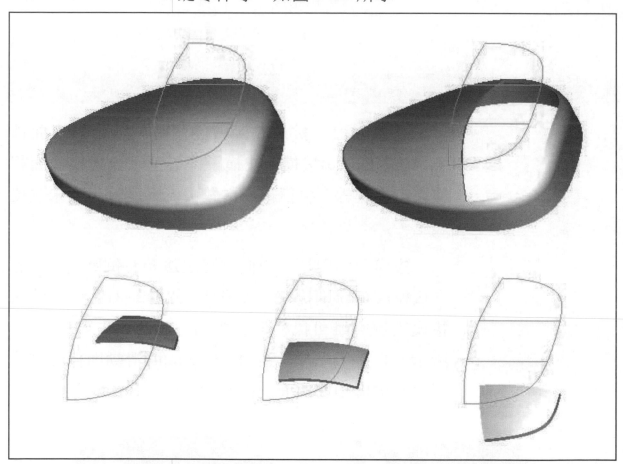

圖 6-23 完成之滑鼠主模型，上蓋，左鍵，中鍵及右鍵

　　以曲面(Surface)方式建構，先建構兩張曲面合併成一張面組，再鏡像複製及倒變化圓角，然後以曲面建構加厚薄實體及做拔模斜度完成整個滑鼠本體，最後以滑鼠主模型建立上蓋、左鍵、中鍵及右鍵零件，

建構過程分四步驟介紹：(圖 6-24)

(a) 步驟一：建構半個滑鼠曲面

(b) 步驟二：完成滑鼠本體曲面

(c) 步驟三：建構等厚實體及拔模斜度

(d) 步驟四：以主模型建立上蓋、左鍵、中鍵及右鍵

  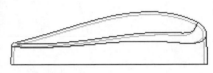

(a)建構半個滑鼠曲面　　(b)完成滑鼠本體曲面　　(c)建構等厚實體及拔模斜度

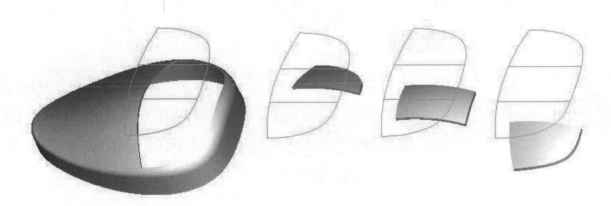

(d)以主模型建立上蓋，左鍵，中鍵及右鍵

圖 6-24　建構過程分四步驟

6.10.1 步驟一：建構半個滑鼠曲面

(a) 以引伸建構第一張曲面(圖 6-25)

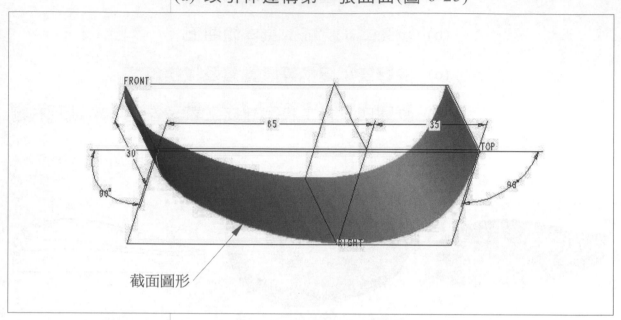

截面圖形

圖 6-25 以引伸建構第一張曲面

過程：

引伸

1. 在標籤模型(Model)中，按一下群組形狀(Shapes) 工具列之圖像 引伸(Extrude)，如左圖所示，開 啟標籤引伸(Extrude)對話方塊列，如圖 6-26，按 一下圖像 曲面。

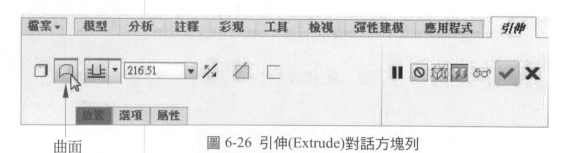

曲面　　　　　　圖 6-26 引伸(Extrude)對話方塊列

2. 按對話方塊列之放置(Placement)→定義(Define)， 開啟草繪(Sketch)對話框。點選 TOP 平面，按反向

(Flip)，接受預設 RIGHT 平面為草繪定向，定向選頂部(TOP)，如圖 6-27 所示。按草繪(Sketch)。

圖 6-27 選草繪平面及草繪定向

3. 按一下圖形視窗上方的圖像

4. 按草繪(Sketching)工具列之圖像 雲規線以四個點大約繪製滑鼠外輪廓(一半)，如圖 6-28 所示。使曲線的兩端點確實鎖點在 FRONT 參照基準面上，按滑鼠中鍵可結束曲線繪製，暫不管尺度及數字。

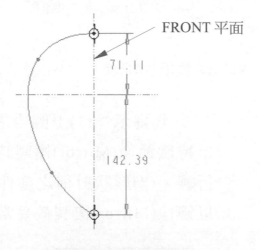

圖 6-28 大約繪製滑鼠外輪廓(一半)

5. 以 尺寸(Dimension) 工具列之圖像 ↔ 法向(標註)標註兩端點與 RIGHT 平面之切線角度，如圖 6-29 所示。切線角度標註須點選曲線，參照基準線，端點及放置尺度，過程如下：(1)點選曲線。(2)點選 RIGHT 參照基準線。(3)點選曲線端點。(4)按滑鼠中鍵放置尺度。(以上之(1)(2)(3)順序可任意)。

6. 再以工具列之 ⃕ 「修改」或 ↖ 「選取」等，完成如圖 6-30 所示之尺度及數字，曲線中間點盡可能在大約相關位置即可。

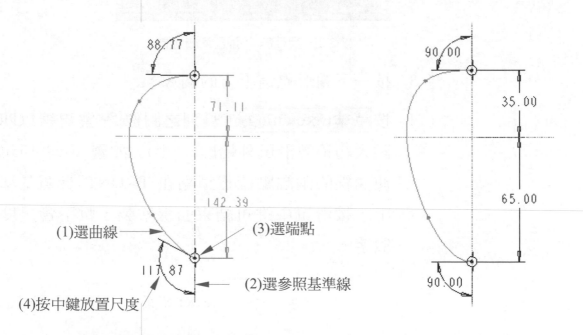

圖 6-29 標註兩端點之切線角度　　　　圖 6-30 完成截面之尺度

　　🖝 提示：(1)上圖中之切線角度標成 90.00，當特徵鏡像(Mirror)複製時，中間部份才不會殘留折線。(2)形狀對稱之零件，通常先建構一半，再以鏡像(Mirror)複製較妥當。

7. 以 操作(Operations) 工具列之圖像 ↖ 「選取」連續

按兩下曲線，進入 雲規線(Spline) 對話方塊列，如圖 6-31 所示。選按  顯示曲率(Display Curvature) 及在比例(Scale)欄輸入 **50**(或其他值)。

插入點　控制點

顯示曲率　　　　　　　曲率顯示比例值　　　　　　曲率顯示密度值

比例 50.000000　　密度 1.000000

圖 6-31　「修改雲規線」對話方塊列

8. 模型中將顯示曲線之曲率圖，如圖 6-32 所示。以滑鼠移動中間點觀察曲率圖之變化，盡可能與圖中所示曲率圖相同。

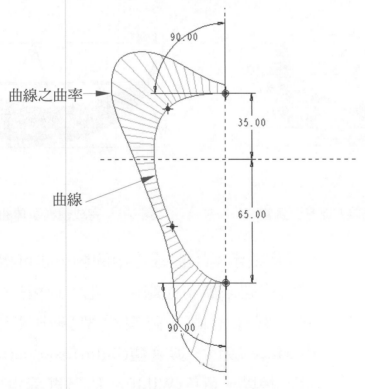

曲線之曲率

曲線

90.00

35.00

65.00

90.00

圖 6-32　顯示曲線之曲率圖

🖎 提示：曲線之曲率線變化要順暢，曲線才會漂亮。曲線漂亮曲面才會順暢完美。

9. 確定滿意後，在 雲規線(Spline) 對話方塊列中按圖像 ✔ 確定，即完成曲線修改。

10. 按一下工具列之圖像 ✔ 確定，回 引伸(Extrude) 對話方塊列，如圖 6-33 所示。輸入引伸深度 **30**，按模型標準定向，如左圖所示。觀察引伸方向是否適當(箭頭向上)，若不對按 ✖ 反向。

11. 正確後須按圖像 ✔ 按鈕，即完成建構引伸(Extrude)曲面特徵，如圖 6-34 所示。

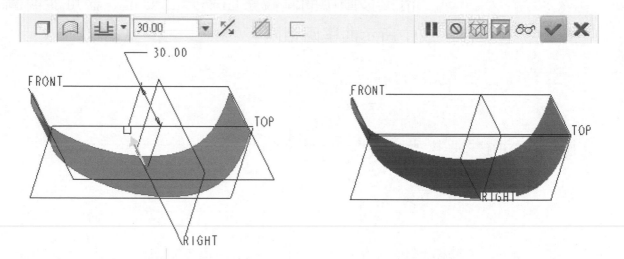

圖 6-33 觀察引伸方向是否適當　　　圖 6-34 完成建構引伸曲面特徵

🐚 提示：(1)曲線之中間點，亦可標註尺度，或以曲率圖來調整曲線之變化。(2)按一下左圖工具列之圖像消隱，觀察模型圖中剛建立之曲面(Surface)顏色，與實體(Solid)不同，如圖 6-35 所示，將以土黃色(Wildfire 版為紅紫)顯示曲面之邊界線條，以暗紅紫色顯示曲面之內部線條，往後可依此顏色判斷為單一曲面或已由曲面合併之面組(Quilt)或為多個連接之單一曲面等。

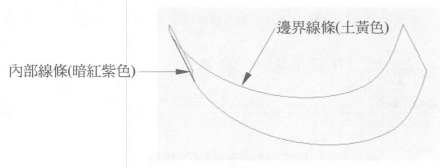

內部線條(暗紅紫色)
邊界線條(土黃色)

圖 6-35 曲面之顏色

(b) 以掃描建構第二張曲面(圖 6-36)

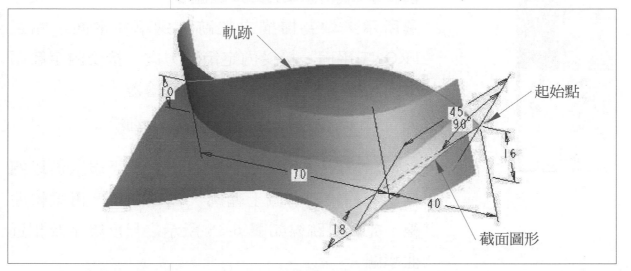

軌跡
起始點
截面圖形

圖 6-36 以掃描建構第二張曲面

過程：

1. 在標籤模型(Model)中，按一下群組形狀▼(Shapes
   ▼)工具列中之圖像掃描▼(Sweep▼)。

2. 開啟標籤掃描(Sweep)對話方塊列，預設為建構簡
   易的實體恆定截面掃描特徵。

3. 按一下圖像曲面，如圖 6-37 所示。其右側有一
   基準工具列，可繪製基準曲線做為掃描之軌跡。

曲面　　　　恆定截面

圖 6-37 「掃描」(Sweep)對話方塊列

4. 按一下右側基準工具列之圖像 ⌒ 基準曲線，如左圖所示，做為掃描之軌跡。選草繪平面，點選 FRONT 平面，接受內定箭頭方向，接受內定箭頭方向，按草繪(Sketch)，進入草繪器。

5. 按一下圖形視窗上方工具列的圖像 🔄 。

6. 以 草繪(Sketching) 工具列之圖像 ~ 雲規線仍以四個點大約繪製滑鼠上輪廓，先標註尺度再編輯曲線，完成軌跡線如圖 6-38 所示之尺度數字及相近曲率圖。

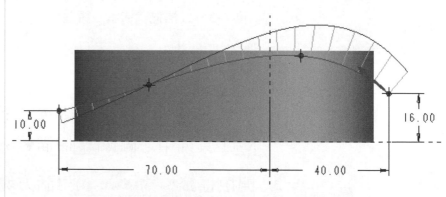

圖 6-38 完成軌跡線之尺度數字及曲率圖

7. 確定滿意後，在 雲規線(Spline) 對話方塊列中按圖像 ✔ 確定，即完成曲線修改。

8. 繼續按一下草繪工具列之圖像 ✔ ，按一下對話方塊列之圖像 ▶ ，回對話方塊列。

9. 先按對話方塊列中之圖像 📝 建立截面，再按一下圖形視窗上方工具列的圖像 🔄 。系統將旋轉模型至軌跡起始點端視方向，準備繪製截面圖形。

10. 模型圖中兩參照線條之相交點即為軌跡起始點位置，以 草繪(Sketching) 工具列之圖像 ∿ 雲規線，從軌跡起始點開始，點兩點畫一直線(中間無點)，完成如圖 6-39 所示之尺度及數字。

11. 再以 尺寸(Dimension) 工具列之圖像 ↦ 標註，標註曲線與 FRONT 平面之切線角尺度為 90 度，如圖 6-40 所示。即完成截面圖形及尺度。

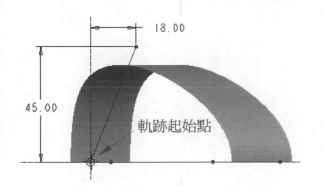

圖 6-39 以「畫曲線」畫一直線為截面圖形　　　圖 6-40 完成截面圖形及尺度

12. 完成後須按圖像 ✔ 按鈕，即完成建構掃描(Sweep)曲面特徵，如圖 6-41 所示。

　　　🖢 提示：按一下左圖工具列之圖像消隱，觀察模型圖中兩張曲面(Surface)之顏色，如圖 6-42 所示。土黃色為邊線，暗紅紫色為接線或中間線。

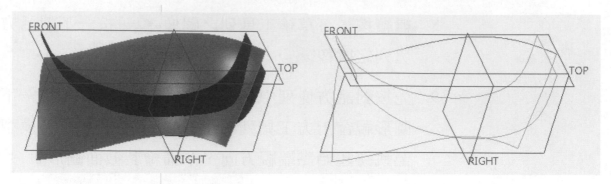

圖 6-41 完成以掃描建構曲面特徵　　　　圖 6-42 觀察模型圖中兩張曲面之顏色

(c) 合併二曲面成面組(圖 6-43)

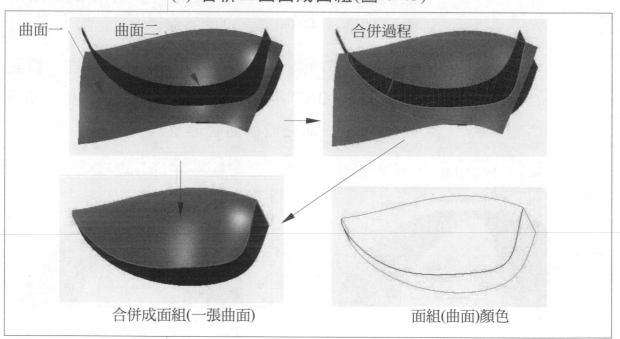

圖 6-43 合併二曲面成面組

過程：

1. 按著<Ctrl>鍵選剛完成之兩曲面，選到曲面之邊線變綠(Wildfire 版變紅)。按 編輯(Editing) 工具列之圖像 ⊕ 合併(Merge)。

2. 進入 合併(Merge) 對話方塊列，如圖 6-44 所示。試按兩 ⁄ 反向，觀察相交合併結果(箭頭方向)是否正

確。確定無誤後須按圖像✓按鈕，即完成合併二張曲面成一張面組特徵，如圖 6-45 所示。

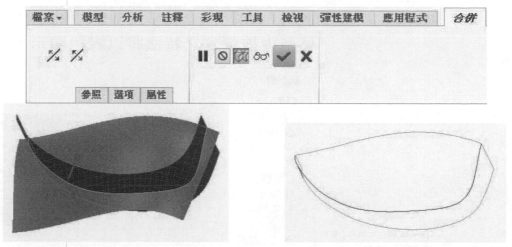

圖 6-44 觀察合併結果(箭頭方向)是否正確　　圖 6-45 完成合併二曲面成面組

👂 提示：曲面合併之結果屬於特徵，可修改及刪除特徵恢復成原來兩張曲面。

6.10.2步驟二：完成滑鼠本體曲面

(a) 鏡像複製曲面特徵(圖 6-46)

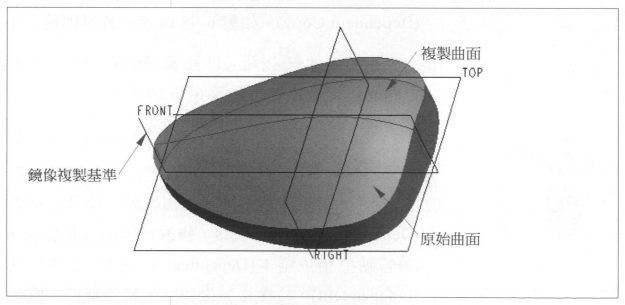

圖 6-46 鏡像複製曲面特徵

過程：

1. 按著<Ctrl>鍵，在模型樹中選前面剛完成之兩張曲面及合併特徵，共三個特徵，如圖 6-47 所示。在模型中被選到之特徵將以綠色顯示。

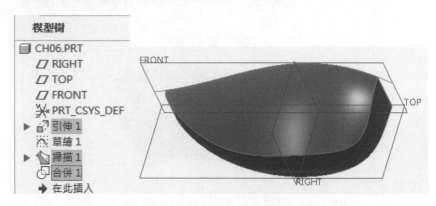

圖 6-47 先選三個特徵

2. 再按編輯(Editing)工具列之圖像 鏡像開啟鏡像(Mirror)對話方塊列，直接選 FRONT 平面為基準複製。

3. 按選項(Options)滑動面板，確定預設為相依副本(Dependent Copy)，如圖 6-48 所示。若無則選之。

4. 完成後按圖像 按鈕，即完成以相依(Dependent)做曲面之鏡像複製，如圖 6-49 所示。

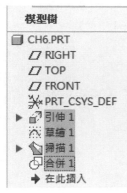

　　提示：(1)上例鏡像(Mirror)複製時，亦可選連續四個特徵，包括草會 1 基準曲線軌跡，如左圖所示。(2)特徵鏡像(Mirror)複製時，預設為相依(Dependent)，特徵複製後，修改尺度則互相影響。(3)若點掉相依副本(Dependent Copy)，則為獨立(Independent)，特徵複製後與原始特徵無關，原始

或被複製特徵被刪除或修改尺度時不互相影響。

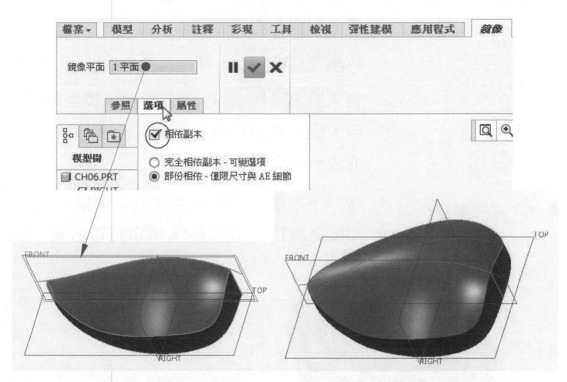

圖 6-48 選 FRONT 平面為基準　　圖 6-49 完成鏡像(Mirror)複製(相依)

(b) 合併二曲面成面組(圖 6-50)

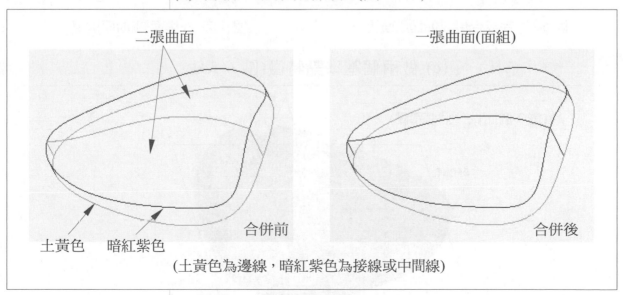

(土黃色為邊線，暗紅紫色為接線或中間線)

圖 6-50 合併二曲面成面組

過程：

模型樹

□ CH06.PRT
　□ RIGHT
　□ TOP
　□ FRONT
　※ PRT_CSYS_DEF
　▶ 🗂 引伸 1
　⚙ 草繪 1
　▶ 🗂 掃描 1
　🔶 合併 1
　▼ ▷◁ 鏡像 1
　　▶ 🗂 引伸 1 (2)
　　▶ 🗂 掃描 1 (2)
　　🔶 合併 1 (2)
　➔ 在此插入

圖 6-51　選兩個曲面

1. 按著<Ctrl>鍵，從模型中選剛完成之兩個合併曲面，如圖 6-51 所示。

2. 按 編輯(Editing) 工具列之圖像 🔶 合併(Merge)。

3. 進入 合併(Merge) 對話方塊列，模型如圖 6-52 所示。完成後須按圖像 ✔ 按鈕，即完成合併二張曲面成一張面組特徵。

4. 按一下左圖工具列之無隱藏線圖像，觀察模型圖中曲面之顏色，如圖 6-53 所示是否已成一張面組。

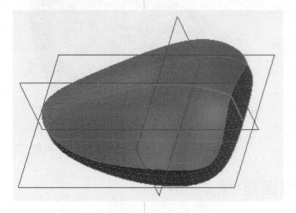

圖 6-52　完成合併二曲面成面組

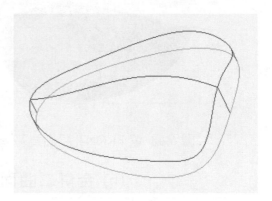

圖 6-53　一張面組(曲面)顏色

(c) 做兩個基準點特徵(圖 6-54)

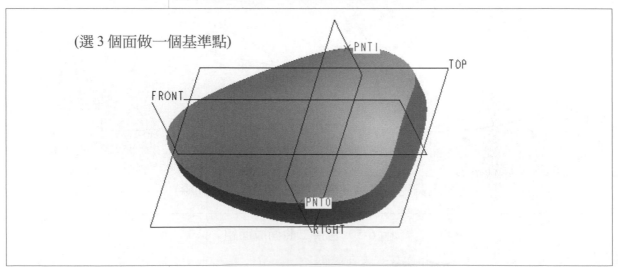

(選 3 個面做一個基準點)

圖 6-54　做兩個基準點特徵

過程：

1. 先確定圖形視窗上方工具列中 點顯示與 平面顯示之圖像，是否已被選取，如左圖所示。

2. 在上方標籤 模型(Model) 中，按一下群組 基準▼ (Datum▼) 工具列中之圖像 ╳╳ 點，如圖 6-55 所示。

圖 6-55 選基準點(

3. 開啟 基準點(Datum Point) 對話框。按著<Ctrl>鍵，選取模型中 RIGHT 平面及兩曲面，如圖 6-56 所示。應出現基準點 PNT0(或其他代號)在 3 個面之相交點處。

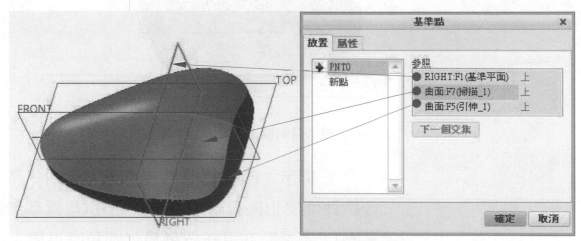

圖 6-56 選 3 個面交點處放置基準點(PNT0)

4. 按一下「新點」，按著<Ctrl>鍵，再選取模型中

RIGHT 平面及另外兩曲面，如圖 6-57 所示。應出
現基準點 PNT1(或其他代號)在 3 個面之相交點處。

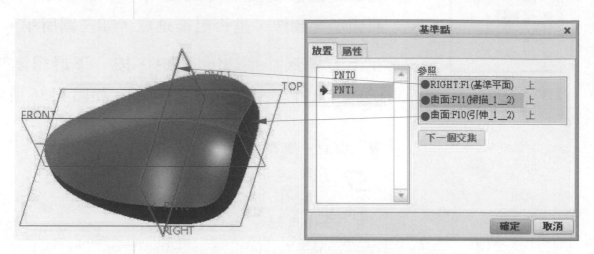

圖 6-57 另選 3 個面交點處放置基準點(PNT1)

5. 完成後按確定(OK)，即完成放置兩個基準點 PNT0
及 PNT1 特徵，如圖 6-58 所示。

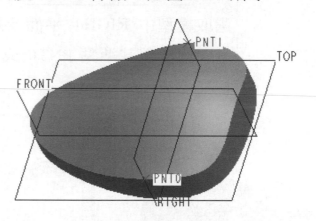

圖 6-58 完成放置兩個基準點 PNT0 及 PNT1 特徵

　　🖙 提示：(1)此處放置基準點之目的，乃準備
後續做倒變化圓角時輸入半徑之用(位置參照該基
準點)，基準點亦可在做倒變化圓角時再插入。(2)
基準點(Datum Point)之代號，自動由 PNT0、
PNT1…等順序編號。

(d) 倒可變半徑圓角(圖 6-59)

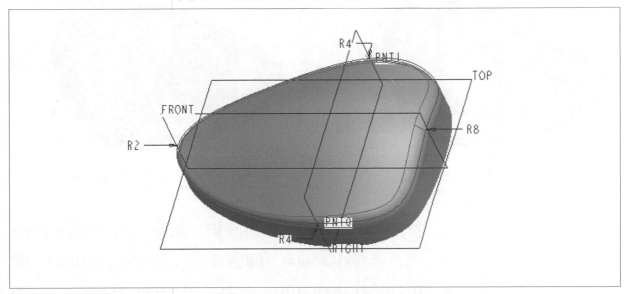

圖 6-59　倒可變半徑圓角

過程：

1. 在上方的標籤模型(Model)中，按一下群組工程▼
(Engineering▼)中之圖像 🔲 倒圓角(Round)。

2. 開啟標籤倒圓角(Round)對話方塊列，輸入半徑
4，點選要建構倒圓角之邊線，如圖 6-60 所示。移
動游標至半徑數字上(將變綠色)，按右鍵選新增半
徑(Add Radius)，連續做三次將會增加三個半徑，
此時應共有四個半徑。

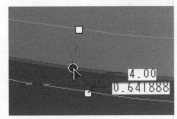

3. 拖曳半徑錨點(圓形者)，如左圖所示。先將其中兩
半徑分別拖曳位於左右兩端點上使其位置比率為
0 及 **1**，如圖 6-61 所示。並改半徑為 **8** 及 **2**，暫不
管另外兩個半徑 4。

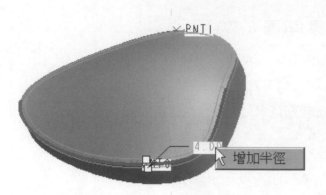

圖 6-60 按右鍵選增加半徑

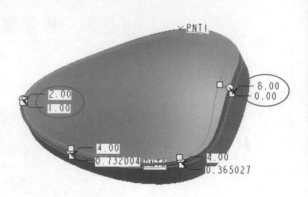

圖 6-61 半徑 2 及 8 位於左右兩端

4. 按集合(Sets)開啟滑動面板，如圖 6-62 所示。將兩處「半徑(Radius)」欄為 4 之「位置(Location)」欄中從「比率(Ratio)」改為「參照(Reference)」分別選兩基準點，此時兩半徑 4 將位於基準點 PNT0 及 PNT1 上。

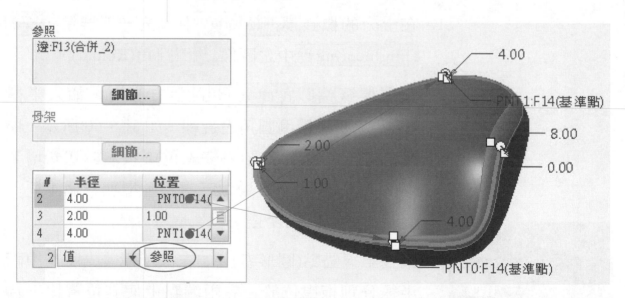

圖 6-62 兩半徑 4 分別以基準點 PNT0 及 PNT1 為參照位置

📖 提示：(1)可在滑動面板或模型中修改半徑值及半徑位置比率。(2)位置比率值 1.00 為線段結束端點，比率值 0.00 則為線段起始端點。(3)半徑

位置可以為比率(Ratio)或參照(Reference)，半徑大小可以為數值(Value)或參照(Reference)。

5. 完成後須按圖像 ✔ 按鈕，即完成建構可變半徑倒圓角特徵，如圖 6-63 所示。

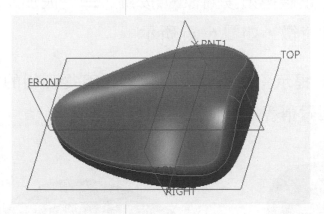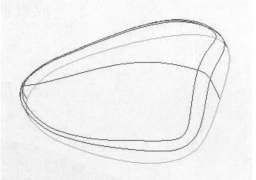

圖 6-63 完成可變半徑倒圓角特徵

6.10.3 步驟三：建構等厚實體及拔模斜度

(a) 加厚面組成實體(圖 6-64)

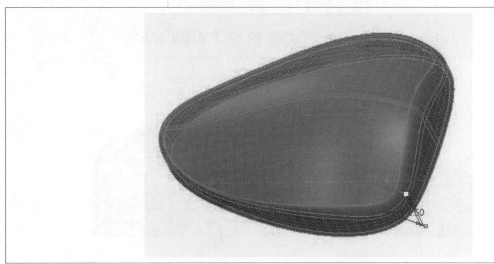

圖 6-64 加厚面組成實體

過程：

1. 先選剛完成之面組，再按一下群組編輯(Editing)工具列之圖像▢加厚(Thicken)。

2. 開啟加厚(Thicken)對話方塊列，輸入厚度 **1.5**，按一下▨反向，觀察箭頭方向是否向內，如圖 6-65 所示。正確後須按圖像✔按鈕，即完成加厚面組成實體特徵，如圖 6-66 所示。

   ✒ 提示：面組轉成薄實體，可從面組的兩側及中間對稱等三種情況可加厚成薄實體。

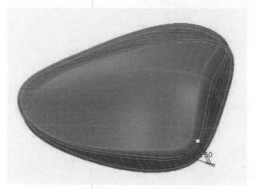 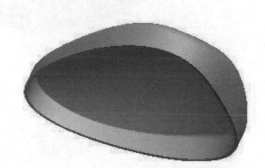

圖 6-65 觀察箭頭方向是否向內　　圖 6-66 完成加厚面組成實體

(b) 做內外不分割拔模斜度 1.5(圖 6-67)

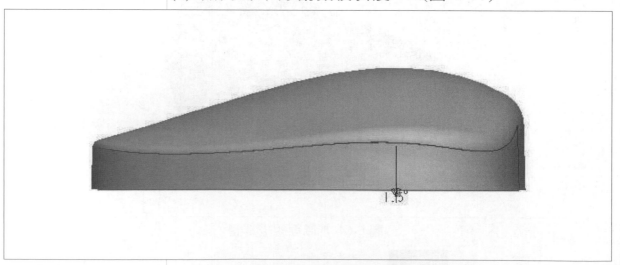

圖 6-67 做內外不分割拔模斜度 1.5

過程：

1. 在上方的標籤模型(Model)中，按一下群組工程▼(Engineering▼)中之圖像 拔模(Draft)，開啟標籤拔模(Draft)對話方塊列，如圖 6-68 所示。

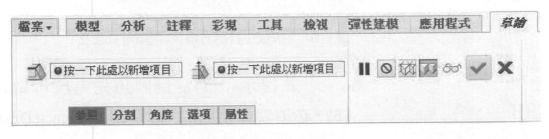

圖 6-68　「拔模」對話方塊列

2. 按對話方塊列之參照(References)，開啟參照滑動面板，如圖 6-69 所示。選內側完整兩曲面為拔模曲面，選整條鏈線為拔模絞鏈，拉出方向選 TOP 平面為參照，輸入拔模角為 **1.5** 度。

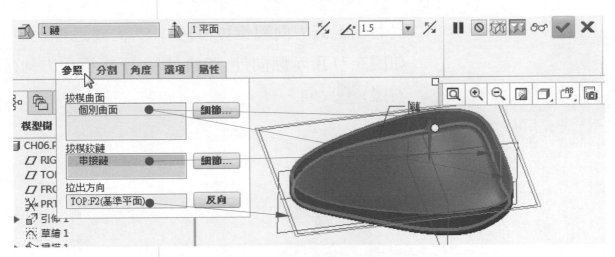

圖 6-69　「拔模」對話方塊列(參照滑動面板)

3. 按對話方塊列之選項(Options)滑動面板，如圖 6-70 所示。必須點掉預選的拔模相切曲面(Draft tangent surfaces)。

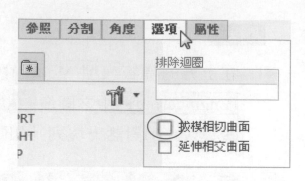

圖 6-70 「拔模」對話方塊列(選項滑動面板)

　　　🖎 提示：(1)當倒圓角先完成再做拔模特徵時，必須點掉預選的「拔模相切曲面」(Draft tangent surfaces)，因邏輯上拔模曲面將不可能再與原倒圓角曲面相切。(2)選拔模絞鏈因必須為串接鏈(One by One Chain)，按<Shift>鍵可選出整條相交曲線。(3)對話方塊列之分割(Split)滑動面板，預選為不分割，故不用選。

4. 從右側視圖方向觀察拔模角 1.5° 方向是否正確，如圖 6-71 所示應向外，若錯，按一下拔模角方向(最右邊) 🔀 反向。

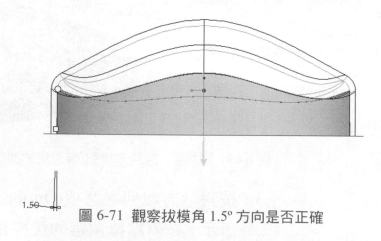

1.5°　　　圖 6-71 觀察拔模角 1.5° 方向是否正確

5. 正確後須按圖像 ✅ 按鈕，即完成內表面不分割拔

模斜度 1.5 特徵,如圖 6-72 所示。

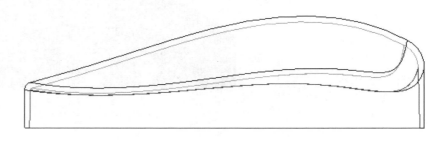

圖 6-72 完成內表面不分割拔模斜度 1.5 特徵

6. 繼續按一下群組 工程▼(Engineering▼) 中之圖像 拔模(Draft),開啟標籤 拔模(Draft) 對話方塊列。

7. 與前面相同之操作方法,改選外側完整兩曲面為拔模曲面,如圖 6-73 所示。選整條鏈線為拔模絞鏈。拉出方向仍選 TOP 平面為參照,輸入拔模斜度 **1.5**。

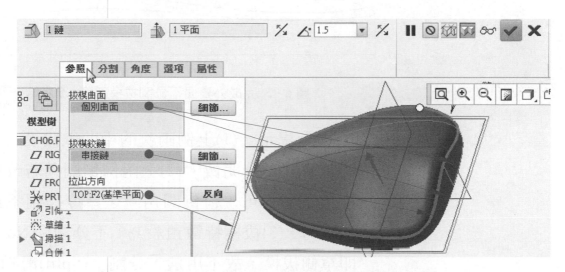

圖 6-73 「拔模」對話方塊列(參照滑動面板)

8. 從右側視圖觀察拔模角方向是否正確,如圖 6-74 所示應向外,若錯則按最右側拔模角方向 反向。

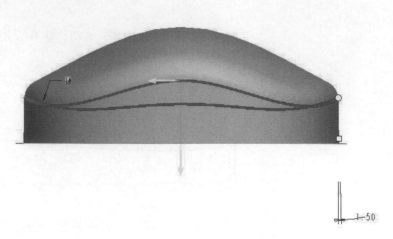

圖 6-74 觀察拔模角(1.50)方向是否正確

9. 正確後須按圖像 ✓ 按鈕，即完成外表面不分割拔模斜度 1.5 特徵，如圖 6-75 所示。

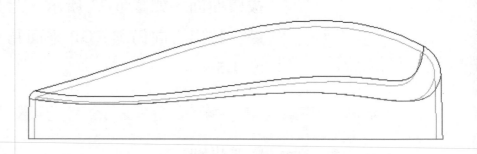

圖 6-75 完成外表面不分割拔模斜度 1.5 特徵

📖 提示：(1)上例兩次的中曲線拔模，因拔模絞鏈不同須分開做。(2)上兩例倒圓角若改在拔模特徵之後雖可，但倒圓角處之厚度控制不易，恐不均勻。(3)拔模特徵預設為「不分割」(No split)，即單側拔模，故不用選「分割」(Split)滑動面板。(4)拔模絞鏈為曲線時，稱中曲線(Neutral Curve)拔模。另有中平面(Neutral Plane)拔模，請參閱前面第 1.5.1 節所述。

6.10.4 步驟四：以主模型建立上蓋、左鍵、中鍵及右鍵

(a) 在滑鼠上方建構基準面 DTM1(圖 6-76)

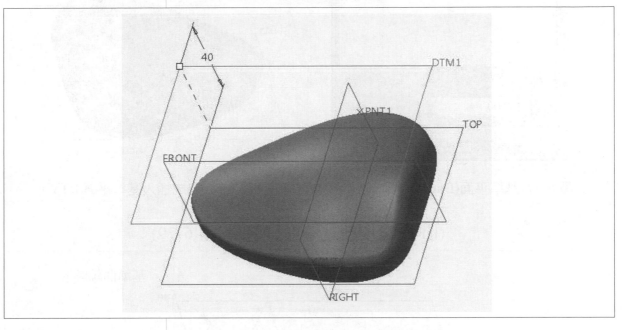

圖 6-76 在滑鼠上方建構基準面 DTM1

過程：

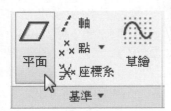

1. 在上方標籤 模型(Model) 中，按一下群組 基準▼ (Datum▼) 工具列中之圖像 ▱ 平面(Plane)，如左圖所示。開啟 基準平面(Datum Plane) 對話框。

2. 點選 TOP 平面，TOP 平面須選位移(Offset)，如圖 6-77 所示。箭頭所指為正值，輸入平移距離 **40**，或其他值(在滑鼠上方)。

3. 正確按確定(OK)，即完成插入平行 TOP 平面的基準平面 DTM1(或其他代號)特徵，如圖 6-78 所示。

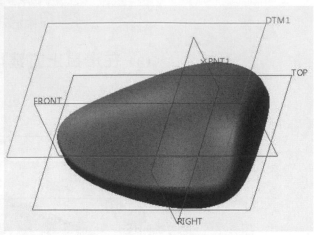

圖 6-77 基準平面(Datum Plane)對話框　　　圖 6-78 完成插入基準平面 DTM1

(b) 繪製按鈕基準曲線特徵(圖 6-79)

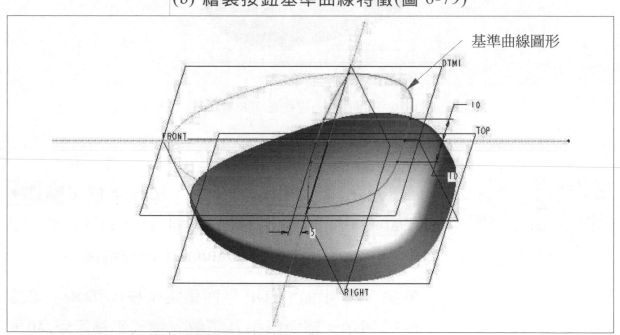

基準曲線圖形

圖 6-79 繪製按鈕基準曲線特徵

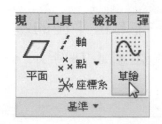

過程：

1. 繼續按一下群組 基準▼(Datum▼) 工具列中之圖像 圖像，如左圖所示。開啟 草繪(Sketch) 對話框。

2. 點選剛建構之 DTM1 平面，接受預設草繪定向，按草繪(Sketch)。

3. 按一下圖形視窗上方工具列的圖像 🔁 。

4. 以 草繪 (Sketching) 工具列之圖像 ▫ 投影 (使用邊)，進入使用邊 類型(Type) 對話框，直接點選滑鼠可變倒圓角之切線(內部)做為截面圖形使用，選到之線條其線上將加註~符號，如圖 6-80 所示。

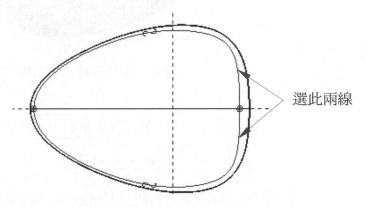

選此兩線

圖 6-80　選變化倒角之切線做為截面圖形使用

5. 以工具列之 🗘 圓弧、 ⌄ 直線、 🗒 修改及 🗒 刪除段等，完成草繪圖形及尺度，如圖 6-81 所示。

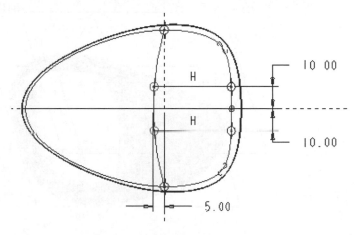

圖 6-81　完成草繪圖形及尺度

6. 正確後須按圖像 ✔ 確定，即完成草繪基準曲線特徵，如圖 6-82 所示。

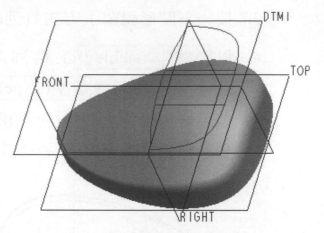

圖 6-82 完成草繪基準曲線特徵

7. 按上方功能表 檔案(File) → 另存新檔(Save as) → 儲存副本(Save a Copy)。

8. 開啟 儲存副本(Save a copy) 對話框，在新名稱(New name)中輸入新檔名 **mouse_master_model**。

(c) 從滑鼠主模型建立滑鼠上蓋(圖 6-83)

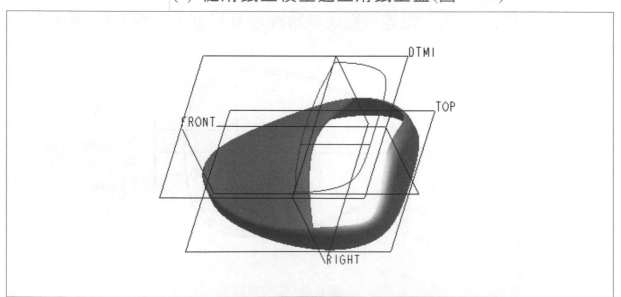

圖 6-83 從滑鼠主模型建立滑鼠上蓋

引伸

過程：

1. 按一下群組形狀(Shapes)工具列中之圖像 🔲 引伸，如左圖所示。開啟引伸(Extrude)對話方塊列。

2. 按對話方塊列之放置(Placement)→定義(Define)，開啟草繪(Sketch)對話框，選剛建立之基準面DTM1，接受預設草繪定向，按草繪(Sketch)，進入草繪器。

3. 以草繪(Sketching)工具列之圖像 🔲 投影(使用邊)，進入使用邊類型(Type)對話框。另選迴圈(Loop)，直接點選剛完成之草繪基準曲線外圍為圖形使用，如圖 6-84 所示。完成後須按圖像 ✔ 確定。

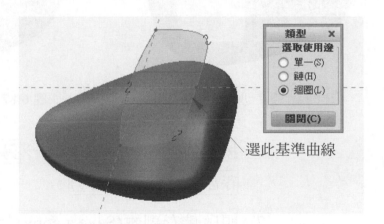

圖 6-84　選剛完成之草繪基準曲線為圖形使用

4. 在引伸(Extrude)對話方塊列中，選 ≣ 至下一個(To Next)，按一下 🔲 移除材料，再按第一個 🔲 引伸方向，如圖 6-85 所示。觀察模型預覽及箭頭方向是否正確，如圖 6-86 所示，若不正確試按 🔲 引伸方向或 🔲 截面切削方向，至預覽正確為止。

至下一個　引伸方向　截面切削方向

移除材料

圖 6-85 「引伸」(Extrude)對話方塊列

5. 完成後須按圖像 ✔ 按鈕，即完成實體切削建構滑鼠上蓋特徵，如圖 6-87 所示。

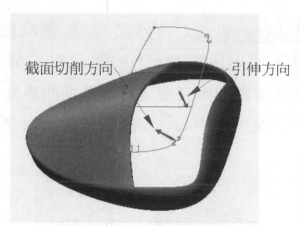

截面切削方向　　引伸方向

圖 6-86 觀察切削及引伸方向

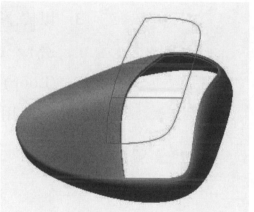

圖 6-87 完成建構滑鼠上蓋零件

6. 按上方功能表 檔案(File)→另存新檔(Save as)→儲存副本(Save a Copy)。

7. 開啟 儲存副本(Save a copy) 對話框，在新名稱(New name)中輸入新檔名 **mouse_cover**。

8. 點選模型樹中(最後一個)剛建立之「引伸」(Extrude)特徵，選到在模型中變綠，按著右鍵選刪除(Delete)，再按確定(OK)，即恢復成滑鼠主模型零件。或另開啟剛儲存副本之零件檔滑鼠主模型(mouse_master_model.prt)。

(d) 從主模型建立滑鼠左鍵、中鍵及右鍵(圖 6-88)

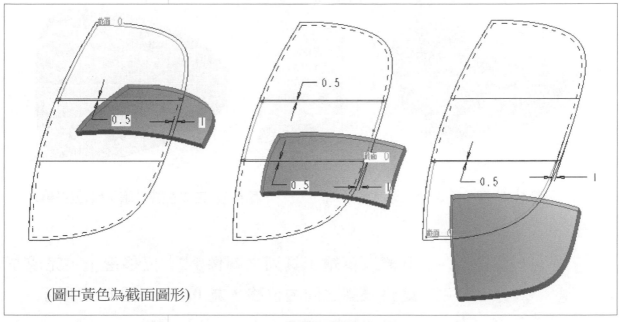

(圖中黃色為截面圖形)

圖 6-88 從主模型建立滑鼠左鍵

過程：

1. 按一下群組 形狀 (Shapes) 工具列中之圖像 🗗 引伸。開啟 引伸(Extrude) 對話方塊列。

2. 按對話方塊列之放置(Placement)→定義(Define)，開啟 草繪 (Sketch) 對話框，仍選剛建立之基準面 DTM1，接受預設草繪定向，按草繪(Sketch)，進入草繪器。

3. 以 草繪 (Sketching) 工具列之圖像 🖫「位移邊」，進入位移邊 類型 (Type) 對話框。另外選迴圈 (Loop)，直接點選如圖 6-89 所示之草繪曲線，箭頭所指為正值，依箭頭方向輸入位移值-1，完成如圖 6-90 所示。

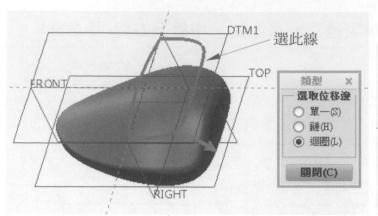

圖 6-89 選位移之參照基準線

圖 6-90 完成左鍵外環兩條位移線條

4. 繼續以草繪工具列之圖像 ⌐ 「位移邊」，完成左鍵另一側之向內位移，為 **0.5**，如圖 6-91 所示。

5. 以 編輯(Editing) 工具列之圖像 ✗ 「刪除」，謹慎去除多餘之線條成為剛好封閉之截面圖形，如圖 6-92 所示。完成後須按圖像 ✔ 確定。

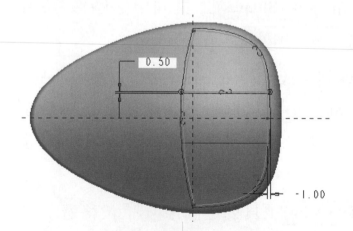

圖 6-91 完成左鍵另一側之向內位移

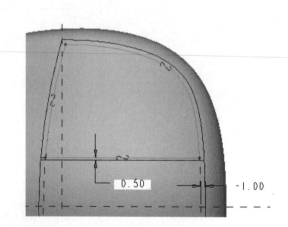

圖 6-92 完成左鍵截面圖形及尺度

6. 在 引伸(Extrude) 對話方塊列中，選 ☰ 至下一個，按一下 ⬜ 移除材料，觀察模型預覽，如圖 6-93 所示。若錯試按 ⤴ 反向，其截面切削方向必須指向

外側，正確後須按圖像✔按鈕，即完成實體切削建構滑鼠左鍵特徵，如圖 6-94 所示。

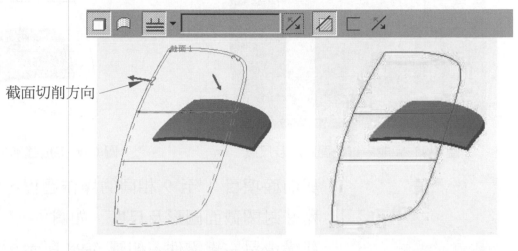

截面切削方向

圖 6-93 觀察切削及引伸方向　　　圖 6-94 完成建構左鍵零件

7. 按上方功能表 檔案(File)→ 另存新檔(Save as)→ 儲存副本(Save a Copy)。

8. 開啟 儲存副本(Save a copy) 對話框，輸入新檔名 **button_left**。

9. 點選模型樹中(最後一個)剛建立之「引伸」(Extrude) 特徵，選到在模型中變綠，按著右鍵選刪除 (Delete)，再按確定(OK)，即恢復成滑鼠主模型零件。或另開啟剛儲存副本之零件檔滑鼠主模型 (mouse_master_model.prt)。

10. 與前面項目 1 至 9 相同的操作過程，完成中鍵之剛好封閉截面圖形及尺度，如圖 6-95 所示。完成建構滑鼠中鍵零件，如圖 6-96 所示。另存新檔名為 **button_middle**。

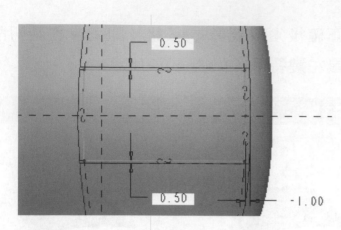

圖 6-95 完成中鍵截面圖形及尺度

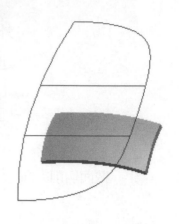

圖 6-96 完成建構中鍵零件

11. 與前面項目 1 至 9 相同的操作過程，完成右鍵之剛好封閉截面圖形及尺度，如圖 6-97 所示。完成建構滑鼠右鍵零件，如圖 6-98 所示。另存新檔名為 **button_right**。

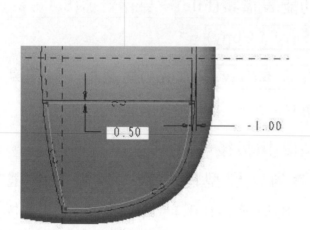

圖 6-97 完成右鍵截面圖形及尺度

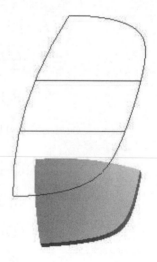

圖 6-98 完成建構右鍵零件

📢 提示：(1)本單元中共另存五個零件檔，分別為：滑鼠主模型 mouse_master_model.prt、滑鼠上蓋 mouse_cover.prt、滑鼠左鍵 button_left.prt、滑鼠中間鍵 button_middle.prt 及滑鼠右鍵 button_right.prt 等，開啟各零件檔看看結果如何。

(2)此主模型方法亦可在 Creo 之組件(Assembly)中以不參照組件特徵方式建立個別零件，即不使用組件模板(Template)。

6.11 重點歸納

(a) 曲面

1. 一種非自然界實體，無厚度之面積範圍，在 Creo 中稱為曲面(Surface)。

2. 曲面建立時，曲線(Curve)漂亮所建構之曲面必定順暢，曲線中間點位置適當曲線自然漂亮。

3. 曲線之中間點位置，以建立所須之曲線造形為主要目的，數量通常愈少愈好，甚至沒有。

4. 曲線之中間點位置，其尺度可不需標註，改以曲率圖控及移動中間點控制曲線變化，只標註曲線之端點尺度及切線角。

5. 需做鏡像複製成對稱之曲面，其曲線端點之切線角若標註成 90 度，可使曲面鏡像複製後中間無折痕。

6. 曲面與實體可重疊存在，以顏色判定。

7. 曲面之內部以暗紫色(Dark Magenta)顯示，Creo 版邊界則以土黃色顯示，Wildfire 版邊界則以紅紫色(Magenta)顯示。

(b) 曲面合併

1. 多張曲面分別建立後，須合併(Merge)成一張面組(Quilt)，再以實體或薄板方式做成零件。

2. 當兩張曲面互為相交時，選相交(Intersect)。

3. 當兩張曲面須連接時，選參與(Join)，即相接之意。

4. 一次只能合併兩張曲面成一張面組。

(c) **面組轉實體**

1. 一張曲面(Surface)或一張面組(Quilt)才可轉成實體(Solid)。

2. 面組轉實體有兩種情況，說明如下：

   • 各表面皆有曲面：即立體形態之各表面皆有曲面覆蓋，形成中空的一張面組，可將中空的面組轉成實心的實體，稱 🔲 實體化(Solidify...)。

   • 部份表面無曲面：即立體形態之表面有部份無曲面覆蓋，可將面組轉成有厚度的薄實體，稱 🔲 加厚(Thicken...)。

3. 面組轉成有厚度的薄實體，可從面組的兩側及中間對稱等三種情況加厚成薄實體。

4. 立體形態之各表面皆有曲面覆蓋時，亦可將面組轉成有厚度的中空薄實體。

(d) **中曲線拔模**

1. 選曲線為拔模絞鏈做拔模特徵時，稱中曲線(Neutral Curve)拔模。

2. 拔模絞鏈必須選完整之鏈線，拔模絞鏈為做拔模斜度時尺度未改變之處。

3. 拔模特徵之「分割」(Split)滑動面板之選項：

- 不分割(No split)：為預設選項，即以拔模絞鏈之某一側(單側)方向拔模。

- 以拔模絞鏈分割(Split by draft hinge)：即以拔模絞鏈兩側方向拔模。

- 按分割物件分割(Split by split object)：須另外草繪截面範圍於拔模曲面中做為物件來分割拔模方向，即可有不同拔模角度。

4. 拔模特徵之「選項」(Options)滑動面板之選項：

- 拔模相切曲面(Draft tangent surfaces)：為預設選項，拔模曲面與其它表面相切時，將所相切之曲面一併做拔模，但拔模絞鏈與拔模曲面間之倒圓角除外。

- 延伸相交曲面(Extend intersect surfaces)：做拔模曲面時，與其它曲面相交時，將以延伸曲面的方式相交。

- 排除迴圈(Excluding Surface Loops)：一張拔模曲面因切削特徵而分成多個範圍，可選排除迴圈。

5. 拔模曲面與拉出方向垂直之邊若需倒圓角時，通常可先做拔模特徵再建構倒圓角特徵。

6. 拔模曲面與拉出方向垂直之邊有倒圓角時，若非拔模絞鏈處則拔模不會成功。若為拔模絞鏈處雖可拔模但不能相切於圓角，且必須點掉「拔模相切曲面」(Draft tangent surfaces)，因邏輯上拔模面將不可能與倒圓角曲面相切。

習 題 六

1. 以曲面(Surface)繪製造型花瓶，瓶高 180mm，如下圖所示(1)旋轉 (Revolve)之截面。(2)掃描(Sweep)之軌跡。(3)掃描(Sweep)之截面。(4) 兩曲面相交。(5)完成之造型花瓶，瓶厚 2.5mm。

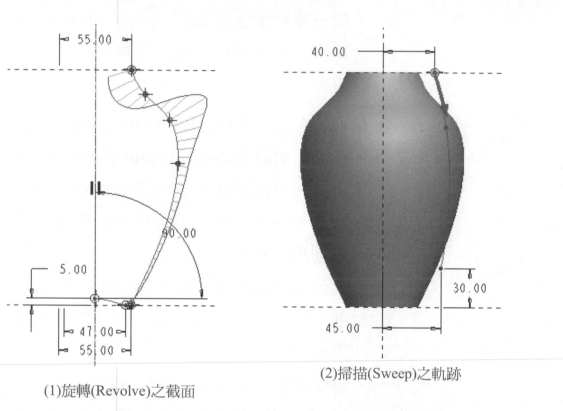

(1)旋轉(Revolve)之截面

(2)掃描(Sweep)之軌跡

(3)掃描(Sweep)之截面

(4)兩曲面相交

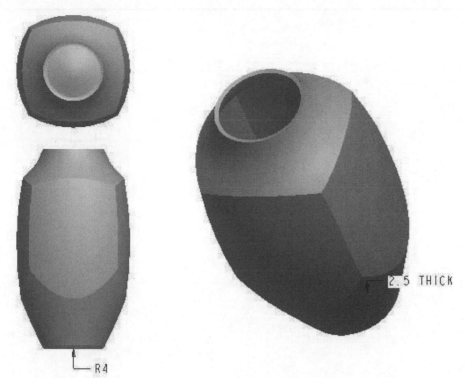

(5)完成之造型花瓶，瓶厚 2.5mm

2. 參考本單元，以 Surface 自行設計不同造型之三鍵滑鼠：(1)長 120mm。 (2)寬 60mm。(3)高 25mm。(4)厚 1.2mm，拔模斜度 1º。(5)完成三鍵滑 鼠之上蓋、左鍵、中鍵及右鍵。

3. 以 Surface 建構您手邊正在使用之滑鼠外型。

4. 以 Surface 建構您手邊正在使用之手機外型。

5. 以 Surface 建構您手邊正在使用之隨身碟或 mp3 外型。

曲面是否合併成面組，必須以線架構顯示之顏色判別之！

7

塑　膠　瓶

以可變截面的掃描建構曲面

加基準圖形控制可變截面的掃描曲面

以邊界混成建構左側相切曲面

以可變截面的掃描建構右側連接相切曲面

以掃描混成建構把手

7.1　可變截面之掃描特徵

　　截面以可變方式沿著多條軌跡(Trajectories)掃描建構特徵，Wildfire 版稱「可變截面掃描」(Variable Section Sweep)特徵，Creo 版則稱「掃描」(Sweep)特徵。截面可變包括恆定，多條軌跡亦包括只一條軌跡。因此掃描除可建構多變複雜的實體或曲面外，單一軌跡的恆定截面，則可建構簡單小變化的實體或曲面，稱簡易的掃描，請參閱前面第二章及第五章所述。可變截面的掃描其截面將依軌跡而變化，因此軌跡的變化及數量在建構過程中為重要因素，簡單的說軌跡幾乎就是複雜外形的邊緣。掃描之結果變化繁多，軌跡及條件之選取以及截面圖形之標註須附和掃描變化之邏輯，否則掃描不會成功。

7.1.1　掃描之參照

　　可變截面的掃描特徵之「參照」(References)滑動面板，如圖 7-1 所示說明如下：

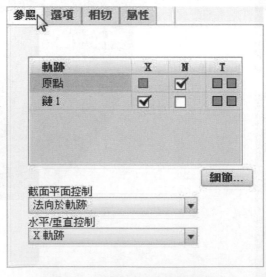

圖 7-1　掃描(參照滑動面板)

1. 軌跡(Trajectories)：必須為連續相接的鏈線，可選
   取多條軌跡，選取的第一條軌跡將為原點軌跡
   (Origin Trajectory)，其餘軌跡可選取 X、N 及 T 方
   塊，分別說明如下：

   - 原點(Origin)：即原點軌跡，在多條軌跡中截面
     以它為主移動掃描，原則上截面掃描從原點軌
     跡一端開始至另一端結束(條件：其他軌跡必須
     夠長)，截面變化時原點位置永遠保持在原點軌
     跡上，故稱為原點軌跡。

   - X：即 X 軌跡(X-Trajectory)，軌跡的另一稱呼，
     為了草繪截面時視圖有一固定方位，即 X 軌跡
     之起始點將會轉至 X 軸方向位置，即在原點軌
     跡起始點同水平的右側。此時截面平面將會法
     向於軌跡(Normal to Trajectory)。

   - N：即法向於軌跡(Normal to Trajectory)，截面移
     動掃描時與此軌跡保持垂直，預設法向於原點
     軌跡。

   - T：即相切曲面(Tangent Surface)，當軌跡有一個
     或多個相切曲面時，T 核取方塊可被選定。如果
     有兩個相切曲面，請變更軌跡的相切曲面。

   - 鍊 1(Chain 1)：即其他軌跡或稱鏈，準備控制截
     面移動變化的軌跡。若截面繪製時與軌跡沒有
     任何約束或參照時，則該軌跡將無效。

2. 截面平面控制(Section plane control)：截面(X-Y 畫
   面)平面定向的種類，分別說明如下：

- 法向於軌跡(Normal to Trajectory)：當軌跡選取
  N 方塊時，截面移動保持垂直於該軌跡。如圖
  7-2 所示為相同的兩條軌跡及截面，因選不同的
  法向軌跡，截面掃描移動時會因某一軌跡太短
  而結束。預設為法向於原點軌跡。又如圖 7-3 所
  示為兩條軌跡外另加一垂直軌跡，保持三軌跡
  同高，選垂直軌跡為法向軌跡，截面移動會完
  整掃描兩軌跡。因此設計軌跡時，必須考慮當
  截面必須垂直於某軌跡時是否能順利掃描。

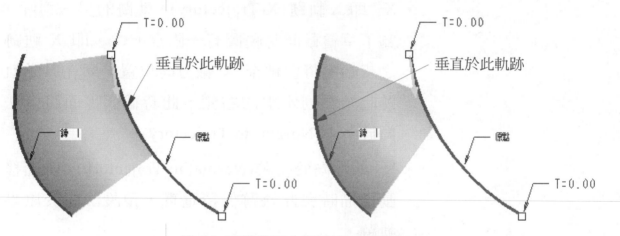

圖 7-2　可變截面之掃描法向於軌跡(一)

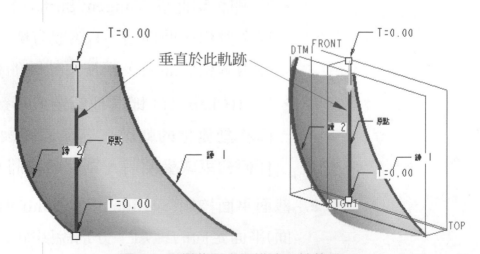

圖 7-3　可變截面之掃描法向於軌跡(二)

- 法向於投影(Normal to Projection)：可選平面或
  直線為方向參照，Z 軸移動時恆與原點軌跡的投
  影相切。選平面時移動截面的 Y 軸恆垂直於該
  平面，選直線時移動截面的 Y 軸恆平行於該直
  線。以相同之軌跡及截面為例，如圖 7-4 所示為
  選平面為方向參照，其截面 Y 軸移動方向垂直
  FRONT 平面，Z 軸移動恆位於原點軌跡上。又
  如圖 7-5 所示為選直線為方向參照，其截面 Y
  軸移動方向平行該直線，Z 軸移動恆位於原點軌
  跡上。兩者建構結果相同。

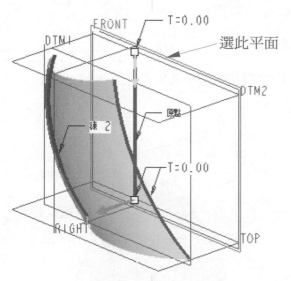

圖 7-4 可變截面之掃描法向於投影(選平面)

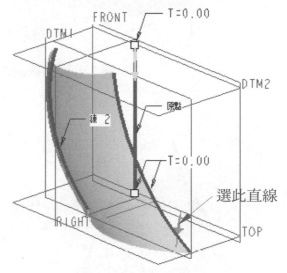

圖 7-5 可變截面之掃描法向於投影(選直線)

- 恆定法向(Constant Normal Direction)：可選平面
  或直線為方向參照，移動截面的 Z 軸恆與指定
  方向平行。此時可選 X 軌跡，使草繪截面時視
  圖有一固定方位，若不選則以預設值為方位。
  選平面時移動的截面恆平行於該平面，選直線
  時移動截面的 Z 軸恆平行於該直線。以相同之

軌跡及截面為例，如圖 7-6 所示為選不同平面為方向參照。又如圖 7-7 所示為選不同直線為方向參照。

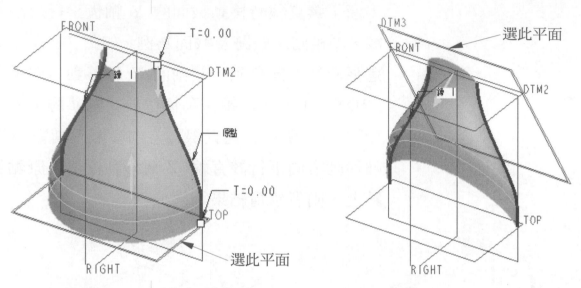

圖 7-6 可變截面之掃描恆定法向(選平面)

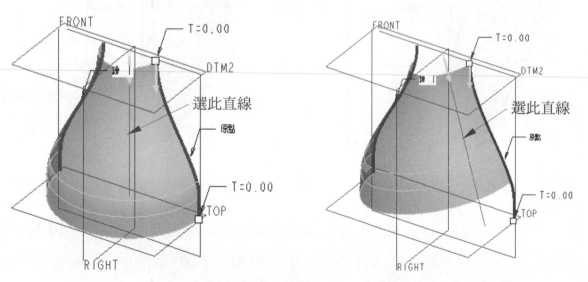

圖 7-7 可變截面之掃描恆定法向(選直線)

3. 水平/垂直控制(Horizontal/Vertical control)：當截面平面法向於軌跡時，繪製截面視圖 XY 之定向。

• 自動(Automatic)：截面平面會自動設定 XY 方

向,為不具任何參照之原點軌跡的預設選項。若為直線軌跡或軌跡一開始為直線段時,在「起點上的 X 方向參照」(X Direction reference at Start)收集器可定義截面 X 軸方向。

- 法向至曲面(Normal to Surface):當原點軌跡是曲面上的一條邊線時,繪製截面視圖的預設方位,為截面平面的 Y 軸垂直於原點軌跡所在的曲面。按「下一個」(Next)可移到下一個(反向)法向曲面。

- X 軌跡(X-Trajectory):當軌跡核取 X 方塊時,草繪截面平面的旋轉方位使 X 軸會通過指定的 X 軌跡,Y 及 Z 軸則依所選之方位。

7.1.2 掃描之選項

可變截面掃描特徵之「選項」(Options)滑動面板,有封閉端(Cap ends)及合併端(Merge ends)兩種情況可另外增加勾選,如圖 7-8 所示,說明如下:

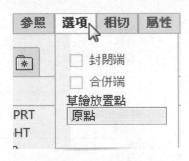

圖 7-8 掃描(選項滑動面板)

1. 封閉端(Cap ends):即端面加蓋,當截面為剛好封閉圖形,軌跡為開放時,曲面掃描時才能勾選是否要兩端面加蓋。

2. 合併端(Merge ends)：實體的掃描，通常當截面為恆定截面(Constant Section)及單一軌跡時，掃描後的實體其端點處須與已有之實體相接觸時才能勾選是否要執行合併。

3. 草繪放置點(Sketch placement point)：即在原點軌跡上繪製截面之位置，掃描的原點不受影響。如果「草繪放置點」(Sketch placement point)收集器是空的，則預設位置為最短軌跡的起始點。

7.1.3 掃描之相切

　　掃描特徵之「相切」(Tangency)滑動面板，將配合與各軌跡相鄰接之曲面，如圖 7-9 所示。選擇是否截面掃描後與之相切，可經由「參照」(References)滑動面板的核取方塊 T 選取，如「預設 1」(Default 1)，或另指定曲面相切，如「所選」(Selected)，或不與任何曲面相切，如「無」(None)。

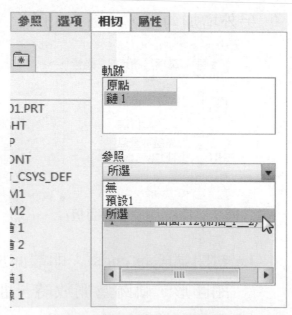

圖 7-9 掃描(相切滑動面板)

7.1.4 掃描之截面

　　標籤 掃描(Sweep) 對話方塊列中，可按選實體或曲面，預設為實體；可按選可變截面或恆定截面，預設為恆定截面，如圖 7-10 所示，說明如下：

圖 7-10　「掃描」(Sweep)對話方塊列

1. 恆定截面(Constant Section)：為預設選項，截面的形狀在沿著原點軌跡進行掃描時保持其形狀，而不管其他軌跡，如圖 7-11(a)所示。但截面的定向會依其他所選條件而改變，與 Wildfire 版之掃描(Sweep)特徵其截面則保持垂直單一軌跡稍微不同，請參閱第 2.1 節所述。當截面的平面控制選法向於原點軌跡時，如圖 7-11(b)所示，則與 Wildfire 版之掃描(Sweep)特徵結果相似。

2. 可變截面(Variable Section)：當沿著軌跡掃描截面時，截面的形狀為可變，截面的變化可依下列各方法：

   • 截面圖元線將被軌跡所限制，如圖 7-12 所示。

   • 使用截面尺寸之關係(Relations)和 trajpar 參數來使截面產生變化。

- 限制草繪的參照可改變截面形狀。
- 使用基準圖形(Datum Graph)或關係(Relations)及 trajpar 參數等來定義截面尺寸的變化。

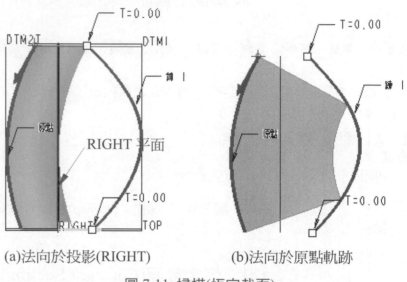

(a)法向於投影(RIGHT)　　　(b)法向於原點軌跡

圖 7-11　掃描(恆定截面)

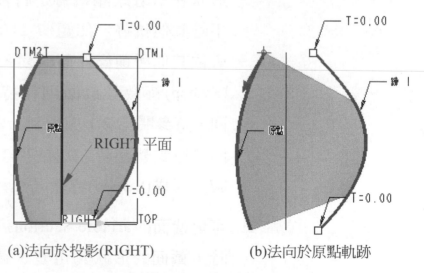

(a)法向於投影(RIGHT)　　　(b)法向於原點軌跡

圖 7-12　掃描(可變截面)

7.1.5　以基準圖形控制截面之變化

掃描(Sweep)特徵建構完成後，可繪製基準圖形

(Datum Graph)特徵及加入參數關係(Relations)及軌跡
參數 trajpar 控制截面尺度之變化。基準圖形屬於特徵
之一，可按一下群組 基準▼(Datum▼) 下拉工具列中之
圖形(Graph)，輸入名稱即可繪製基準圖形，基準圖形
x 軸的基數由 0 到 1，即截面掃描由原始軌跡起始至
結束，基準圖形 y 軸的值，即截面上某尺度的值由原
始軌跡起始至結束的變化。

　　基準圖形之繪製如圖 7-13 所示，說明如下：

1. (a)圖基準圖形，特徵名稱為 GRAPH1(或其他名
稱)。

2. (b)圖控制截面圖形中之尺度 40 的變化，輸入參數
關係(Relations)及軌跡參數 trajpar 等，例如：
sd#=evalgraph("GRAPH1",trajpar*10)/0.1，其中 sd#
為尺度 40 的變數(參數)；GRAPH1 為基準圖形特
徵名稱；10 為 x 軸的比值，因 10.00/1.0=10；0.1
為 y 軸的比值，因 4.00/40.00=0.1。

3. (c)圖左圖為未使用基準圖形，尺度 40 的高度理應
一致，右圖為使用基準圖形控制尺度 40 的高度，
當起始點在下端之結果。

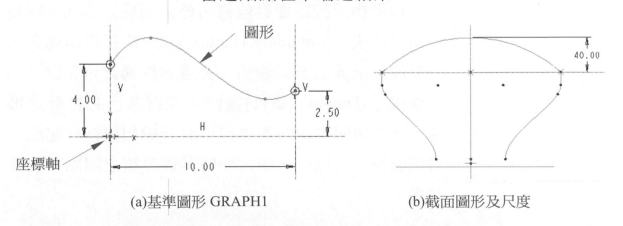

(a)基準圖形 GRAPH1　　　　　　　　(b)截面圖形及尺度

結果 →

(c)使用基準圖形之變化

圖 7-13 可變截面掃描以基準圖形控制截面之變化

　　🎵 提示：(1)基準圖形控制截面尺度方程式：
sd#=evalgraph("Graph_Name",trajpar*X_Scale)/Y_
Scale，其中 sd#為尺度參數，Graph_Name 為基準
圖形特徵名稱。(2) sd#為尺度參數名稱，每次建構
時其參數名稱可能不同，順序由 sd1、sd2、…等
自動編輯。(3)方程式錯誤時，"Graph_Name"，不
同版次改用'Graph_Name'，注意中英文切換。

7.2 邊界混成特徵

　　利用相連接之邊界線條所建構而成之曲面，稱為
「邊界混成」(Boundary Blend)特徵，即採用兩個方向
為截面以混成的方式建構，其邊界線通常可先以「基
準曲線」(Datum Curve)畫好，或選某已有特徵之邊
線。通常兩個方向的邊界線可設計成相接在一起成一
封閉面積，若只有一個方向時其邊界線之端點會混成
連接。

7.2.1　邊界混成之曲線

　　邊界混成特徵之「曲線」(Curves)滑動面板，如圖 7-14 所示。第一個方向(First direction)及第二個方向(Second direction)的收集器中依順序選取曲線。「細節」(Details)會開啟 鏈(Chain) 對話框，讓您可修改鏈和曲面集合屬性。

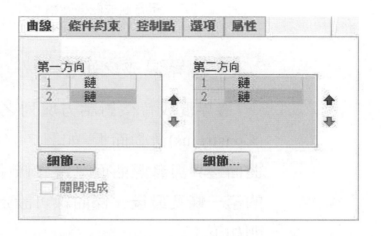

圖 7-14　邊界混成特徵(曲線滑動面板)

　　亦可只選一個方向之曲線，其邊界線之端點會以混成方式連接。「關閉混成」(Close Blend)核取方塊，乃將同方向最後一條曲線連接回到第一條曲線以形成封閉迴圈曲面，僅適用於單一方向曲線，此情況下會有一個方向的收集器是空的。

　　以兩個方向的邊界線為例，先畫好五條基準曲線相連接，如圖 7-15 所示。(a)圖第一個方向順序選三條曲線及第二個方向順序選兩條曲線為截面。(b)圖完成邊界混成曲面建構。第一個與第二個方向可互換。

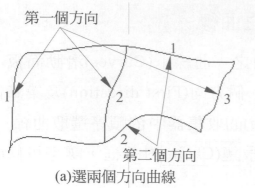

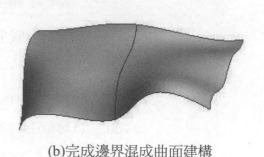

(a)選兩個方向曲線　　　　(b)完成邊界混成曲面建構

圖 7-15　邊界混成曲面建構

7.2.2　邊界混成之限制

邊界混成特徵對話方塊列之「條件約束」即限制(Constrains)滑動面板，如圖 7-16 所示可設定邊界混成曲面邊界與參照曲面之邊界條件，因此在每一個方向的第一條及最後一條曲線可設定之邊界條件狀況，說明如下：

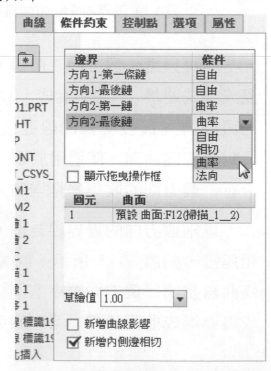

圖 7-16　邊界混成特徵(限制滑動面板)

1. 自由(Free)：混成曲面之邊界沒有設定限制條件，為預設選項。

2. 相切(Tangent)：混成曲面之邊界與參照曲面相切。

3. 曲率(Curvature)：混成曲面之邊界與參照曲面具有跨越邊界的曲率連續性。

4. 法向(Normal)：混成曲面之邊界與參照曲面或基準平面垂直。

除了「自由」(Free)的邊界條件外，須選取一參照曲面，且可以視需要按一下「顯示拖曳操作框」(Display drag handles)來控制邊界的拉伸係數。預設的拉伸係數是 1，拉伸係數的值會影響曲面的方向。

邊界混成曲面與參照曲面之邊界條件，如圖 7-17 所示，請仔細留心觀察圖中左側曲面與相接曲面間之邊界條件。(a)圖為「自由」(Free)相接，兩曲面間有明顯折線。(b)圖為「相切」(Tangent)相接，兩曲面間已無折線。(c)圖為「曲率」(Curvature)相接，兩曲面間順暢圓滑。

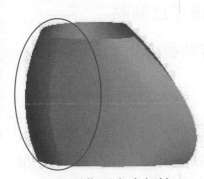
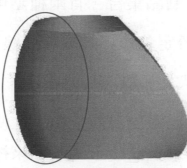
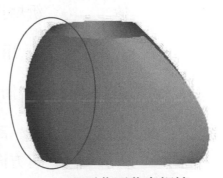

(a)兩曲面自由相接　　　　(b)兩曲面相切相接　　　　(c)兩曲面曲率相接

圖 7-17 邊界混成曲面(左側曲面)之邊界條件

7.2.3 邊界混成之控制點

　　邊界混成特徵之「控制點」(Control Points)滑動面板，如圖 7-18 所示依兩個方向可選取曲線上的點來控制曲面的形成，即每個方向上的曲線間，可以另外指定控制點做連接。設定邊界混成之控制點，其目的為建立具有最佳的邊和曲面數量的曲面，清除不必要的小曲面和多餘邊，得到較平滑的曲面形狀，避免曲面不必要的扭曲和拉伸。

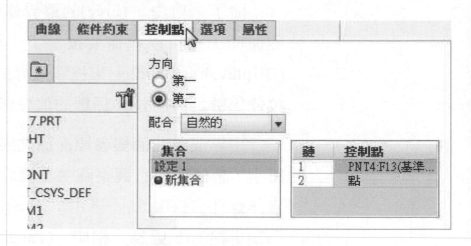

圖 7-18 邊界混成特徵之控制點滑動面板

　　「集合」(Sets)欄中的「●新集合」(●New Set)會新增控制點集合。有兩種點可選作控制點：

1. 用於定義邊界的基準曲線頂點或邊頂點。

2. 插入在曲線上的基準點。

　　設定邊界混成控制點之使用例，如圖 7-19 所示在同方向選取曲線上的兩點來控制改變曲面的形成，即在控制點間做曲線連接。

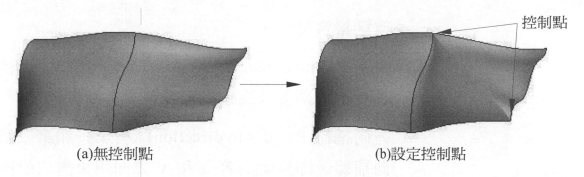

(a)無控制點　　　　　　　　　(b)設定控制點

圖 7-19 邊界混成曲面建構(控制點)

7.2.4 邊界混成之選項

邊界混成特徵之「選項」(Options)滑動面板,如圖 7-20 所示。可加入影響曲線(Influencing Curves),即每個方向曲線之間非橫跨(較短)的中間曲線,可增加影響曲線來控制曲面的變化,說明如下:

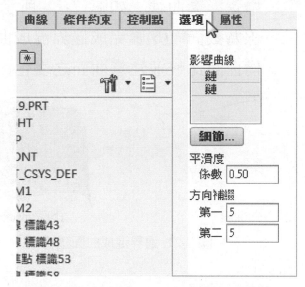

圖 7-20 邊界混成特徵(選項滑動面板)

1. 影響曲線(Influencing Curves):可以選邊界曲線、邊及其他曲線等。Creo 會計算曲線或邊,然後建立近似於參照圖元的邊界混成曲面。

2. 細節(Details):開啟 鏈(Chain) 對話框,讓您可修

改鏈集合屬性。

3. 平滑度(Smoothness)：值由 0 至 1，控制曲面粗糙度、不規則度或突起度等，預設為 0.5。

4. 方向補綴(Patches in direction)：有第一和第二個方向補綴，即控制沿著 u 和 v 方向用來構成最後曲面的補綴數量，即兩個方向的曲面補綴片數(Patches in direction)，預設各為 5。

以選兩方向共五條邊界曲線為例，建構邊界混成曲面特徵，如圖 7-21 所示。當同方向間曲線須增加另一方向之影響曲線(中間曲線)以控制曲面時，則在選好兩個方向之曲線後，按「選項」(Options)滑動面板，增選影響曲線，如圖 7-22 所示。(a)圖增選一影響曲線為截面。(b)圖完成邊界混成曲面建構，與上圖所建構曲面比較並注意曲面之變化。

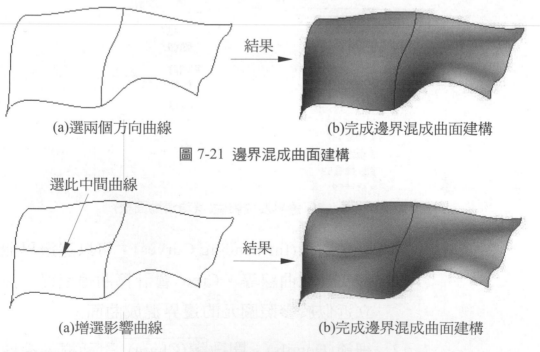

(a)選兩個方向曲線　　　　　　　(b)完成邊界混成曲面建構

圖 7-21　邊界混成曲面建構

選此中間曲線

(a)增選影響曲線　　　　　　　　(b)完成邊界混成曲面建構

圖 7-22　邊界混成曲面建構(影響曲線一)

　　凡非橫跨整個方向之曲線即屬中間曲線，亦可選多條中間曲線為影響曲線以控制曲面，如圖 7-23 所示。(a)圖增選兩中間曲線為影響曲線。(b)圖完成邊界混成曲面建構，與前面兩圖所建構曲面比較並注意曲面之變化。

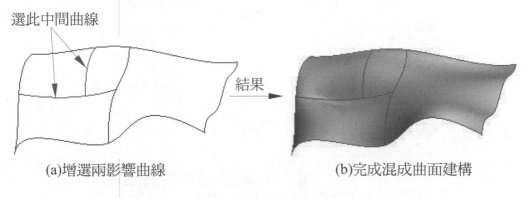

選此中間曲線

結果

(a)增選兩影響曲線　　　　　　　(b)完成混成曲面建構

圖 7-23 邊界混成曲面建構(影響曲線二)

7.3　掃描混成特徵

　　以最多兩條軌跡及其原點軌跡上至少兩個點(端點)位置繪製截面，所建構之多截面混成特徵，即稱為「掃描混成」(Swept Blend)特徵，掃描混成之兩個端面若銜接物件時，可設定其邊界條件。若在原點軌跡上增加基準點特徵時：(1)可在基準點位置上增加截面。(2)移動截面至基準點上。(3)在基準點上設定截面積大小等功能，以控制特徵截面混成的變化。此外亦可由設定截面周長控制，以調整特徵截面的變化，但此時即無法設定其邊界條件。

7.3.1　掃描混成之參照

　　掃描混成特徵之「參照」(References)滑動面板，

如圖 7-24 所示說明如下：

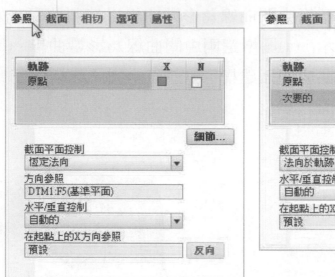

圖 7-24 掃描混成(參照滑動面板)

1. 軌跡(Trajectories)：必須為連續相接的鏈線，可選取最多兩條軌跡，選取的第一條軌跡將為原點軌跡 (Origin Trajectory)，另一為次要的軌跡(Secondary Trajectory)可核取 X 及 N 方塊，分別說明如下：

   • 原點(Origin)：即原點軌跡，在多條軌跡中之第一條軌跡，截面只在其上移動掃描，截面變化時原點位置永遠保持在原點軌跡上，故稱為原點軌跡。原點軌跡不可同時為 X 軌跡，預設將法向於原點軌跡。

   • 次要的(Secondary)：即第二條軌跡，只做為 X 軌跡或法向於軌跡之用，截面通常不在其上移動掃描。

   • X：即 X 軌跡(X-Trajectory)，軌跡的另一稱呼，為了草繪截面時視圖有一固定方位，即 X 軌跡

之起始點將會轉至 X 軸方向位置，即在原點軌跡起始點同水平的右側。

- N：即法向於軌跡(Normal to Trajectory)，截面移動掃描時與此軌跡保持垂直，預設法向於原點軌跡。

2. **截面平面控制**(Section plane control)：截面(X-Y 畫面)平面定向的種類，分別說明如下：

- 法向於軌跡(Normal To Trajectory)：為預設選項，即軌跡核取 N 方塊時，截面移動保持垂直於該軌跡。以相同之原點軌跡及三個截面為例：如圖 7-25 所示為預設法向於原點軌跡。如圖 7-26 所示為法向於次級軌跡，即第二條軌跡。

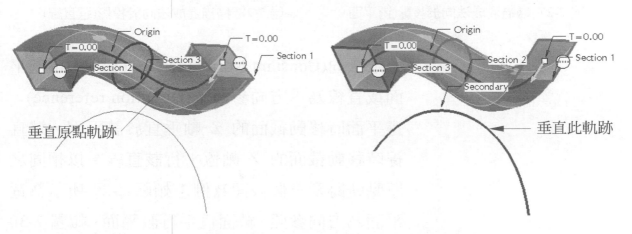

圖 7-25 掃描混成(法向於原點軌跡)　　　圖 7-26 掃描混成(法向於次級軌跡)

- 法向於投影(Normal To Projection)：可選平面或直線為「方向參照」(Direction reference)，Z 軸移動時恆與原點軌跡的投影相切。選平面時移動截面的 Y 軸恆垂直於該平面，選直線時移動截面的 Y 軸恆平行於該直線。以相同之原點軌

跡及三個截面為例：如圖 7-27 所示為選平面為
方向參照，截面平面及 Y 軸恆垂直於 DTM1。
如圖 7-28 所示為選直線為方向參照，截面 Y 軸
恆平行於該直線。

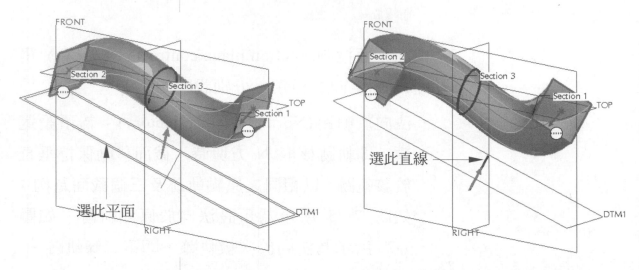

圖 7-27　掃描混成法向於投影(選平面)　　　圖 7-28　掃描混成法向於投影(選直線)

- 恆定法向(Constant Normal Direction)：亦可選平
  面或直線為「方向參照」(Direction reference)。
  選平面時移動截面的 Z 軸垂直於該平面，選直
  線時移動截面的 Z 軸恆平行該直線。以相同之
  原點軌跡及三個截面為例：如圖 7-29 所示為選
  平面為方向參照，截面恆平行該平面。如圖 7-30
  所示為選直線為方向參照，截面恆垂直該直線。

3. 方向參照(Direction reference)：當截面為「法向於
   投影」(Normal to Projection)或「恆定法向」
   (Constant Normal Direction)時，草繪平面的定向可
   選一平面或一直線為方向參照。如前面圖 7-27 至
   圖 7-30 所示。

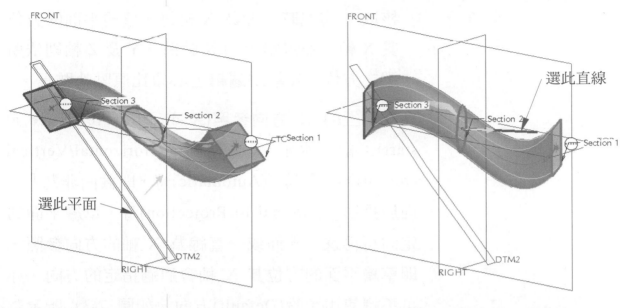

圖 7-29　掃描混成恆定法向(選平面)　　　　圖 7-30　掃描混成恆定法向(選直線)

4. 水平/垂直控制(Horizontal/Vertical control)：當截面平面法向於軌跡(Normal to Trajectory)或恆定法向(Constant Normal Direction)時，繪製截面視圖 XY 之定向。

- 自動(Automatic)：截面平面會自動設定 XY 方向，為不具任何參照之原點軌跡的預設選項。若為直線軌跡或軌跡一開始為直線段時，在「起點上的 X 方向參照」(X Direction reference at start)收集器可定義截面 X 軸方向。

- 法向至曲面(Normal to Surface)：當原點軌跡是曲面上的一條邊線時，繪製截面視圖的預設方位為截面平面的 Y 軸垂直於原點軌跡所在的曲面。按「下一頁」(Next)可移到下一個(反向)法向曲面。

- X 軌跡(X-Trajectory)：當有第二條(次級)軌跡且

核取 X 方塊時，即為 X 軌跡。草繪平面的方位其 X 軸會通過指定的 X 軌跡，Y 及 Z 軸則依所選之方位。X 軌跡邏輯上必須比原點軌跡長。

5. 在起點上的 X 方向參照(X direction reference at start)：當「水平/垂直控制」(Horizontal/Vertical control)為「自動」(Automatic)時，即截面非為「法向於投影」(Normal to Projection)時，草繪平面的定向可再選一平面或一直線為 X 軸的方向參照，即草繪平面的方位其 X 軸會通過指定的方向。亦可不選使用預設(Default)方向。如圖 7-31 所示為再選一直線為 X 方向參照。

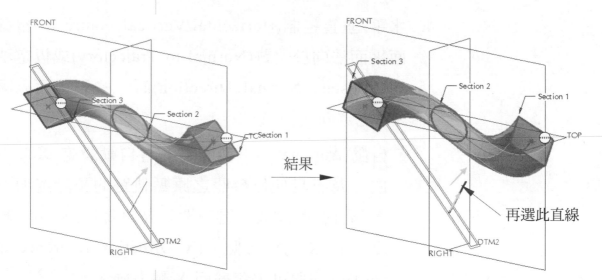

圖 7-31 掃描混成恆定法向(在起點上的 X 方向參照選直線)

7.3.2 掃描混成之截面

標籤掃描混成(Swept Blend)特徵對話方塊列之「截面」(Sections)滑動面板，如圖 7-32 所示，說明如下：

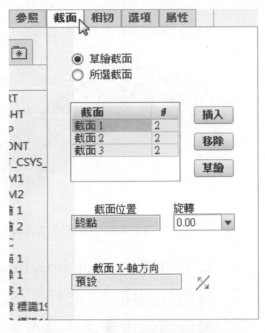

圖 7-32　掃描混成(截面滑動面板)

1. 草繪截面(Sketched Sections)：為預設選項，如已有畫好之基準曲線(Datum Curve)，可另以「所選截面」(Selected Sections)選為截面圖形。

2. 截面(Sections)：收集器內應至少有兩個截面位原點軌跡之兩端點，欲增加截面可按「插入」(Insert)。刪除截面可按「移除」(Remove)。繪製截面可按「草繪」(Sketch)。只能在原點軌跡上之「基準點」(Datum Point)增加截面。已完成之截面可任意移至其他未畫截面之點上。

3. #(#)：截面之線段數通常相同，當線段數不同時，必須以「混成頂點」(Blend Vertex)處理，請參閱第五章之 5.2 節所述。須先選好要增加對映點的頂點，可選為綠選到變紅，再按著右鍵，在彈出功能表選混成頂點(Blend Vertex)即可，如圖 7-33 所

示為線段數 3 至 4 之例。

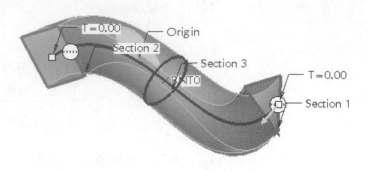

圖 7-33 掃描混成(線段數 3 至 4)

4. 截面位置(Section Location)：選原點軌跡之兩端點時將分別顯示「起點」(Start)及「終點」(End)，其餘應顯示所選之「基準點」(Datum Point)。

5. 旋轉(Rotation)：截面之旋轉角度，最大為+120 度至-120 度之間，截面畫好之後可改變旋轉角度。截面之角度旋轉即影響起始點(Start Point)位置之對映，如圖 7-34 所示為中間截面(PNT0 位置)旋轉45 度之結果。

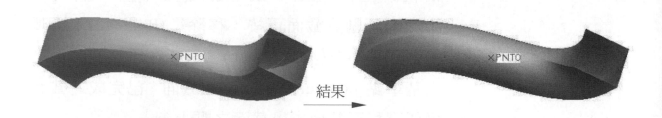

圖 7-34 掃描混成(中間截面 PNT0 位置旋轉)

6. 截面 X-軸方向(Section X-axis directions)：各截面之 X 軸方向分開選，可選平面或直線為參照。若各截面之 X 軸方向相同時，可直接以「參照」(References)滑動面板之「在起點上的 X 方向參

照」(X direction reference at start)選之即可。如圖
7-35 所示只有截面 1(Section 1)選直線為 X 軸方向
參照之結果。

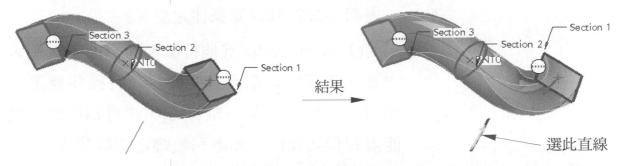

圖 7-35　掃描混成(截面 X 軸方向)

7.3.3　掃描混成之相切

　　當掃描混成特徵之端截面為已有特徵之邊線
時，可開啟「相切」(Tangency)滑動面板，如圖 7-36
所示。設定其邊界條件(Boundary condition)。

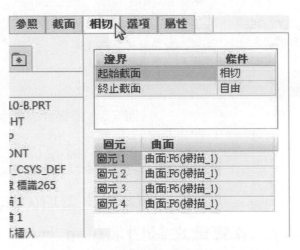

圖 7-36　掃描混成(相切滑動面板)

1. 邊界條件(Boundary condition)：為掃描混成特徵與
其他特徵相接時之情況，故其邊界(Boundary)當指
特徵兩端之截面，其條件(Condition)則有自由

(Free)、相切(Tangent)及法向(Normal)等三種，說明如下：

- 自由(Free)：有時稱釋放，為預設選項，即與相接之表面不設定其邊界條件之意。

- 相切(Tangent)：即與其他特徵表面相接時為相切之意，當兩端之截面有多條線段時須逐條選定相切之表面，如圖 7-37 所示。注意相接情況須能附和相切條件，如原點軌跡之切線角等。

- 法向(Normal)：即與相接之表面垂直之意。

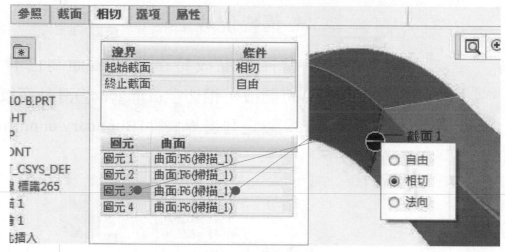

圖 7-37 掃描混成之相切

7.3.4 掃描混成之選項

掃描混成特徵之選項(Options)，如圖 7-38 所示。有特徵之封閉端(Cap ends)，以及無混成控制(No blend control)、設定周長控制(Set perimeter control)及設定橫截面面積控制(Set cross-section area control)三選一等，說明如下：

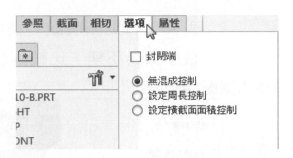

圖 7-38 掃描混成(選項滑動面板)

1. 封閉端(Cap ends)：當截面為剛好封閉圖形，掃描後的曲面可使特徵之兩端面加蓋。

2. 無混成控制(No blend control)：為預設選項，即不設定其控制選項之意，如圖 7-39 所示(已設端截面相切)。

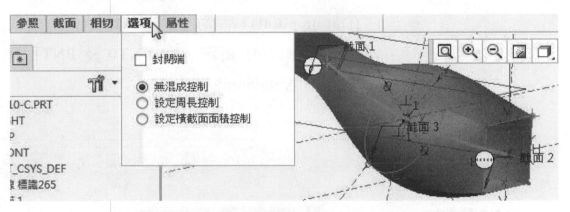

圖 7-39 掃描混成選項滑動面板(相切+無混成控制)

3. 設定周長控制(Set perimeter control)：當兩個連續截面之間，Creo 將嘗試對此兩截面間保持不同周長的線性變化。對於有不同周長的截面，會沿該軌跡的每條曲線使用線性內插的方式，來定義其截面間特徵的周長。此選項與相切(Tangency)之邊界條件(Boundary condition)無法共存，即無端截面相切之控制，如圖 7-40 所示。除非各截面之周長

差異大否則不明顯，與前一圖截面相同，且其三截面周長不變，比較兩圖之相異處。

圖 7-40 掃描混成選項滑動面板(設定周長控制)

4. 設定橫截面面積控制 (Set cross-section area control)：除截面外可在原點軌跡上增加基準點 (Datum point)，然後再設定基準點位置之截面積大小。如圖 7-41 所示，在 PNT0 及 PNT1 設定截面積大小為 900mm²。

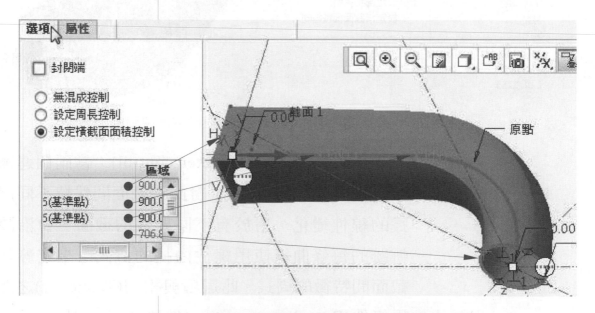

圖 7-41 掃描混成選項滑動面板(設定橫截面區控制)

7.4　繪製塑膠瓶(ch07.prt)

　　本章練習常用三種曲面建構方法，首先以可變截面的「掃描」(Sweep)建構塑膠瓶本體曲面，再以「邊界混成」(Boundary Blend)及可變截面的「掃描」(Sweep)特徵()相切連接，最後以「掃描混成」(Swept Blend)特徵建構把手，完成之塑膠瓶如圖 7-42 所示。

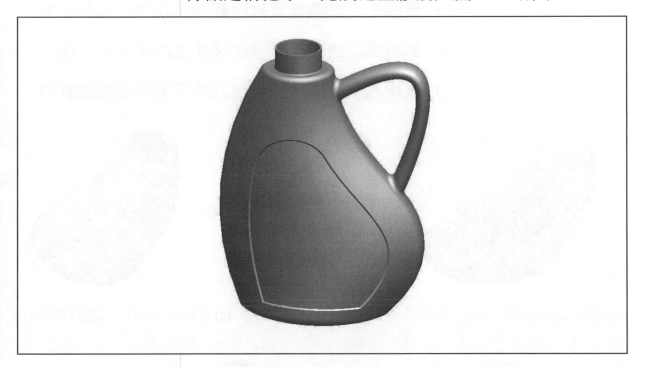

圖 7-42　完成之零件塑膠瓶(ch07.prt)

　　在建構可變截面的「掃描」曲面之前，先繪製三條基準曲線(Datum Curve)特徵做為軌跡，以法向於原點軌跡及 X 軌跡選項完成曲面建構後，再以基準圖形(Datum Graph)特徵控制曲面之變化，做曲面之鏡像複製及拔模位移造形特徵，再以「邊界混成」做左側相切曲面，接著改以可變截面的「掃描」之法向於投影(Normal to Projection)選項建構右側相切連接曲面，把

手部份則採用「掃描混成」特徵建構等，最後合併成單一面組，經倒圓角及加厚方式等完成塑膠瓶零件，繪製過程分五步驟：(圖 7-43)

(a) 步驟一：以可變截面掃描建構曲面

(b) 步驟二：以基準圖形控制曲面及拔模位移特徵

(c) 步驟三：以邊界及可變截面掃描連接兩側曲面

(d) 步驟四：曲面合併，建構瓶底瓶頭曲面特徵

(e) 步驟五：建構把手，倒圓角及長薄殼完成實體

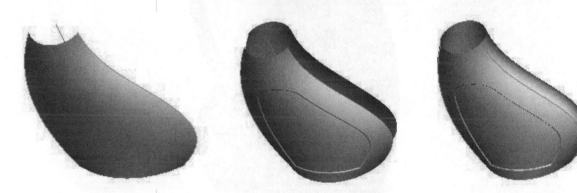

(a)可變截面掃描建構曲面 (b)基準圖形控制及位移造形特徵 (c)邊界及可變截面掃描建構曲面

(d)曲面合併，建構瓶底瓶頭曲面特徵　　(e)建構把手，倒圓角及長薄殼完成實體

圖 7-43　建構過程分五步驟

7.4.1　步驟一：以可變截面掃描建構曲面

(a) 做兩個基準平面特徵(圖 7-44)

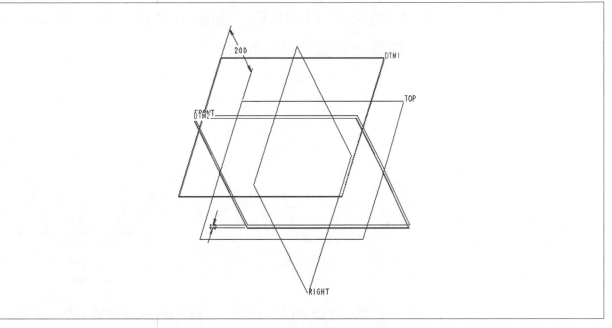

圖 7-44　做兩個基準平面特徵

過程：

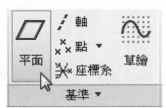

1. 在標籤模型(Model)中，按一下群組基準▼(Datum▼)工具列中之圖像 ▱ 平面(Plane)，如左圖所示。開啟基準平面(Datum Plane)對話框。

2. 點選 TOP 平面，TOP 平面須選為位移(Offset)，箭頭所指為正值，輸入平移距離 **200**，按確定(OK)。

3. 即完成在 TOP 平面上方建構基準平面 DTM1 特徵，如圖 7-45 所示。

4. 繼續按一下基準▼(Datum▼)工具列中之圖像 ▱ 平面(Plane)。

5. 改點選 FRONT 平面，FRONT 平面須選為位移

(Offset)，箭頭所指為正值，輸入平移距離 **10**，按
確定(OK)。

6. 即完成在 FRONT 平面前方建構基準平面 DTM2
特徵，如圖 7-46 所示。

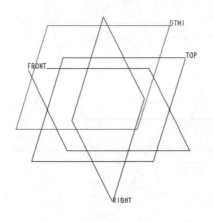 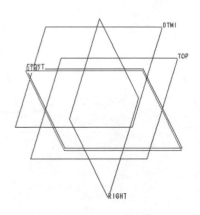

　圖 7-45 完成建構 DTM1 特徵　　圖 7-46 完成建構 DTM2 特徵

(b) 畫三條基準曲線特徵(圖 7-47)

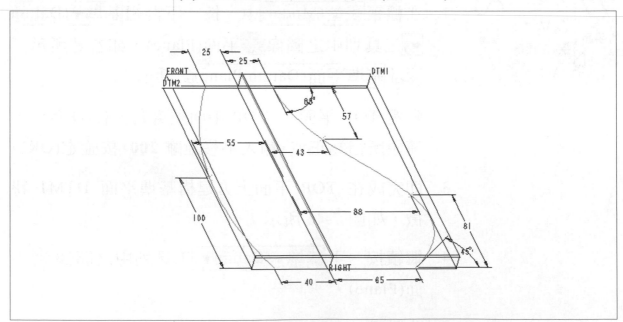

圖 7-47 畫三條基準曲線特徵

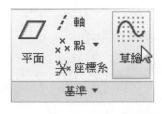

過程：

1. 在標籤模型(Model)中，按一下基準▼(Datum▼)工具列中之圖像 草繪(Sketch)，如左圖所示。開啟草繪(Sketch)對話框。

2. 點選 FRONT 平面，接受預設草繪定向，按草繪(Sketch)。進入草繪器，接受預設兩參照 RIGHT 平面及 TOP 平面。

3. 按一下圖形視窗上方工具列的圖像 。

4. 按一下群組設定(Setup)工具列之圖像 參照(Reference)，開啟參照(References)對話框，另外增選 DTM1 平面為參照基準，如圖 7-48 所示。按關閉(Close)。

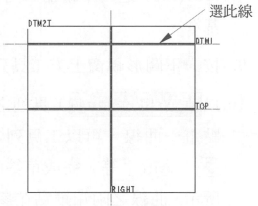

圖 7-48　增選 DTM1 平面為參照基準

5. 以草繪(Sketching)工具列之圖像 直線，鎖點在 RIGHT 平面上，在 DTM1 與 TOP 平面之間畫一直立線，如圖 7-49 所示。

6. 完成後須按圖像 確定，即完成第一條基準曲線(Datum Curve)特徵，如圖 7-50 所示。

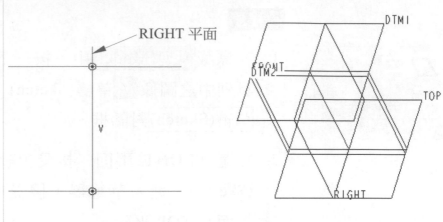

圖 7-49 畫一直立線　　　　圖 7-50 完成第一條基準曲線特徵

7. 繼續按一下 基準▼(Datum▼) 工具列中之圖像 ⌒ 草繪(Sketch)。開啟 草繪(Sketch) 對話框。

8. 點選 DTM2 平面，接受預設草繪定向，按草繪(Sketch)。進入草繪器，同樣另增選 DTM1 為參照基準。

9. 按一下圖形視窗上方工具列的圖像 ⊡ 。

10. 以 草繪(Sketching) 工具列之圖像 ∿ 雲規線，以三點畫一曲線，再以工具列之圖像 ↔ 法向(標註)及 ⧨ 「修改」等，完成草繪圖形及尺度，如圖 7-51 所示。曲線之兩端鎖點在參照線上，並標註中間點尺度，可固定曲線造形。

11. 完成後按須按圖像 ✔ 確定，即完成第二條基準曲線(Datum Curve)特徵，如圖 7-52 所示。

　　　👂 提示：以雲規線繪製之不規則曲線，除可顯示雲規線曲率外(參閱第 6.5 節)，亦可標註中間各點之尺度以確定曲線之造形。

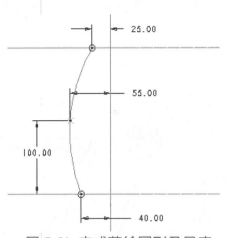

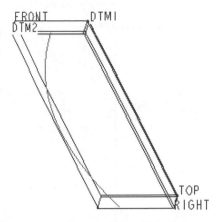

圖 7-51 完成草繪圖形及尺度　　圖 7-52 完成第二條基準曲線特徵

12.繼續按一下 基準▼(Datum▼) 工具列中之圖像 草
　繪(Sketch)。開啟 草繪(Sketch) 對話框，按一下使用
　先前(Use Previous)，接受預設草繪定向，按草繪
　(Sketch)。進入草繪器，同樣另增選 DTM1 為參照
　基準。

13.再按工具列之圖像 〜 雲規線，以四點畫一曲線，
　並完成草繪圖形及尺度，如圖 7-53 所示。

14.完成後按圖像 ✔ 確定，即完成第三條基準曲線
　(Datum Curve)特徵，如圖 7-54 所示。

　　　🖉 提示：(1)曲線標註切線角及中間點尺度，
可固定曲線造形。(2)以工具列之 ▲ 「選取」按兩
下曲線即可顯示曲率圖對話方塊列。(3)切線角尺
度標註之過程：1.選曲線。2.選參照基準線。3.選
曲線端點。4.按滑鼠中鍵放置尺度。以上之 1.2.3.
順序可任意)。

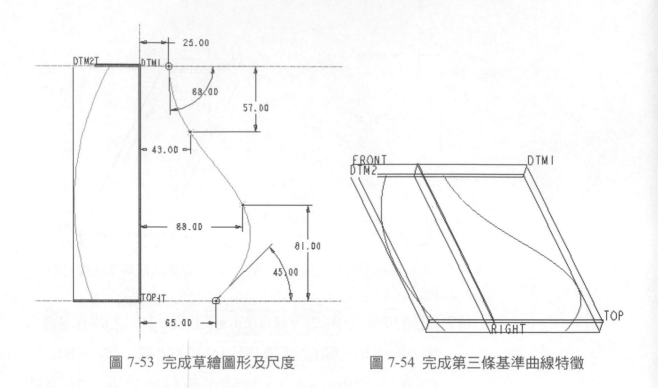

圖 7-53 完成草繪圖形及尺度　　　圖 7-54 完成第三條基準曲線特徵

(c) 建構可變截面的掃描曲面特徵(圖 7-55)

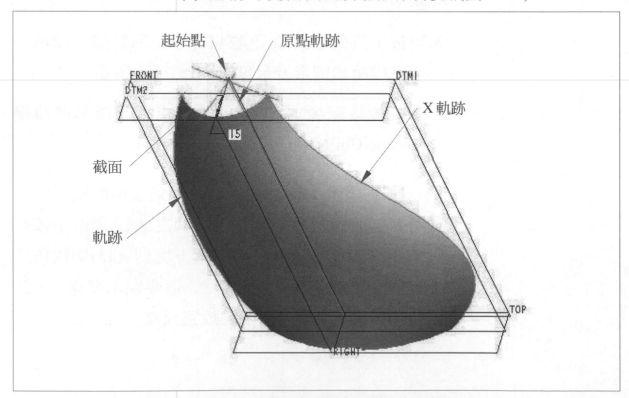

圖 7-55 建構可變截面的掃描曲面特徵

過程：

1. 在標籤模型(Model)中，按一下群組形狀▼(Shapes ▼)工具列中之圖像 掃描▼(Sweep▼)。

2. 開啟標籤掃描(Sweep)對話方塊列，按 曲面(Surface)，如圖 7-56 所示。按對話方塊列之參照(References)，開啟滑動面板。先選剛完成之第一條曲線(直線)為原點軌跡，箭頭開始為起始點，若錯，點選一下箭頭可反向。按著<Ctrl>鍵，再選另兩條曲線為軌跡，並勾選右側曲線為 X 軌跡。

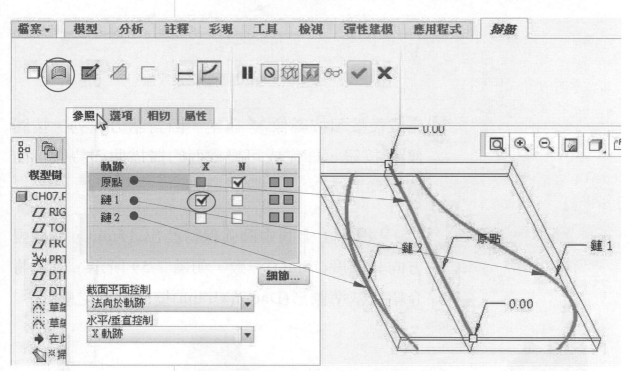

圖 7-56 可變截面的「掃描」對話方塊列(參照)

3. 完成後，按一下掃描(Sweep)對話方塊列之 草繪截面，再按一下圖形視窗上方工具列的圖像 ，將自動旋轉模型至原點軌跡起始點端視方向，準備繪製截面圖形。

4. 圖中三個點為三條軌跡之起始點，其中位於右側水平 X 軸上應為 X 軌跡起始點(此為 X 軌跡名稱之由來)。以草繪工具列之 ⟳「圓弧」，畫一圓弧兩端鎖點在軌跡及 X 軌跡之起始點上，完成如圖 7-57 所示之圖形及尺度。

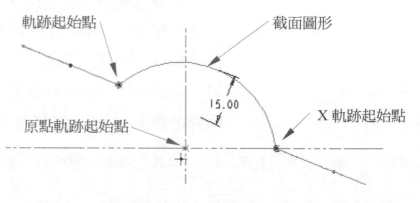

軌跡起始點　　　　　　截面圖形

15.00

原點軌跡起始點　　　　　X 軌跡起始點

圖 7-57　完成截面圖形及尺度

5. 完成後按須按圖像 ✔ 確定，回對話方塊列，按圖像 ✔ 按鈕，即完成可變截面的掃描曲面特徵，如圖 7-58 所示。

　　👂 提示：上圖中圓弧保持凸出 15mm，從側視方向其厚度(15mm)一致，如圖 7-59 所示。以下將介紹以基準圖形(Datum Graph)控制厚度之變化。

圖 7-58　完成可變截面的掃描曲面特徵

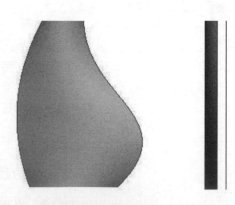

圖 7-59　側視方向投影厚度一致(15mm)

7.4.2 步驟二：以基準圖形控制及拔模位移

(a) 以基準圖形控制截面之變化(圖 7-60)

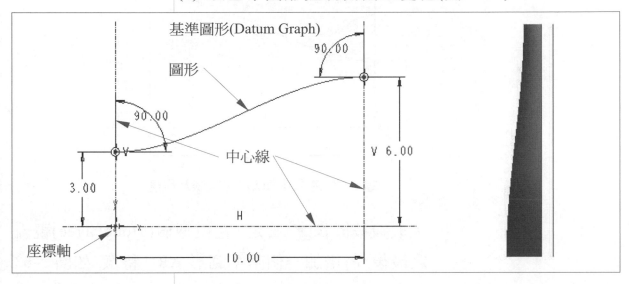

圖 7-60 以基準圖形控制截面之變化

過程：

圖 7-61 基準圖形

1. 在標籤 模型(Model) 中，按一下群組 基準▼(Datum▼) 下拉工具列中之圖像 ∠ 圖形(Graph)，如圖 7-61 所示。

2. 輸入基準圖形(Datum Graph)特徵名稱為 **arc**(或其他喜歡名稱)，按<Enter>，進入 2D 草繪器。

3. 先以 草繪(Sketching) 工具列之圖像 ┆┆「中心線」，畫三條中心線(兩直立一水平)；再以工具列中之圖像 ✚「座標系」在左下角放一座標系原點；然後以工具列之圖像 ∿ 雲規線，畫一傾斜直線；最後以 尺寸(Dimension) 工具列之圖像 ↦ 法向(標註)標註尺度，完成圖形及尺度標註如圖 7-62 所示。

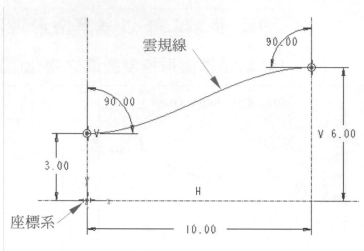

圖 7-62 完成基準圖形之線條及尺度

4. 完成後按圖像 ✔ 確定，在模型樹(Model Tree)視窗之最後，將增加一個基準圖形 ARC 特徵，如圖 7-63 所示。必須將 ARC 特徵移至掃描 1 特徵之前，以滑鼠左鍵選後按著拉至掃描 1 特徵之前(才能被參照使用)，如圖 7-64 所示。

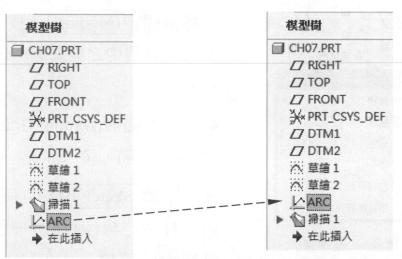

圖 7-63 完成 ARC 特徵   圖 7-64 ARC 拉至掃描 1 之前

5. 在模型樹(Model Tree)視窗中，點選掃描 1 特徵，按著右鍵選編輯定義(Edit Definition)。按一下對話方塊列之 🖉 草繪，將顯示原草繪截面畫面，再按

一下圖形視窗上方工具列的圖像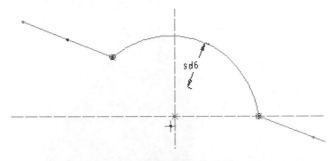。

6. 按一下上方標籤 工具(Tools)，再選圖像 **d=**關係
(Relations)。開啟 關係(Relations)對話框，截面圖
形中原本 15.00 之尺度應變成參數 sd6(或其他
sd#)，如圖 7-65 所示。

圖 7-65 尺度數字變成參數 sd6

7. 輸入關係式 **sd6=evalgraph("arc",trajpar*10)/0.2**，如
圖 7-66 所示，完成後按確定(OK)

圖 7-66 關係(Relations)對話框

8. 按工具列圖像 ✔ 確定。回對話方塊列，再按圖像 ✔ 按鈕，即完成以基準圖形 ARC，控制可變截面之掃描的截面，從側視方向投影時，可看出其厚度已由基準圖形 ARC 控制，如圖 7-67 所示。試與前面圖 7-59 比較。

由基準圖形 ARC 控制

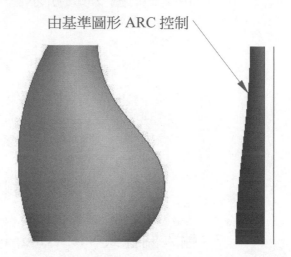

圖 7-67　曲面厚度已由基準圖形 ARC 控制

💡 提示：(1)基準圖形基本關係式為：sd#=evalgraph("graph_name",trajpar*x_scale)/y_scale，其中 graph_name 為 arc。x 值原為 1，因 10.00/1.0=10 故 x_scale 為 10。y_scale 為 0.2，因 3.00/15.00=0.2。(2)基準圖形(Datum Graph)特徵必須移至掃描特徵之前，才能被參照使用。(3)sd#為尺度參數名稱，每次建構時其參數名稱可能不同，順序由 sd1、sd2、…等自動編輯。

(b) 鏡像複製曲面(圖 7-68)

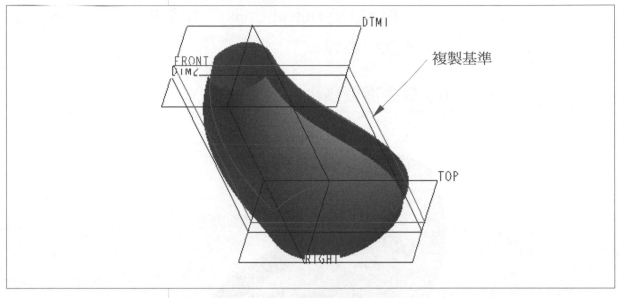

圖 7-68 鏡像複製曲面

過程：

1. 先點選剛完成之掃描曲面特徵，在實體模型中被選到之特徵將以綠色顯示。

2. 再按群組 編輯(Editing) 工具列之圖像 鏡像。

3. 開啟標籤 鏡像(Mirror) 對話方塊列，直接選 FRONT 平面為基準複製，完成後須按圖像 按鈕，即完成掃描曲面之鏡像複製，如圖 7-69 所示。

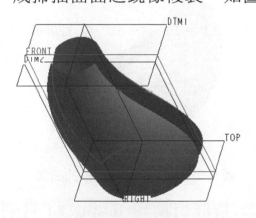

圖 7-69 完成掃描曲面之鏡像複製

💮 提示：特徵鏡像(Mirror)複製時，預設為相依複本(Dependent Copy)，特徵複製後，修改尺度則互相影響。

(c) 做曲面位移拔模(圖 7-70)

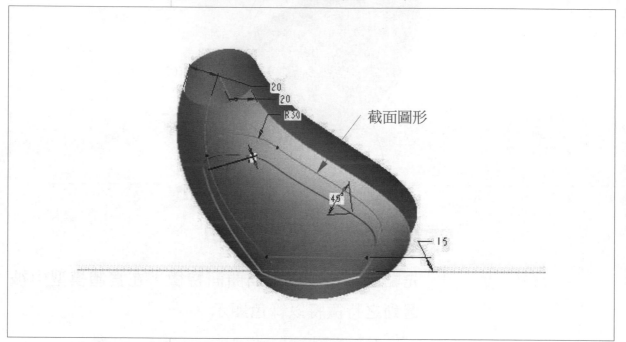

圖 7-70 做曲面位移拔模

過程：

1. 先選前面之掃描曲面，如圖 7-71 所示。

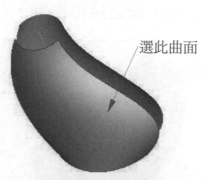

選此曲面

圖 7-71 選要做拔模位移的曲面

2. 按群組編輯(Editing)工具列之圖像位移(Offset)。

開啟位移(Offset)對話方塊列，如圖 7-72 所示。選位移類型附帶拔模(With Draft Feature)，按參照(References)開啟滑動面板，按定義(Define...)。

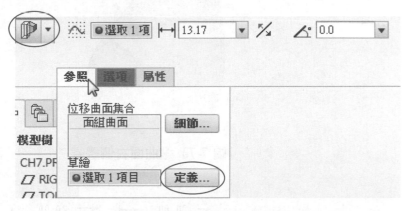

圖 7-72 「位移」對話方塊列參照滑動面板

3. 開啟草繪對話框，選 DTM2 平面為草繪平面，接受預設草繪定向，按草繪(Sketch)，進入草繪器。

4. 按一下圖形視窗上方工具列的圖像。

5. 以草繪(Sketching)工具列之圖像「位移邊」，進入位移邊類型(Type)對話框，接受內定為「單一」(Single)，直接點選曲面右側邊線，如圖 7-73 所示。依紅色箭頭方向為正值(應指向內側)，輸入位移值 **20**，得如圖 7-74 所示。

6. 以相同之方法得左側邊線位移 20 之線條，再以草繪(Sketching)工具列之圖像圓角、直線、修剪及尺寸(Dimension)工具列之圖像法向(標註)等，完成剛好封閉之截面圖形及尺度，如圖 7-75 所示。完成後按圖像確定。

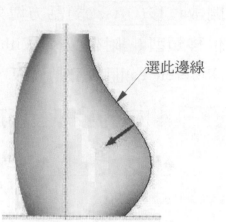
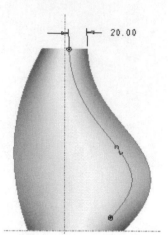

圖 7-73　選曲面右側邊線　　　　圖 7-74　位移 20 之線條

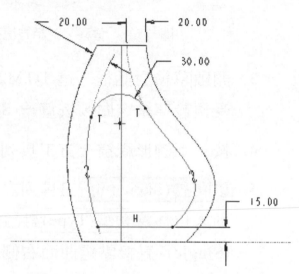

圖 7-75　完成封閉之截面圖形及尺度

7. 回位移(Offset)對話方塊列，如圖 7-76 所示。輸入
　 位移值 **1**，輸入斜(拔模)角 **45**，觀察平移方向是否
　 正確，若錯按 ⊠ 反向。完成後按 ☑，即完成曲面
　 位移拔模特徵，如圖 7-77 所示。即曲面外側向內
　 位移 1mm 及 45 度斜角造形特徵。

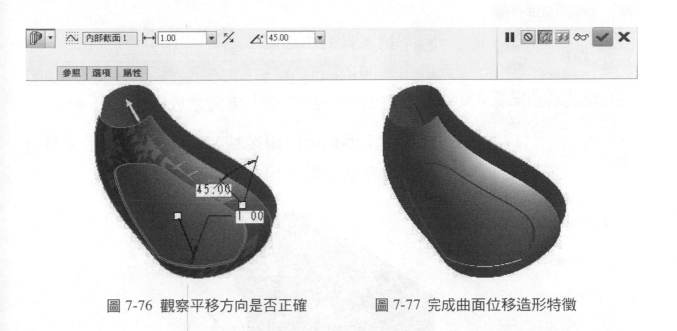

圖 7-76　觀察平移方向是否正確　　　圖 7-77　完成曲面位移造形特徵

7.4.3　步驟三：以邊界及掃描連接兩側曲面

(a) 畫兩條基準曲線與邊線曲率相接(圖 7-78)

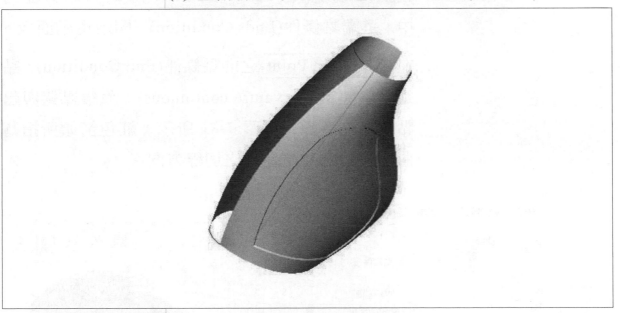

圖 7-78　畫兩條基準曲線與邊線曲率相接

過程：

1. 在標籤模型(Model)中，按一下群組基準▼(Datum

圖 7-79 基準曲線

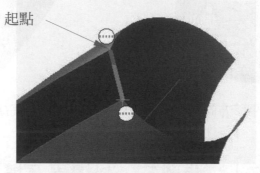

▼下拉工具列中之圖像 ～ 曲線(Curve)，如圖 7-79 所示。開啟曲線:穿過點(CURVE:Through Points)對話方塊列，按對話方塊列之放置(Placement)。

2. 點選左上曲面上之兩端點，如圖 7-80 所示。箭頭開始位置為起點，另一點為終點。

起點

圖 7-80　經兩端點畫曲線

3. 在曲線:穿過點(CURVE:Thru Points)對話方塊列中，選端點條件(Ends Condition)，開啟滑動面板。

4. 在起點(Start Point)之端點條件(End Condition)，點選曲率連續(Curvature continuous)，然後點選與起點連接之邊線，如圖 7-81 所示。紅色箭頭所指為曲線在起點對該邊線之切線方向。

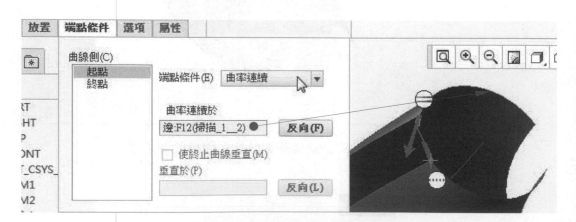

圖 7-81　選起點相切邊線及方向

5. 選按 終點(End Point)。在終點之端點條件(End Condition)，點選曲率連續(Curvature continuous)，然後點選與終點連接之邊線，如圖 7-82 所示。紅色箭頭所指為曲線在終點對該邊線之切線方向，注意紅色箭頭之指向，若錯按反向(Flip)。

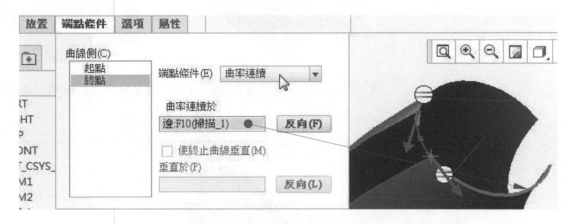

圖 7-82 選終點相切邊線及方向

6. 在 曲線:穿過點(CURVE:Thru Points) 對話方塊列中，按圖像 ☑ 按鈕，即完成經兩端點建構相切及曲率相同之基準曲線，如圖 7-83 所示。

　　◎ 提示：(1)兩(曲)線相連接端點條件為自由(Free)時(即無限制條件)，建構曲面其相交處將出現折痕。(2)兩曲線相切(Tangent)時，建構曲面將無折痕，但其相交處兩邊曲率不同。(3)兩曲線成曲率連續(Curvature continuous)時，其相交處兩邊曲面之曲率相同，建構曲面將光滑順暢。

7. 與前面項目 1 至 6 相同之過程，建構左下另一條基準曲線，如圖 7-84 所示。

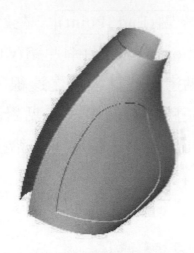 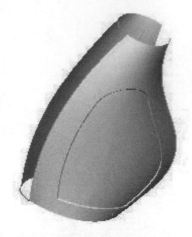

圖 7-83 兩點建構基準曲線(一)　　圖 7-84 兩點建構基準曲線(二)

(b) 以邊界混成建構曲面(圖 7-85)

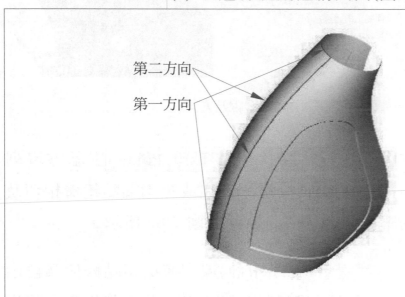

第二方向

第一方向

圖 7-85 以邊界混成建構曲面

過程：

1. 在標籤模型(Model)中，按一下群組曲面(Surfaces) 工具列之圖像 邊界混成(Boundary Blend)。

2. 開啟邊界混成(Boundary Blend)對話方塊列，按曲 線(Curves)，開啟滑動面板。在第一方向，按著 <Ctrl>鍵，點選上下兩條曲線線。

3. 按一下第二方向收集器，按著<Ctrl>鍵，點選前後
　兩條邊線。如圖 7-86 所示。

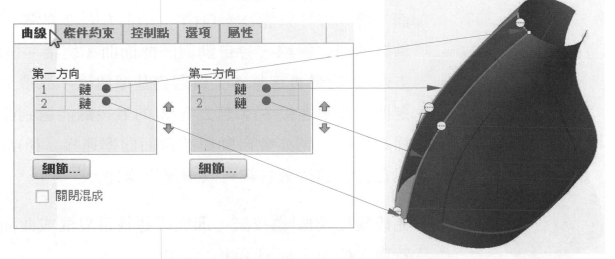

圖 7-86　邊界混成對話方塊列(曲線滑動面板)

4. 按條件約束(Constraints)滑動面板，在方向 2-第一
　鍊 (Direction 2-First chain) 及 方向 2-最 後 鍊
　(Direction 2-Last chain)選曲率(Curvature)，如圖
　7-87 所示。

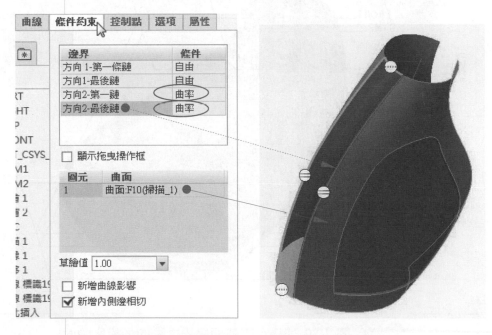

圖 7-87　邊界混成對話方塊列(限制滑動面板)

🖐 提示：(1)第一方向與第二方向之曲線組可互換。(2)上例中，第一方向的兩條曲線因無相接曲面，邊界條件只能為「自由」。(3)方向 2 的第一鍊為曲面之邊線，會自動與該曲面曲率連接。(4)方向 2 的最後鍊基本上會選到基準曲線，故須另選曲面曲率連接。(5)若方向 2 的最後鍊能選到曲面之邊線，則亦會自動與該曲面曲率連接。(6)滑鼠在符號〇按著右鍵可改選邊界條件。

5. 完成後按圖像✅按鈕，即完成建構邊界混成曲面特徵，如圖 7-88 所示。

圖 7-88 完成建構邊界混成曲面

(c) 建構掃描之法向於投影曲面(圖 7-89)

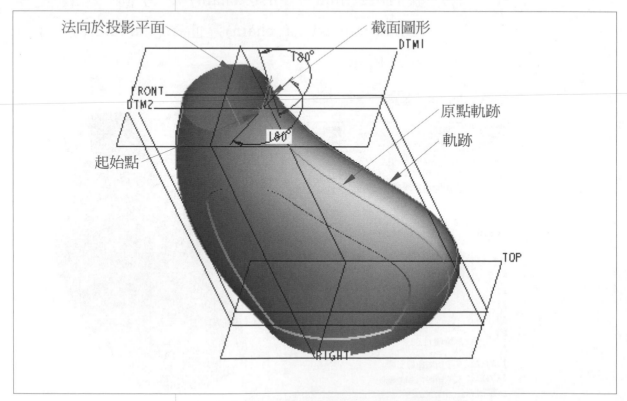

圖 7-89 建構可變截面掃描之法向於投影曲面

過程：

1. 在標籤模型(Model)中，按一下群組形狀▼(Shapes ▼)工具列中之圖像 掃描▼(Sweep▼)，開啟標籤掃描(Sweep)對話方塊列，按 曲面(Surface)。

2. 按對話方塊列之參照(References)，開啟滑動面板如圖 7-90 所示。先選右側前曲線為原點軌跡，再選右側後曲線為軌跡，在鍊 1 上點核取方塊 T。選法向於投影，再選 RIGHT 平面。原點軌跡之起始點(箭頭)應在上方，若錯則按一下箭頭。

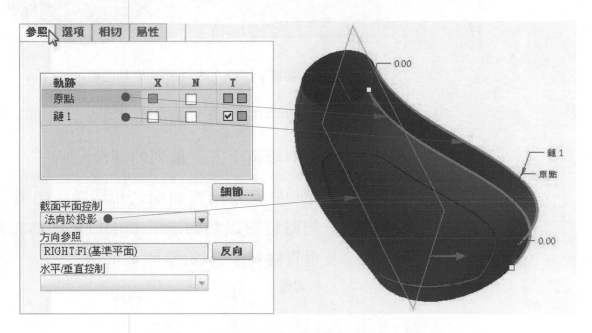

圖 7-90 「掃描」對話方塊列(參照滑動面板)

3. 按對話方塊列之相切(Tangents)，開啟滑動面板，如圖 7-91 所示。在軌跡欄選原點，在參照欄選所選(Selected)，選與原點軌跡相切之曲面。

　　 提示：(1)因原點軌跡為基準曲線，故無法核取方塊 T，即無法選自動與曲面相切。(2)在軌

跡欄之鏈 1，其參照欄應自動選「預設 1」，因前
面已核取方塊 T 之故。

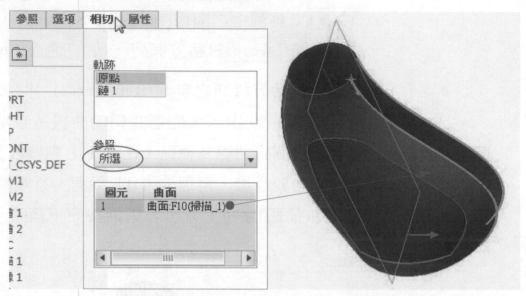

圖 7-91 「掃描」對話方塊列(相切滑動面板)

4. 完成後，按一下對話方塊列之 ✐ 草繪截面。

5. 按一下圖形視窗上方工具列的圖像 🔁 。

6. 將在起點位置顯示兩條曲面之相切線，如圖 7-92
所示。起點位置以點顯示，其中原點軌跡起點有
水平及垂直兩條中心線(參照基準)。

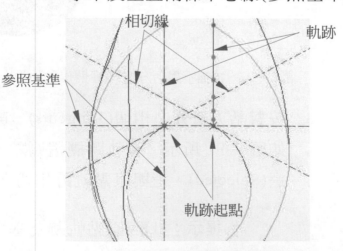

圖 7-92 顯示起點及兩條相切線

7. 以 草繪(Sketching) 工具列之圖像 〜 雲規線,在兩
軌跡起始點間畫一直線為截面圖形,並標註曲線
各端點之切線角為 180 度,如圖 7-93 所示。

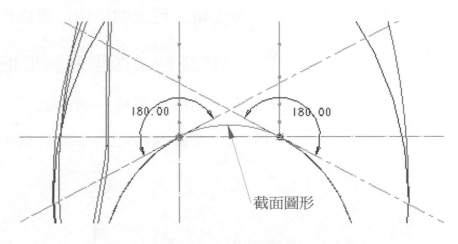

圖 7-93 標註曲線端點切線角各為 180 度

8. 完成後須按圖像 ✔ 確定,回對話方塊列觀察曲面
建構情況,如圖 7-94 所示。滑鼠在符號〇按右鍵
可觀察及改選相切曲面。

9. 正確後按圖像 ✔ 按鈕,即完成建構掃描曲面特
徵,如圖 7-95 所示。

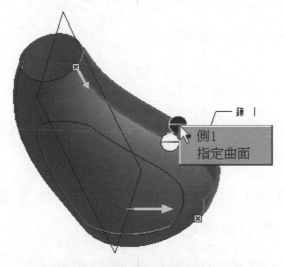

圖 7-94 觀察曲面建構情況　　　　　圖 7-95 完成建構掃描曲面特徵

🄓 提示：(1)上例建構之右側曲面特徵，亦可採用邊界混成或可變截面掃描之垂直於原點軌跡等方法建構。(2)邊界混成滑特徵，滑鼠在符號○按右鍵亦可改選相切邊界條件。

7.4.4 步驟四：合併及建構瓶底瓶頭曲面特徵

(a) 合併四張曲面成一張曲面(圖 7-96)

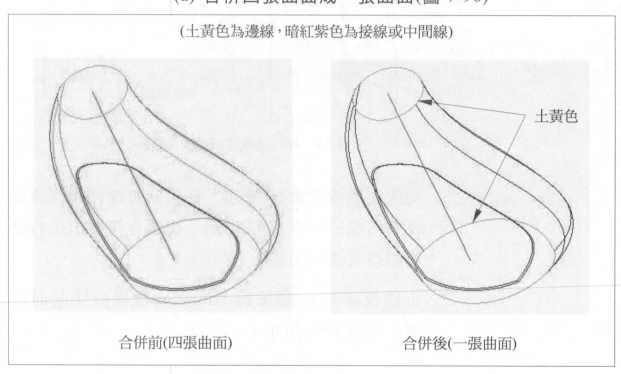

(土黃色為邊線，暗紅紫色為接線或中間線)

土黃色

合併前(四張曲面)　　　　　　合併後(一張曲面)

圖 7-96 合併四張曲面成一張曲面

過程：

一次只能合併兩張相鄰曲面成一張曲面，合併四張曲面成一張曲面，須做三次。

1. 按一下圖形視窗上方工具列的圖像消隱，如左圖所示，觀察模型圖中曲面之顏色。

2. 按著<Ctrl>鍵，從模型任選相鄰兩張曲面，按一下

以群組 編輯(Editing) 工具列之圖像 合併。

3. 進入 合併(Merge) 對話方塊列，如圖 7-97 所示。完成後按圖像 按鈕，即完成合併二張曲面成一張面組特徵。

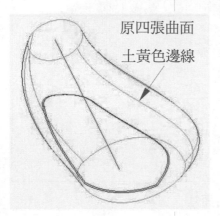
原四張曲面
土黃色邊線

合併二張曲面

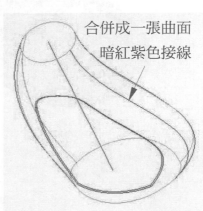
合併成一張曲面
暗紅紫色接線

圖 7-97 完成合併二曲面成面組

4. 與上面項目 2 至項目 3 相同方法，將三張曲面合併成一張面組特徵，完成如圖 7-98 所示。

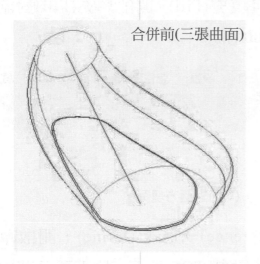
合併前(三張曲面)

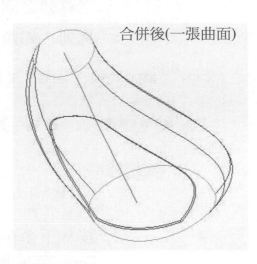
合併後(一張曲面)

圖 7-98 完成合併成一張曲面(面組)

提示：(1)曲面之顏色：土黃色為邊線，暗紅紫色為接線或中間線。(2)一次只能合併兩張相鄰曲面成一張曲面(又稱面組)。

(b) 以填充繪製塑膠瓶之底曲面(圖 7-99)

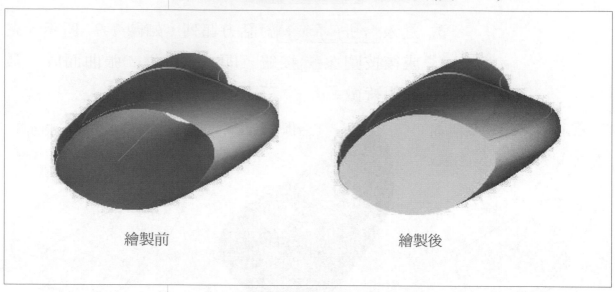

繪製前　　　　　　　　　　　繪製後

圖 7-99 以填充繪製塑膠瓶之底曲面

過程：

1. 在標籤模型(Model)中，按一下群組曲面(Surfaces)
   工具列之圖像 ▢ 填充(Fill)。開啟填充(Fill)對話方
   塊列，如圖 7-100 所示。

圖 7-100 「填充」(Fill)對話方塊列

2. 按一下參照(Reference)→定義(Define)，開啟草繪
   (Sketch)對話框，點選 TOP 平面，接受預設草繪定
   向，按草繪(Sketch)。

3. 按一下圖形視窗上方工具列的圖像 ⚙。

4. 以草繪(Sketching)工具列之圖像 ▢「使用邊」，

直接點選塑膠瓶之全部底邊成封閉截面圖形，如圖 7-101 所示。完成後按圖像 ✔ 確定。

5. 在 填充(Fill) 對話方塊列中，按圖像 ✔ 按鈕，即完成繪製塑膠瓶之底曲面特徵，如圖 7-102 所示。

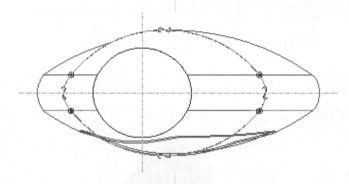

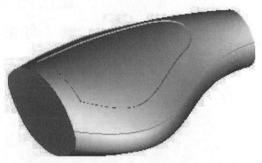

圖 7-101 以塑膠瓶之底邊為截面圖形　　　圖 7-102 完成繪製塑膠瓶底面特徵

(c) 以填充繪製塑膠瓶之頂面(圖 7-103)

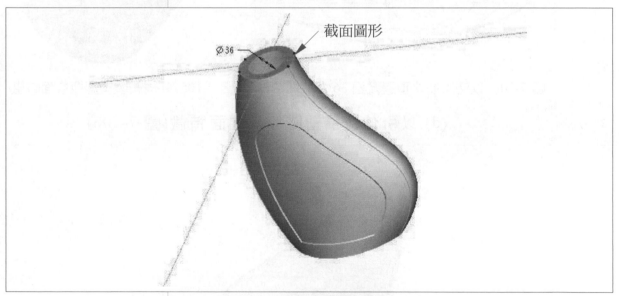

圖 7-103 以填充繪製塑膠瓶之頂面

過程：

1. 與前面相同之方法，按一下 曲面(Surfaces) 工具列之圖像 □ 填充(Fill)。開啟 填充(Fill) 對話方塊列。

按一下參照(Reference)→定義(Define)，開啟草繪(Sketch)對話框，點選 DTM1 平面，接受預設草繪定向，按草繪(Sketch)。

2. 以草繪(Sketching)工具列之圖像 □ 「使用邊」，直接點選塑膠瓶之頂邊成封閉截面圖形及畫一圓，如圖 7-104 所示。完成後按圖像 ✔ 確定。

3. 在填充(Fill)對話方塊列中，按圖像 ✔ 按鈕，即完成繪製塑膠瓶之頂曲面特徵，如圖 7-105 所示。

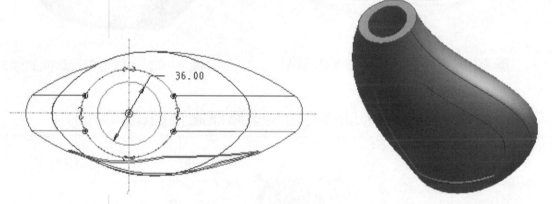

圖 7-104 以塑膠瓶之頂邊及圓 36 為截面圖形 　 圖 7-105 完成繪製塑膠瓶底面特徵

(d) 以引伸建構塑膠瓶嘴曲面特徵(圖 7-106)

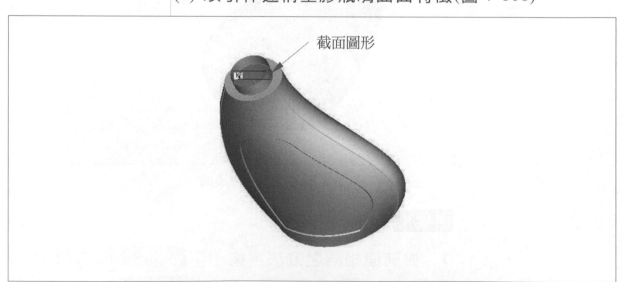

圖 7-106 以引伸建構塑膠瓶嘴曲面特徵

過程：

引伸

1. 在上方的標籤模型(Model)中，按一下群組形狀(Shapes)工具列中之圖像 🗗 引伸，如左圖所示。開啟引伸(Extrude)對話方塊列，按一下 ▦ 曲面。

2. 按方塊列之放置(Placement)→定義..(Define..)，開啟草繪(Sketch)對話框。點選使用先前的(Use Previous)，接受預設草繪定向，按草繪(Sketch)。

3. 按一下圖形視窗上方工具列的圖像 🔄 。

4. 以草繪(Sketching)工具列之圖像 ▢ 「使用邊」，直接點選塑膠瓶頂邊之圓(直徑 36)為截面圖形，如圖 7-107 所示。完成後按工具列之圖像 ✔ 。

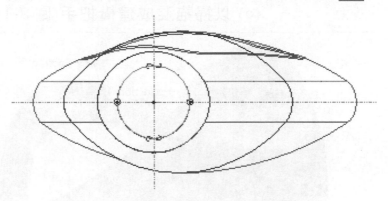

圖 7-107 選塑膠瓶頂邊之圓為截面圖形

5. 回引伸(Extrude)對話方塊列，如圖 7-108 所示。輸入引伸深度 16，觀察引伸方向是否正確，若不對按 ⟋ 反向。

6. 正確後按圖像 ✔ 按鈕，即完成建構引伸(Extrude)塑膠瓶嘴曲面特徵，如圖 7-109 所示。

圖 7-108 觀察引伸方向是否適當　　　圖 7-109 完成建構引伸塑膠瓶嘴曲面特徵

7.4.5 步驟五：建構把手，倒圓角及薄殼

(a) 以掃描混成建構把手(圖 7-110)

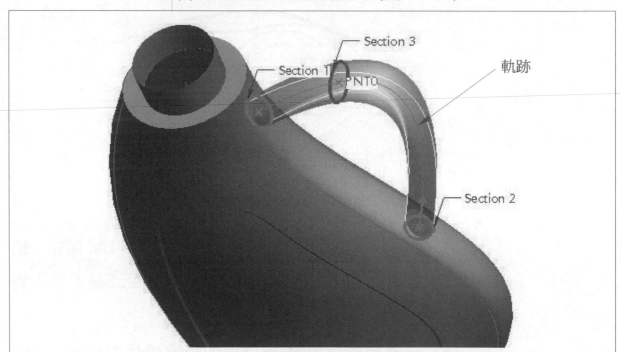

圖 7-110 以掃描混成建構把手

過程：

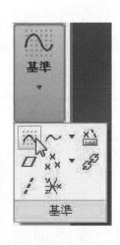

1. 在標籤模型(Model)中，按一下群組形狀▼(Shapes ▼)工具列中之圖像掃描混成(Swept Blend)，開啟掃描混成(Swept Blend)對話方塊列，按對話方塊列之參照(References)，開啟滑動面板。

2. 按一下右側基準工具列之圖像 基準曲線，如左圖所示，開啟草繪(Sketch)對話框，點選 FRONT 平面，接受預設草繪定向，按草繪(Sketch)。

3. 按一下圖形視窗上方工具列的圖像 。

4. 按一下設定(Setup)工具列中之圖像 參照(Reference)，另增選 DTM1 及右側基準曲線為參照基準，如圖 7-111 所示。

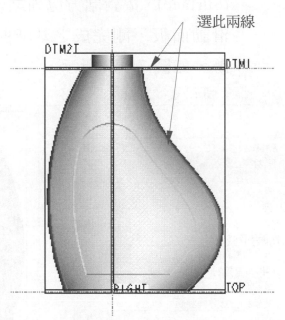

圖 7-111　增選 DTM1 及右側曲線為參照基準

5. 以草繪(Sketching)工具列之圖像 雲規線，以三點畫曲線，使兩端點鎖點在右側基準曲線上，中間點鎖點在 DTM1 基準平面上，完成如圖 7-112 所示。

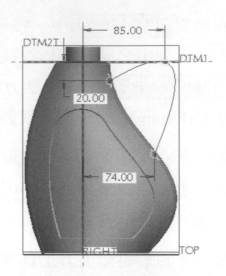

圖 7-112 草繪基準曲線

6. 回 掃描混成(Swept Blend) 對話方塊列，按 曲面 (Surface)，按對話方塊列之參照(References)，開啟 滑動面板，剛完成之基準曲線將自動選為原點軌 跡，如圖 7-113 所示。

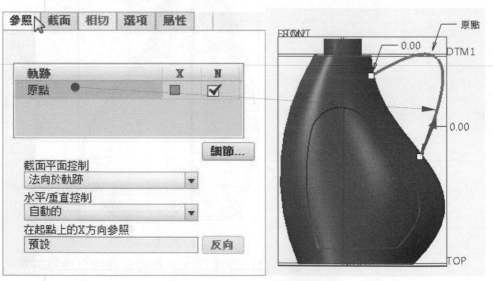

圖 7-113 以基準曲線為原點軌跡

7. 按對話方塊列之截面(Sections)，開啟滑動面板， 完成如圖 7-114 所示。選原點軌跡之終點(End)，

按草繪(Sketch)。

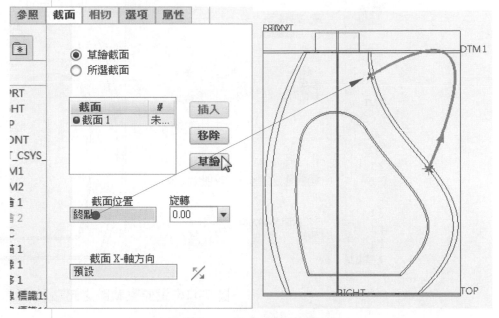

圖 7-114 選原點軌跡之終點

8. 按一下圖形視窗上方工具列的圖像 ⬚ 。

9. 畫一圓直徑 14 為截面,如圖 7-115 所示。

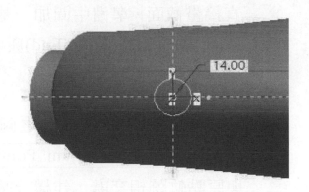

圖 7-115 完成終點上之圖形及尺度

10. 回滑動面板,按插入(Insert),自動選原點軌跡之
起點(Start),如圖 7-116 所示。按草繪(Sketch)。

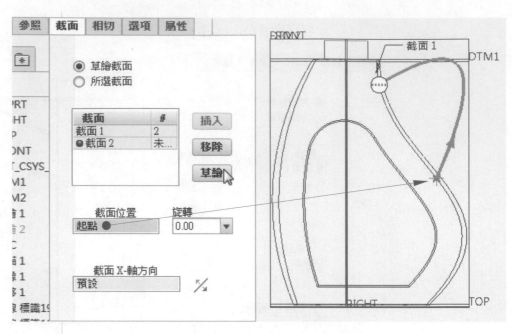

圖 7-116 選原點軌跡之起點

11. 畫一圓直徑 12 為截面，完成後回滑動面板，再按插入(Insert)。

　　📖 提示：(1)掃描混成(Swept Blend)兩端點可直接畫截面，準備中間加一基準點，再畫一截面。(2)起點(Start)，終點(End)與中間基準點，畫截面之次序可任意甚至移動。

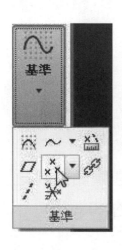

12. 按一下右側基準工具列之圖像 點，如左圖所示，開啟基準點(Datum Point)對話框，在 DTM1 與原點軌跡相交處，建構一基準點 PNT0，完成如圖 7-117 所示。回掃描混成(Swept Blend)對話方塊列，按對話方塊列之截面(Sections)，開啟滑動面板，基準點 PNT0 自動為插入之截面位置。

13. 按草繪(Sketch)，按一下圖形視窗上方工具列的圖像 。

14. 畫一橢圓為截面，完成如圖 7-118 所示。

15. 最後完成以掃描混成建構塑膠瓶把手曲面特徵，如圖 7-119 所示。

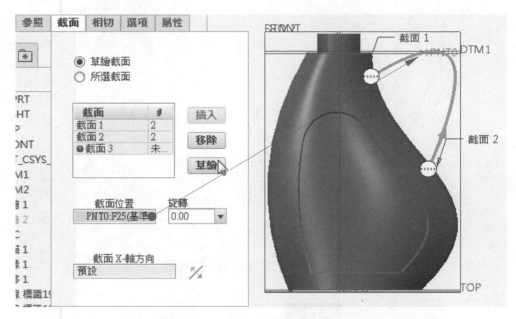

圖 7-117 選原點軌跡上之基準點 PNT0

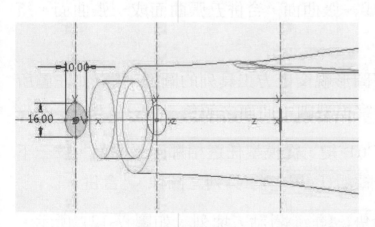

圖 7-118 完成基準點 PNT0 之上圖形及尺度

圖 7-119 完成塑膠瓶把手曲面特徵

(b) 合併五張曲面成一張曲面(圖 7-120)

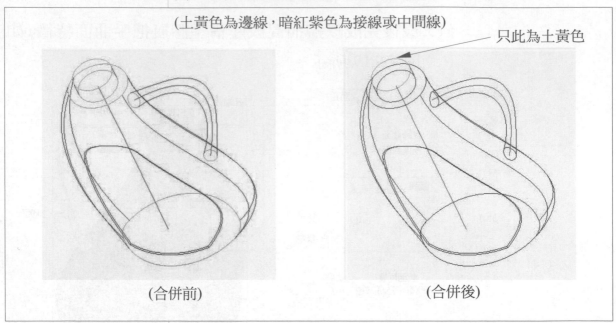

(土黃色為邊線，暗紅紫色為接線或中間線)

只此為土黃色

(合併前)　　　　　　　　(合併後)

圖 7-120　合併五張曲面成一張曲面

過程：

　　與前面第 7.4.4(a)節相同方法，一次只能合併兩張相鄰曲面成一張曲面，合併五張曲面成一張曲面，須做四次。

1. 按一下圖形視窗上方工具列的圖像消隱，如左圖所示，觀察模型圖中曲面之顏色。

2. 按著<Ctrl>鍵，從模型任選相鄰兩張曲面，按一下以群組編輯(Editing)工具列之圖像 合併。

3. 進入合併(Merge)對話方塊列，如圖 7-121 所示。觀察模型中相交合併之箭頭方向，若錯按 反向。正確後按圖像 按鈕，如圖 7-122 所示。即完成合併瓶體及把手二張相交曲面成一張面組特徵。

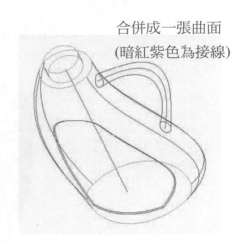

圖 7-121 觀察相交合併之箭頭方向　　圖 7-122 完成合併二曲面成面組

4. 與上面項目 2 至項目 3 相同方法，將四張曲面合併成一張面組特徵，完成如圖 7-123 所示。

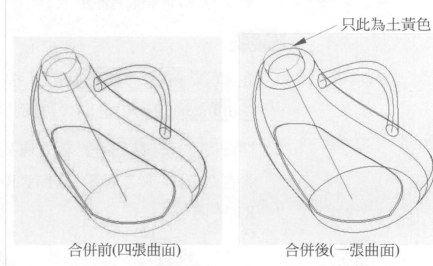

圖 7-123 完成合併成一張曲面(面組)

　　　⏺ 提示：(1)曲面之顏色：土黃色為邊線，暗紅紫色為接線或中間線，以顏色判斷是否合併(Merge)。(2)一次只能合併兩張相鄰曲面成一張曲面。

(c) 倒圓角特徵(圖 7-124)

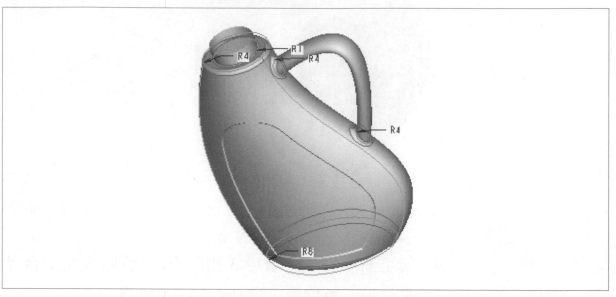

圖 7-124 倒圓角特徵

過程：

1. 在 標 籤 模 型 (Model)中，按 一 下 群 組 工 程 ▼ (Engineering▼)中之圖像 ◯ 倒圓角(Round)。

2. 開啟 倒圓角(Round) 對話方塊列，完成邊鏈選取及半徑如圖 7-125 所示。計有 R4 三處，R8 一處及 R1 一處等。

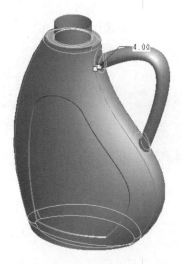

圖 7-125 點選要倒圓角之邊線

3. 正確後按圖像 ✓ 按鈕,即完成建構倒圓角特徵,
  如圖 7-126 所示。

圖 7-126 完成各處倒圓角特徵

(d) 加厚面組成實體(圖 7-127)

圖 7-127 加厚面組成實體

過程 :

1. 先選剛完成之面組,再按一下 編輯(Editing) 工具列

之圖像█加厚(Thicken)。

2. 開啟 加厚(Thicken) 對話方塊列，如圖 7-128 所示。
   輸入厚度 **1.5**，按一下 ⚿ 反向，觀察箭頭方向向內
   加厚是否正確，如圖 7-129 所示。

3. 正確後按圖像 ✔ 按鈕，即完成加厚面組成實體特
   徵，如圖 7-130 所示。

圖 7-128 「加厚」對話方塊列

圖 7-129 觀察箭頭方向是否正確　　圖 7-130 完成加厚面組成實體

🖐 提示：(1)面組轉成薄實體，可從面組的兩
側及中間對稱等三種情況加厚成薄實體。(2)形態
之各表面皆有曲面時，則可實體化成實心實體。

7.5　重點歸納

(a) 可變截面掃描

1. 掃描(Sweep)有多條軌跡，一個截面圖形，截面沿著軌跡而變化，構成特徵。

2. 選取的第一條軌跡，自動為原點軌跡，截面移動的原點須保持在此軌跡上，因而稱原點軌跡。

3. 當旋轉至 2D 繪製截面圖形時，即原點軌跡起始點之端視方向，軌跡起始點位置在 X 軸方向者即稱為 X-trajectory(X 軌跡)。

4. 截面(X-Y 畫面)平面定向的種類，如下：

   • 法向於軌跡(Normal to Trajectory)：當軌跡選擇核取 N 方塊時，截面移動保持垂直於該軌跡。

   • 法向於投影(Normal to Projection)：必須選一平面為方向參照，移動截面的 Y 軸垂直於所選的平面，而 Z 軸沿著指定方向與原點軌跡的投影相切。

   • 恆定法向(Constant Normal Direction)：必須選一平面為方向參照。移動截面的 Z 軸與指定方向平行。

5. 掃描特徵之截面選項有：可變截面及恆定截面兩類。

6. 恆定截面若再選垂直於原點軌跡，則其結果與 Wildfire 版的掃描(Sweep)特徵相同。

7. 掃描曲面，可選擇與軌跡之參照曲面相切。

(b) 基準圖形

1. 掃描之截面，除依多軌跡而移動外，亦可再利用基準圖形(Datum Graph)改變截面之變化。

2. 基準圖形(Datum Graph)與軌跡基本關係式為：sd#=evalgraph("graph_name",trajpar*x_scale)/y_scale，其中 graph_name 為基準圖形特徵名稱。x 值原為 1，依基準圖形計算為 x_scale。y 值原為截面上某尺度，依基準圖形計算為 y_scale。

3. 基準圖形(Datum Graph)特徵建構完成，必須移在掃描特徵之前，才能被參照使用，可從模型樹直接拉至掃描特徵之前。

(c) 邊界混成

1. 以邊或邊鏈為邊界所混成而成之曲面，稱為邊界混成(Boundary Blend)特徵。即利用已有之邊線，或新建之基準曲線(Datum Curve)等當做邊界，建構成之曲面。

2. 邊界混成特徵可依兩個方向順序選取曲線，當做邊界，建構曲面。

3. 邊界混成特徵在每一個方向的第一條及最後一條曲線可設定之邊界條件狀況說明如下：

- 自由(Free)：混成曲面之邊界沒有設定相切條件，為預設選項。

- 相切(Tangent)：混成曲面之邊界與參照曲面相切。

- 曲率(Curvature)：混成曲面之邊界與參照曲面具有跨越邊界的曲率連續性。

- 法向(Normal)：混成曲面之邊界與參照曲面或基準平面垂直。

4. 若只有一個方向有邊界時，其邊界線之端點將自動混成連接。

5. 凡非橫跨整個方向之曲線即屬中間曲線，必須另外選取，稱為影響曲線，將影響曲面之變化。

6. 依兩個方向可選取曲線上的點來控制曲面的形成，稱控制點，即每個方向上的曲線間，可以另外指定控制點做連接。

7. 邊界混成之控制點，有兩種點可選作控制點：

- 用於定義邊界的基準曲線頂點或邊頂點。

- 插入在曲線上的基準點。

(d) 合併

1. 多張曲面分別建立後，須以合併(Merge)成一張曲面，再以實體化或加厚方式做成實體零件。

2. 一次只能合併兩張曲面成一張曲面，由曲面合併而成之曲面稱為面組(Quilt)。

3. 當兩張曲面互為相交時，選相交(Intersect)。

4. 當兩張曲面須連接時，選參與(Join)，即相接之意。

5. 兩張曲面須互相完全相交，即不能有任何空隙，合併才能成功。

(e) 掃描混成

1. 在至多兩條軌跡，第一條為原點軌跡，第二條為鍊。

2. 在原點軌跡上以至少兩個截面建構成特徵，稱為掃描混成(Swept Blend)，軌跡上之端點，可直接建構截面圖形。

3. 截面平面控制(Section plane control)的種類如下：

   • 法向於軌跡(Normal To Trajectory)：當軌跡選擇核取 N 方塊時，截面移動保持垂直於該軌跡，為預設選項。

   • 法向於投影(Normal To Projection)：可選平面或直線為「方向參照」(Direction reference)，Z 軸移動時恆與原點軌跡的投影相切。

   • 恆定法向(Constant Normal Direction)：亦可選平面或直線為「方向參照」(Direction reference)。選平面時移動截面的 Z 軸垂直於該平面，選直線時移動截面的 Z 軸恆平行該直線。

4. 除了軌跡上之端點，可插入基準點(Datum Point)在軌跡上，即可建構截面圖形或控制該基準點位置之斷面積。

5. 可由「相切」(Tangency)滑動面板，使特徵建構時兩端之邊線相切於已存在之曲面。

6. 可由「選項」(Options)滑動面板，其下之選單：

   • 封閉端(Cap ends)：使特徵之兩端面加蓋。

- 設定周長控制(Set perimeter control)：兩個截面有相同周長，使兩截面間保持相同的截面周長。

- 設定橫截面區控制(Set cross-section area control)：在原點軌跡上增加基準點，設定基準點位置之截面積大小。

習 題 七

1. 自行設計茶壺造型大約如下圖所示。條件如下：(1)壺高 60mm, (2)壺嘴及把手與壺同高，(3)壺嘴須有變化曲面，(4)把手須有變化曲線，(5)須有蜂巢出口(平的)，(6)厚度 1-2mm。以 Surface 建構壺身及壺嘴，以 Solid 建構把手及蜂巢。提示：建議壺身用 Revolve(旋轉)，壺嘴用可變截面的掃描(Sweep)，把手用掃描混成(Swept Blend)。

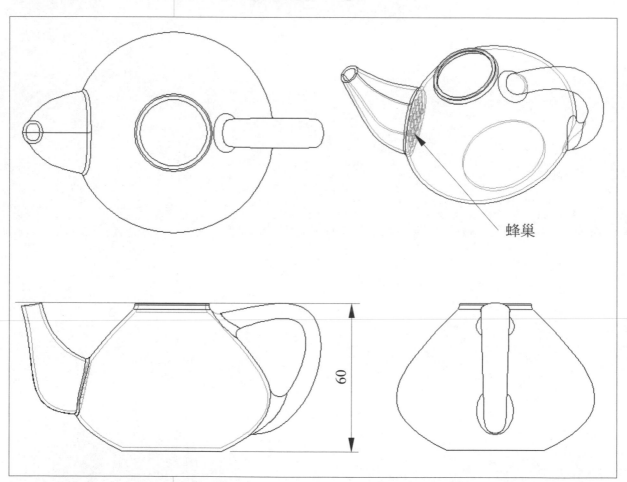

蜂巢

60

2. 以曲面(Surface)建構清乾隆粉彩花卉方瓶，如下左圖所示之稜邊曲線尺度，瓶身為正方形，總瓶高為 240 mm，其中瓶底做深 3mm 距邊緣 5mm 之斜 45 度凹陷，瓶厚向內 2.5mm，最後倒 R3 圓角，完成如下右圖所示。提示：建議瓶身曲面用可變截面的掃描(Sweep)建構。

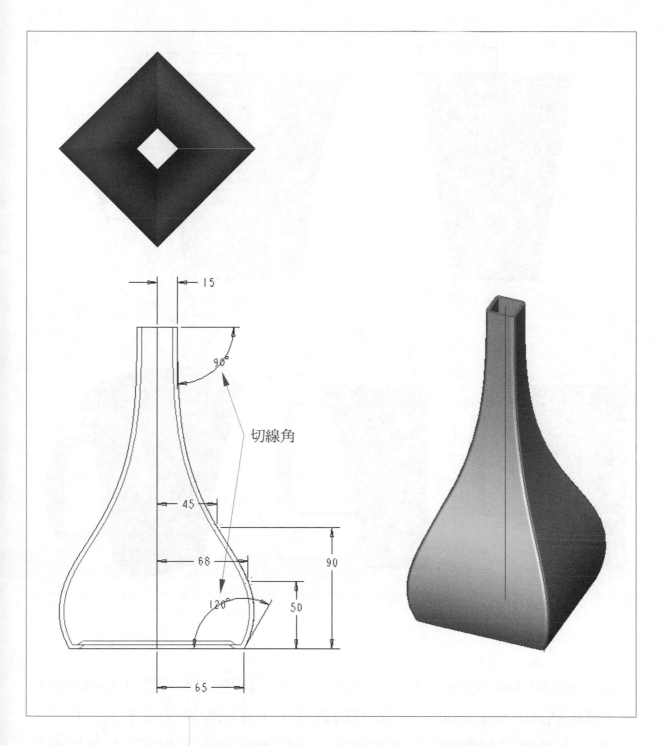

3. 以曲面(Surface)建構造型花茶杯如下圖所示。杯身斷面為橢圓形,總杯
高為 200 mm,把手為特殊造型,寬 24mm,杯材厚度皆為 2mm,有幾
處倒圓角,完成如下右圖所示。提示:建議杯身用可變截面的掃描(Sweep)
建構,把手用邊界混成(Boundary Blend)。

4. 以曲面(Surface)建構油壺如下圖所示。其中圓錐曲線尺度 0.35 rho 須以基準圖形(Datum Graph)conic 控制其變化，起始點在油壺下方。提示：建議壺身用可可變截面的掃描(Sweep)再鏡像(Mirror)複製，左側曲面用邊界混成(Boundary Blend)，右側曲面用可變截面的掃描配合基準圖形變化，把手用簡易的掃描(Sweep)，未標註倒圓角皆為 R2。

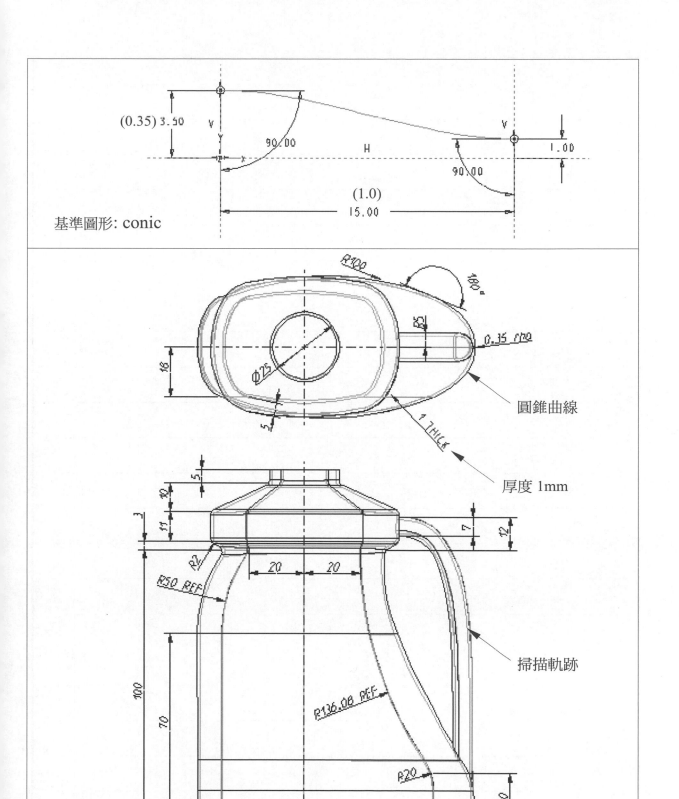

基準圖形: conic

圓錐曲線

厚度 1mm

掃描軌跡

鈑 金 件

建構一個新建的鈑金零件

瞭解基本鈑金零件之建構方法及步驟

以引伸及平坦建構鈑金壁

各種止裂槽之選用

切減鈑金壁

折彎鈑金壁

展平及反折鈑金壁

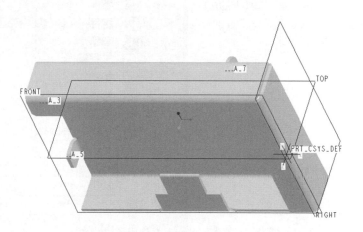

8.1 鈑金零件

鈑金零件可由三種途徑建構而得:

1. 新建零件時的子類型中由原本預設的實體(Solid)另選鈑金(SheetMetal)，會進入屬於專門建構鈑金環境之模組。此為常用之建構途徑。

2. 由組件模組中，自頂向下的方式建構鈑金零件，即由組件環境裡新建零件。

3. 從原本實體零件轉換成鈑金零件，但其形狀必須附和能成為鈑金零件的條件。

Creo 在開啟新檔案時，內定預設為建構實體(Solid)零件(Part)，故必須另選鈑金(Sheetmetal)零件(Part)，如圖 8-1 所示。

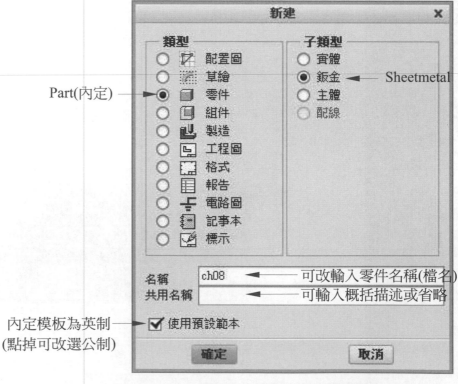

圖 8-1 開啟新檔案時選鈑金

鈑金(Sheetmetal)乃由一固定厚度之金屬片所折彎而成,故其建構過程中必須在開始時輸入厚度,然後依序建構折彎狀況而成,自然與一般實體零件不同。鈑金零件除厚度固定外,其建構完成之零件亦屬實體零件,延伸檔案名稱亦與一般實體零件相同為*.prt.?。在顯示方面,除陰影潤飾(Shading)與一般實體零件相同外,其它線架構則分別以白(黑)及綠兩顏色表示鈑材之兩表面,如圖 8-2 所示。

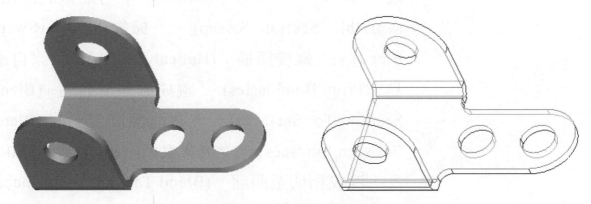

圖 8-2 鈑金零件之顯示

8.2 鈑金壁

鈑金件開始建構時,其第一片建構之鈑金件稱為第一壁(First Wall),通常在建立第一壁之後再使用其他特徵,並在建立第一壁時輸入鈑厚。Wildfire 版鈑金壁建構有一種「未附加的」(Unattached Wall),即所謂的分離壁,建構時與已有之鈑金壁不相連接,可於事後再連接或合併,鈑金件的第一壁即屬於未附加的壁。Creo 版則無特別區分未附加的壁,其建構之第一壁通常為引伸壁或平面壁。鈑金件之建構乃從第一壁開始依序連接各壁而成。

8.2.1 鈑金壁之類型

　　Wildfire 版的鈑金壁區分為兩大類型：

1. 未附加的(Unattached)：即分離壁或稱主要壁，是獨立的，不需存在其他的壁即可建立，如第一片建構之鈑金壁等。分離壁依不同建構方式，在 未附加的(Unattached) 功能選單之下，如圖 8-3 所示計有：「平坦」(Flat)、「旋轉」(Revolve)、「混成」(Blend)、「位移」(Offset)、「可變截面掃描」(Variable Section Sweep)、「掃描混成」(Swept Blend)、「螺旋掃描」(Helical Sweep)、「來自邊界」(From Boundaries)、「混成截面至曲面」(Blend Section To Surfaces)、「在曲面間混合」(Blend Between Surfaces)、「從檔案混成」(Blend from File)及「混成相切至曲面」(Blend Tangent to Surfaces)等多種。

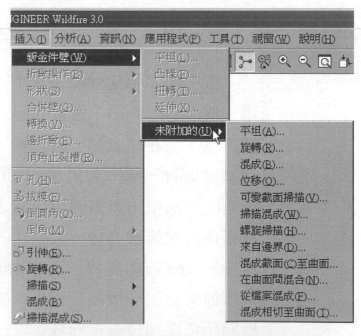

圖 8-3 鈑金零件之未附加的壁選項(Wildfire)

2. **一般壁**：即附加的壁或稱次要壁，從屬於至少一個分離壁，為分離壁的子件，須附加在其他壁上。如果刪除分離壁(主要壁)，一般壁也會跟著被刪除。當有第一壁之後才可建構一般壁，一般壁種類，如圖 8-4 所示包括「平坦」(Flat)、「凸緣」(Flange)、「扭轉」(Twist)、「延伸」(Extend) 以及所有未附加的(即分離壁)等。

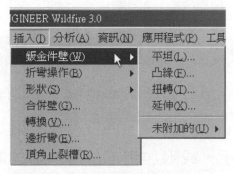

圖 8-4　一般鈑金壁選項(Wildfire)

　　Creo 版的鈑金壁則常用有 形狀(Sharp) 、 工程 (Engineering) 及 折彎(blends) 等三組工具列群組，如圖 8-5 所示。

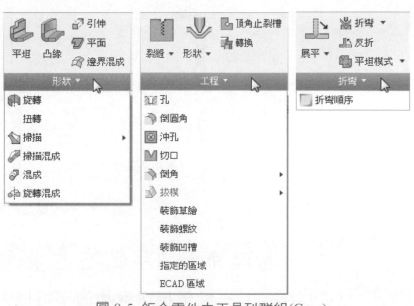

圖 8-5　鈑金零件之工具列群組(Creo)

提示：(1)通常建構鈑金件之第一壁(未附加的壁或分離壁)之後，大部份接著使用一般壁(附加的壁或次要壁)及其他鈑金操作依序完成鈑金零件。(2)□ 引伸(Extrude)：與實體引伸操作相同，但只能建構薄實體(加厚)，其加厚乃為鈑金壁厚，屬未附加的(Unattached)鈑金壁，若為第一個特徵時為第一壁。(3)除第一壁外，第二接著建構者通常稱為一般壁。

8.2.2 一般壁之折彎

建立鈑金一般壁時，必須選擇是否要附加於壁。除了引伸壁外，可將一般壁附加到整個平坦鈑金面之邊上，或附加到部份邊。附加的一般壁可選擇不折彎的壁及折彎的壁兩種，如圖 8-6 所示。

另外亦可在平坦的鈑金面上做中間折彎(Bend)的操作，詳情請參閱第 8.5 節所述。

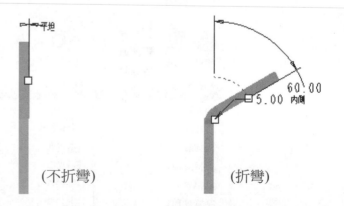

(不折彎)　　　　　(折彎)

圖 8-6 一般壁之折彎

8.2.3 折彎之半徑

一般帶折彎附加的平坦壁，先選一邊線為折彎

線，折彎折彎之半徑先分有半徑及無半徑，有半徑再分半徑在內側及半徑在外側等。因此可選擇無半徑、半徑在內側、半徑在外側及半徑 0 等四種狀況，如圖 8-7 所示：

1. 無半徑：不壓 ⌐ 半徑圖像，折彎內外側皆無半徑雖 OK 但與實際情況不合。

2. 半徑在內側：折彎線之位置為內側，選 ⌐ 圖像。

3. 半徑在外側：折彎線之位置為內側，選 ⌐ 圖像。

4. 半徑 0：半徑在內側 OK，半徑在外側雖亦 OK 但但與實際情況不合。

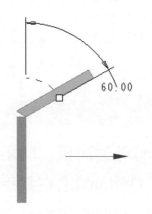 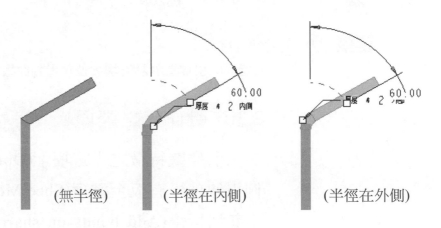

(無半徑)　　(半徑在內側)　　(半徑在外側)

圖 8-7　折彎壁之半徑

半徑之大小有半徑為 0、壁厚、壁厚 x2 及輸入其他值等。折彎即使當內半徑為 0 時，其外半徑將會與鈑厚相同，與無半徑之情況不同。折彎當外半徑為 0 時，其內半徑亦為 0，則與無半徑之情況相同。因此無半徑與外半徑為 0 時，其所建構之鈑金情況與實際情況不符，應考慮避免選用。

8.3 引伸壁特徵

　　鈑金之引伸特徵只能建構加厚實體引伸，故稱引伸壁特徵，在 Wildfire 版屬於未附加的分離壁 (Unattached Wall)。按一下群組 形狀(Shapes) 工具列中之圖像 引伸(Extrude)，開啟標籤 引伸(Extrude) 對話方塊列，再按一下放置(Placement)開啟滑動面板，如圖 8-8 所示，建構第一壁時須輸入鈑金壁厚度及選厚度增加方向，再輸入引伸(Extrude)長度，即可建構引伸壁特徵。

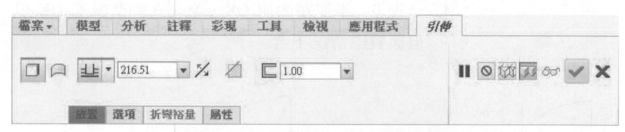

圖 8-8 引伸壁對話方塊列位置滑動面板

8.3.1 引伸壁之選項

　　引伸壁特徵之「選項」(Options)滑動面板，除兩側引伸外，有板金選項(SheetMetal Options)之在銳邊上新增折彎(Add bends on sharp edges)與設定驅動曲面反向與草繪平面 (Set driving surface opposite of sketch plane)，如圖 8-9 所示說明如下：

1. 在銳邊上新增折彎(Add bends on sharp edges)：必須當引伸截面各線段相接為銳邊時(即不相切)，可選擇有折彎半徑及半徑在折彎外側(Outside)或內側(Inside)，如圖 8-10 所示。

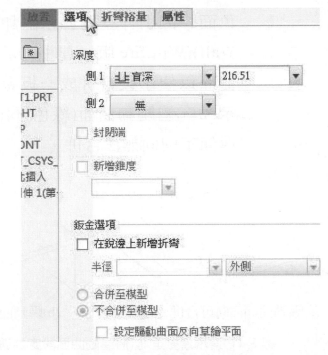

圖 8-9 引伸壁(選項滑動面板)

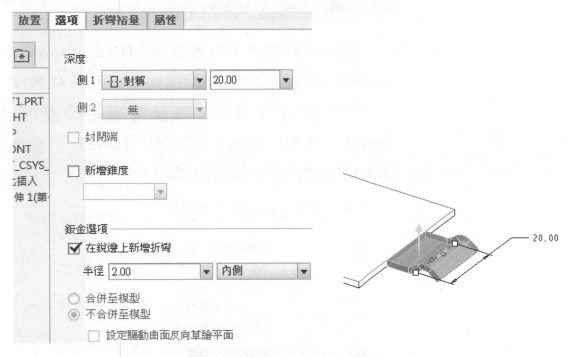

圖 8-10 選項滑動面板(在銳邊上新增折彎)

2. 設定驅動曲面反向草繪平面 (Set driving surface opposite of sketch plane)：驅動曲面即板金件之綠

色面，因引伸壁屬於未附加的分離壁(Unattached Wall)(Wildfire 版)，當引伸非第一壁時須選定驅動曲面以便事後合併成一板金零件。如圖 8-11 所示。(a)圖驅動曲面(綠色)同向可合併。(b)圖驅動曲面不同向無法合併。

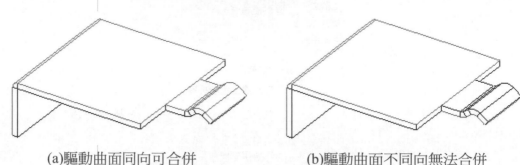

(a)驅動曲面同向可合併   (b)驅動曲面不同向無法合併

圖 8-11 選項滑動面板(將驅動曲面設定為與草繪平面反向)

8.3.2 引伸壁之折彎裕量

引伸壁特徵之「折彎裕量」(Bend allowance)滑動面板，即展開長度計算之選定，可選用 K 係數(K factor)或 Y 係數(Y factor)，以及選用系統提供之零件 Table1、零件 Table2 或零件 Table3 折彎表(Bend table)，如圖 8-12 所示說明如下：

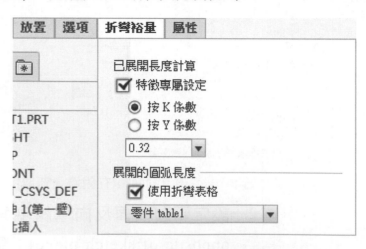

圖 8-12 折彎裕量滑動面板

1. K 係數(K factor)或 Y 係數(Y factor)：Y 和 K 係數是零件常數，由鈑金材料之折彎中立線相對於厚度的位置所定義。數字參照的範圍介於 0 到 1 之間，數字越小代表材料越軟，若為全拉伸折彎時 Y 和 K 係數為負值。通常使用在非圓弧區段。

2. 使用折彎表格(Use bend table)：來計算有折彎圓弧時所需材料的展開(平坦)長度，展開長度會隨不同的材料類型及厚度而有所變化，通常使用在圓弧區段。系統提供之折彎表內容如表 8-1 所示。

表 8-1 折彎表

表格	材料	Y 係數	K 係數
Table 1	軟黃銅、銅	0.55	0.35
Table 2	硬黃銅、銅、軟鋼、鋁	0.64	0.41
Table 3	硬銅、青銅、冷軋鋼、彈簧鋼	0.71	0.45

8.4　平坦壁特徵

建構分離及一般的平坦壁有不同的圖像操作方塊列及滑動面板，分別說明如下：

8.4.1　平面壁

Wildfire 版分離的平坦壁，即所謂未附加的(Unattached)平坦壁，不與其他壁連接。Creo 版稱平面壁，按一下群組形狀(Shapes)工具列中之圖像 平面(Planar)，開啟標籤平面(Planar)對話方塊列，如圖 8-13 所示。建構開始須選草繪平面及定向，繪製剛好封閉圖形為截面即完成。平面壁若在第一壁之後才建

構時，其板厚不須填入(應與第一壁相同)，最後通常會設計與其他壁合併。

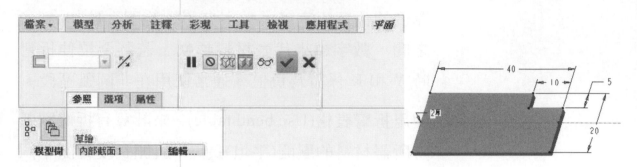

圖 8-13　平面對話方塊列

8.4.2　平坦壁

建構一般平坦壁，即建構非第一壁及非分離壁時，須附加在平的鈑金壁之邊上。選按群組 形狀 (Shapes)工具列中之圖像 平坦(Flat)。開啟標籤 平坦 (Flat)對話方塊列，如圖 8-14 所示。預設草繪形狀為矩形(Rectangle)，折彎角為 90 度，使用半徑折彎，折彎半徑為鈑厚及半徑在折彎內側等。平坦壁對話方塊列之各滑動面板，說明如下：

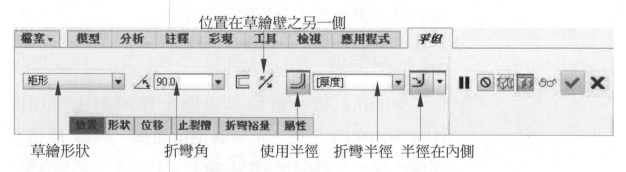

圖 8-14　「平坦」對話方塊列

1. **放置(Placement)**：須選一條平的鈑金壁之邊線為參照位置，即折彎線。

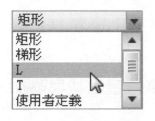

圖 8-15 形狀選單

2. 形狀(Shape)：平坦壁之形狀有一些預定的輪廓及草繪等，可由形狀選單先選，如圖 8-15 所示之 T 形。再從預定的輪廓中輸入尺度或草繪輪廓。草繪形狀選單包括：「矩形」(Rectangle)、「梯形」(Trapezoid)、L、T 或「使用者定義」(User Defined) 等。如圖 8-16 所示之 T 形輪廓，可直接以草繪…(Sketch…)環境修改尺度、開啟…(Open…)已存在之草繪截面檔(*.sec)或另存新檔…(Save As…)T 形草繪截面。點選高度尺寸不包含厚度(Height dimension does not include thickness)或輸入尺度負值可改變方向。

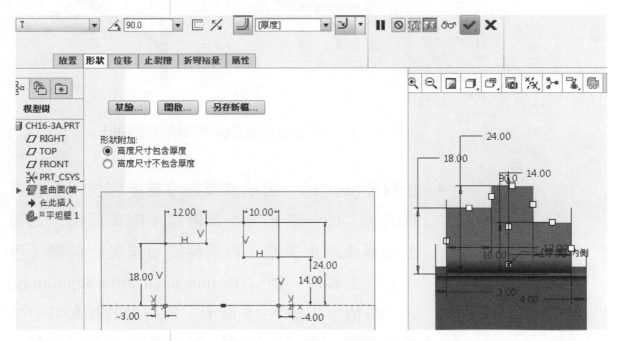

圖 8-16 「平坦」對話方塊列，形狀滑動面板(T 形)

3. 位移(Offset)：即位移參照位置，預設不位移。須按一下「相對於附件邊位移壁」(Offset wall with respect to attachment edge)並選取下列任一選項做位移：

- 新增到零件邊(Add to Part edge)：位移後，附加折灣的部分至位移壁，亦即可以不需要有止裂槽(Relief)的情況。

- 自動的(Automatic)：位移後，草繪壁維持與附加壁的原始高度同高。

- 按值(By value)：將草繪壁位移某一段特定距離，如圖 8-17 所示之 20.00。亦可拖曳圖形操作框以調整位移數值，當輸入 0 時如同不位移。

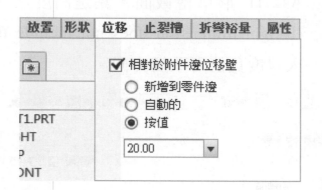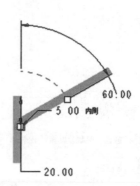

圖 8-17　「平坦」對話方塊列(位移滑動面板)

4. 止裂槽(Relief)：若草繪圖形沒有剛好使用整條折彎線時，即圖形結束在折彎線中間或超出，邏輯上必須使用止裂槽，否則將使用預設止裂槽。可「分別定義每一側」(Define each side separately)之止裂槽，如圖 8-18 所示。止裂槽的種類共有：無止裂槽、裂縫、拉伸、矩形及斜圓形等五種，分別說明如下：

- 無止裂槽(No Relief)：剛好使用整條折彎線時不需止裂槽，也有可能其中一端不用止裂槽，如圖 8-19 所示。右側不用止裂槽。

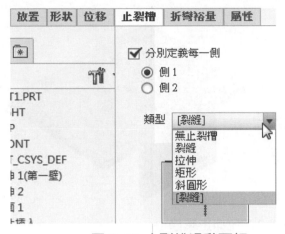

圖 8-18　止裂槽滑動面板　　　　圖 8-19　右側不用止裂槽

- 裂縫(Rip)：需止裂槽時，系統自動選為預設選項，無需輸入值，如圖 8-20 所示。

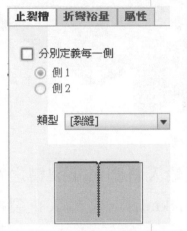

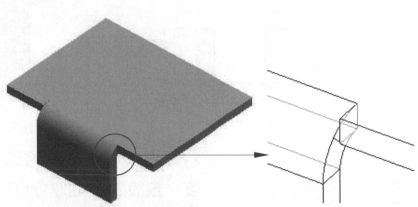

圖 8-20　裂縫止裂槽

- 拉伸(Strtch)：可輸入引伸止裂槽之寬度，預設為壁之「厚度」(Thickness)，及輸入止裂槽之角度，預設為 45°，如圖 8-21 所示。
- 矩形(Rectangular)：須輸入矩形止裂槽之寬度，預設為壁之「厚度」(Thickness)，及輸入止裂槽之深度，預設為「至折彎」(Up To Bend)，如圖 8-22 所示。

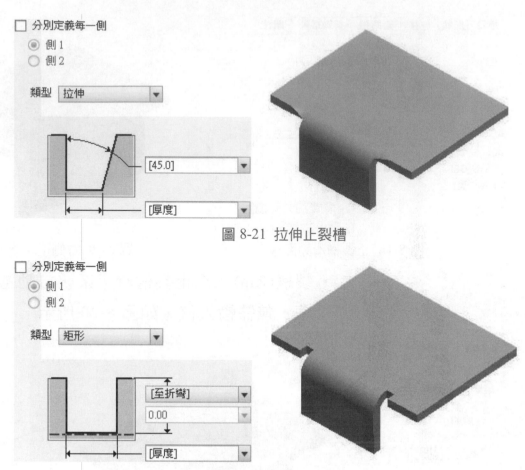

圖 8-21 拉伸止裂槽

圖 8-22 矩形止裂槽

- 斜圓形(Obround)：必須輸入斜圓形止裂槽之寬度，預設為壁之厚度(Thickness)，及輸入止裂槽之深度，預設為至折彎(Up To Bend)。如圖 8-23 所示分別定義兩側不同的止裂槽深度。

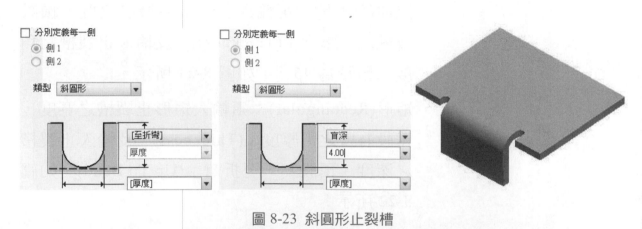

圖 8-23 斜圓形止裂槽

提示：若草繪圖形沒有剛好使用整條折彎線時，又未選取止裂槽時，內定將使用預設裂縫(Rip)止裂槽。

5. 折彎裕量(Bend allowance)：如前面引伸壁之折彎裕量，預設 K 係數值為 0.32，Y 係數值為 0.5，折彎表格為零件 Table 1，如圖 8-24 所示。

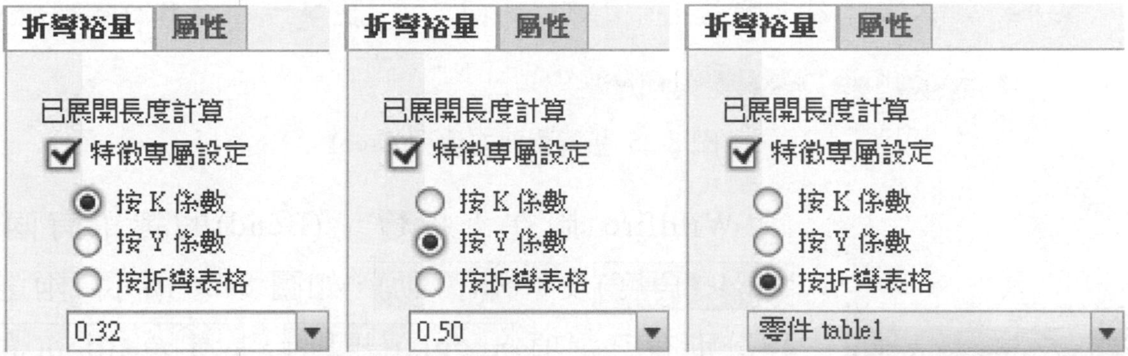

圖 8-24 折彎裕量滑動面板

8.5 折彎特徵

在平的薄壁上繪製一直線為折彎線，輸入所需資訊，可將薄壁折彎，或再繪製兩直線，可設定為折彎與不折彎間之轉接區，即為「折彎」(Bend)特徵。資訊可能包括選擇折彎線兩側或某一側折彎、那一側為固定邊、折彎半徑、折彎種類及方式等。

Creo 版在標籤模型(Model)中，選按群組折彎(Bends)工具列中之圖像  折彎(Bend)。開啟標籤折彎(Bend)對話方塊列，如圖 8-25 所示分兩種，第一圖為須輸入折彎角折彎，第二圖為折彎至尾端。

折彎至折彎線　須輸入折彎角　折彎角　折彎角位置　　　內側半徑

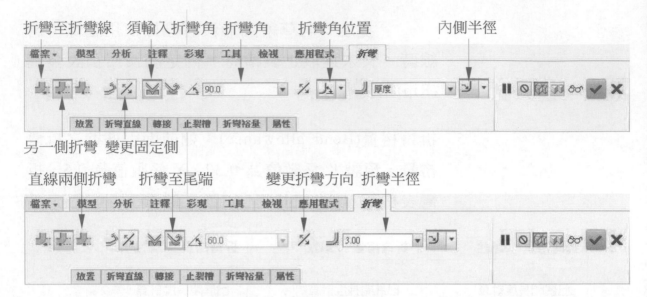

另一側折彎　變更固定側

直線兩側折彎　　折彎至尾端　　　變更折彎方向　折彎半徑

圖 8-25 折彎對話方塊列(Creo)

圖 8-26 折彎的選單

Wildfire 版在「折彎」(Bend)的選單有兩選項 Angle(角度)及 Roll(滾動)，如圖 8-26 所示。兩選項下再分別有三選項 Regular(規則)、w/Transition(帶有轉接)及 Planar(平面)等，分別說明如下：

1. Angle(角度)：依折彎線之某側及角度折彎薄壁，折彎時在某側加折彎半徑，以 Regular(規則)方式，折彎線右側 90 度向上，加半徑以鈑金壁之 Thickness(厚度)為例，如圖 8-27 所示。折彎之半徑值最小可為 0。此即 Creo 版折彎(Bend)對話方塊列之圖像 須輸入折彎角折彎。

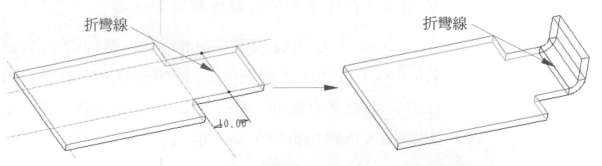

圖 8-27 以 Angle(角)→Regular(規則)方式折彎(Wildfire)

提示：(1)Wildfire 版折彎之半徑可選擇與壁厚度相同 Thickness (厚度)、壁厚 x2 Thickness x2(厚度 x2)或輸入值等。(2)Creo 版折彎之半徑亦可選擇與壁厚度相同[厚度]([Thickness])、壁厚 x2 2.0*厚度(2.0*Thickness)或輸入值等。

2. Roll(滾動)：依折彎線之某側及半徑滾動折彎薄壁，折彎可選折彎線兩側或某一側折彎，以 Regular(規則)方式，折彎線右側向上折彎，半徑以 **Thickness (厚度)**為例，如圖 8-28 所示。此即 Creo 版折彎(Bend)對話方塊列之圖像 折彎至尾端。

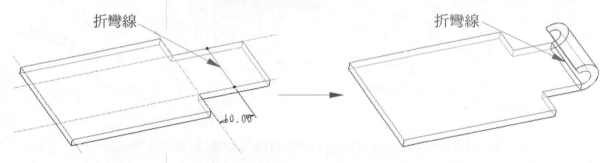

圖 8-28　以 Roll(滾動)→Regular(規則)方式折彎(Wildfire)

3. w/Transition(帶有轉接)：當在平的薄壁上只有一部份折彎時，折彎與不折彎之間須有轉接區，依折彎線之某側及半徑滾動折彎薄壁，以 Roll(滾動)方式，折彎線兩側向上滾動折彎，及半徑以某適當值為例，如圖 8-29 所示。折彎部份在左側，從轉接線 1 開始減少折彎至轉接線 2 停止。

轉接線先畫者為 1，以相同折彎線兩側向上滾動折彎，若改上圖畫轉接線之次序，如圖 8-30 所示。折彎部份改成在右側，從轉接線 1 開始減少折彎

至轉接線 2 停止。此即 Creo 版對話方塊列之圖像 直線兩側折彎及轉接(Transitions)滑動面板。

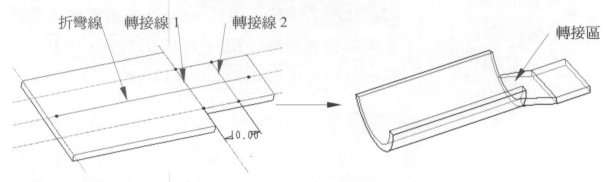

圖 8-29 以 Roll(滾動)→w/Transition(帶有轉接)方式折彎(一) (Wildfire)

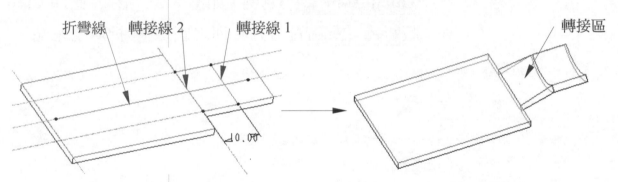

圖 8-30 以 Roll(滾動)→ w/Transition(帶有轉接)方式折彎(二) (Wildfire)

4. Planar(平面)：依折彎線之某側及半徑沿平的薄壁方向折彎薄壁，折彎可選折彎線兩側或單側折彎，以 Regular(規則)或 Roll(滾動)方式，折彎線上側向右折彎，及半徑某值為例，如圖 8-31 所示。

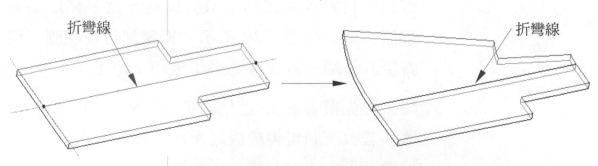

圖 8-31 以 Planar(平面)折彎(Wildfire)

8.6　繪製鈑金件(ch08.prt)

　　本章練習建構一個新建立的鈑金零件，名為 ch08.prt，過程並非唯一的，基本功能將包括：引伸 (Extrude)、平坦(Flat)、各種止裂槽(Relief)、折彎 (Bend)、展平(Unbend)及反折(Bend Back)等，完成之 鈑金件如圖 8-32 所示。

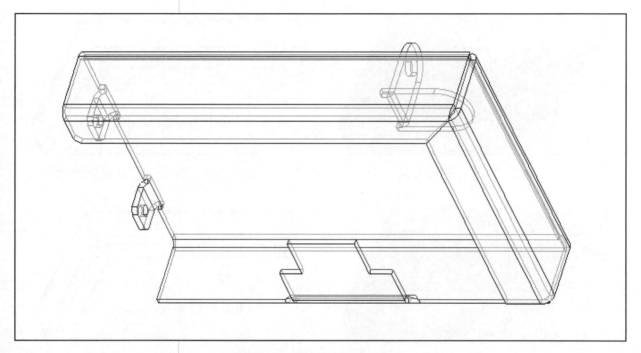

圖 8-32　完成之鈑金件 ch08.prt

　　建構鈑金零件時必須開啟 Part(零件)之 Sub-type (子類型)Sheetmetal(鈑金件)選項進入 Creo，先建立鈑 金零件之第一薄壁及決定鈑材厚度，再依序銜接其他 薄壁及彎折等特徵，完成所需之鈑金零件，最後練習 以展平(Unbend)及反折(Bend Back)薄壁，建構過程共 分五步驟：(圖 8-33)

準備工作：以公制畫鈑金零件

(a) 步驟一：引伸第一壁及決定鈑厚

(b) 步驟二：以平坦連接三邊折彎 90 度薄壁

(c) 步驟三：以各種止裂槽連接三個薄壁及切減孔

(d) 步驟四：切減薄壁後折彎

(e) 步驟五：練習以展平及反折薄壁

(a)引伸第一壁及決定鈑厚

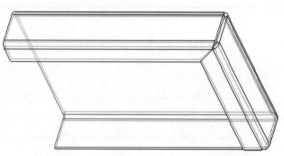

(b)以平坦連接三邊 90 度折彎薄壁

(c)以各種止裂槽連接三個薄壁及切減孔

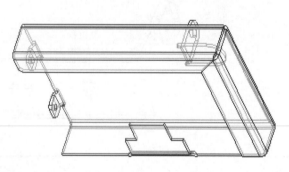

(d)切減薄壁後折彎

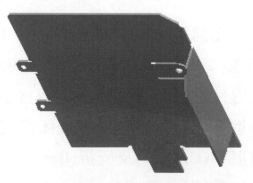

(e)練習以展平及反折薄壁

圖 8-33 建構過程分五步驟

8.6.1　準備工作：以公制畫鈑金零件

1. 在標籤 首頁(Home) 按一下新建(New…)。或按一下功能表 檔案(File)➔新建(New…) 。

2. 顯示 新建(New) 對話框，如圖 8-34 所示。

3. 在類型(Type)接受內定為零件(Part)及在子類型 (Sub-type)中則另外點選鈑金(Sheetmetal)，輸入零件名稱(Name)為 ch08，點掉使用預設範本(Use default template)，未做設定前內定範本為英制，按確定(OK)，準備另選公制單位 mm 繪圖。

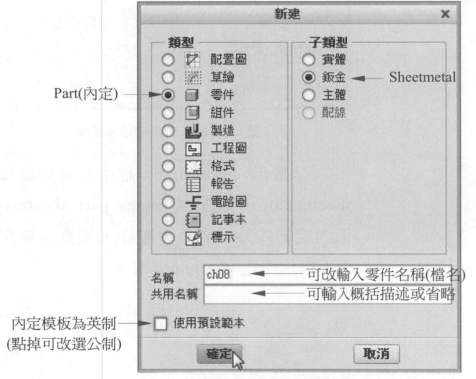

圖 8-34　準備畫公制鈑金件(ch08)

4. 顯示 新檔案選項(New File Option) 對話框，如圖 8-35 所示。選公制 mmns_part_sheetmetal 為範本，

按確定(OK)。

圖 8-35 選公制鈑金零件範本

　　📝 提示：在 config.pro 檔中若將參數 template_sheetmetalpart 值設成 mmns_part_sheetmetal.prt，則內定範本為公制鈑金零件，或直接使用書後所附 CD 片中之 config.pro 檔。

8.6.2　步驟一：引伸第一壁(圖 8-36)

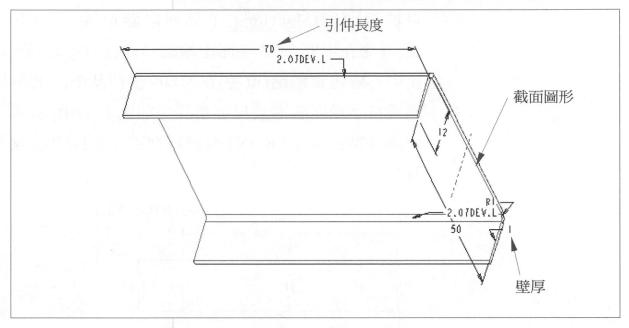

引伸長度

截面圖形

壁厚

圖 8-36　引伸第一壁

過程：

1. 在上方的標籤模型(Model)中，按一下群組形狀
   (Shapes)工具列中之圖像 ⊡ 引伸(Extrude)。開啟標
   籤引伸(Extrude)對話方塊列，如圖 8-37 所示。按
   放 置 (Placement) ， 開 啟 滑 動 面 板 按 定 義
   (Define...)，開啟草繪(Sketch)對話框。

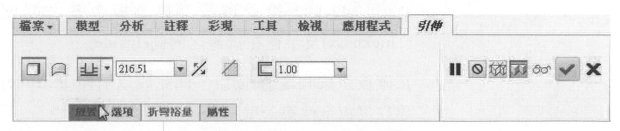

圖 8-37　引伸(Extrude)對話方塊列

2. 選 RIGHT 平面，接受預設草繪定向，按草繪
   (Sketch)，進入草繪器(Sketcher)。

3. 按一下圖形視窗上方工具列的圖像 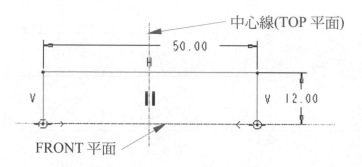 。

4. 以群組 草繪(Sketching) 工具列之圖像「中心線」，先在中間 TOP 平面上繪製一條直立中心線，使中心線確實鎖點(重疊)在 TOP 參照基準面上，完成ㄇ字截面圖形及尺度標註，如圖 8-38 所示。使兩端點鎖點在 FRONT 參照基準面上及以中心線為對稱。

中心線(TOP 平面)

50.00

V   12.00

FRONT 平面

圖 8-38 完成第一壁截面圖形及尺度

5. 截面圖形完成後按圖像 確定。回 引伸(Extrude) 對話方塊列中，輸入拉伸長度 **70**，輸入壁之厚度 **1**，觀察引伸方向及厚度方向是否正確，如圖 8-39 所示。再按一下選項(Options)，開起選項(Options)滑動面板，勾選在銳邊上新增折彎(Add bends on sharp edges)，接受預設半徑為板金壁之厚度(Thickness)及半徑在折彎之內側(Inside)。

6. 正確後須按圖像 按鈕，即完成以引伸(Extrude)建立之鈑金件第一壁特徵，如圖 8-40 所示。

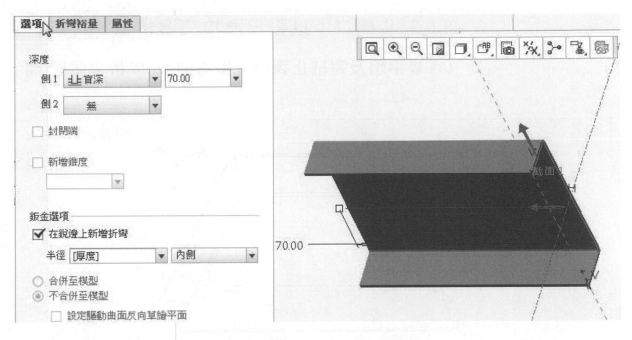

圖 8-39 完成第一壁截面圖形及尺度

　　🦻 提示：(1)鈑金材料折彎時通常設定折彎內
側半徑，半徑值最小可以為 0，折彎外側半徑則依
鈑材厚度而變化。(2)未選在銳邊上新增折彎(Add
bends on sharp edges)時，預設內外半徑皆為 0。(3)
鈑金件以線架構顯示時，鈑材之兩表面分別以白
及綠(內定)兩顏色表示，如圖 8-41 所示。鈑金件
之兩顏色邊線可在後續折彎過程中做折彎線之選
擇以及展平時各折彎薄壁兩表面之判別。

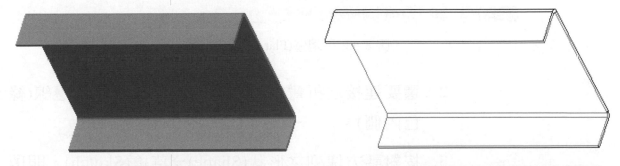

圖 8-40 完成鈑金件第一壁　　　圖 8-41 兩表面分別以白(黑)及綠兩顏色顯示

8.6.3 步驟二：以平坦連接三邊折彎 90 度薄壁

(a) 以平坦及裂縫止裂槽連接右側 90 度折彎薄壁(圖 8-42)

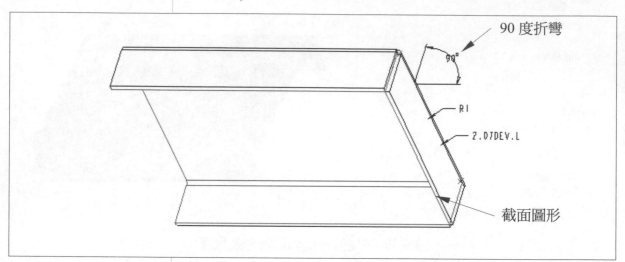

圖 8-42 以平坦及裂縫止裂槽連接右側 90 度折彎薄壁

過程：

1. 繼續按一下群組形狀(Shapes)工具列中之圖像 平坦(Flat)。開啟平坦(Flat)對話方塊列，如圖 8-43 所示。接受預設折彎角為 90 度，選按草繪形狀使用者定義(User Defined)，按一下放置(Placement)。

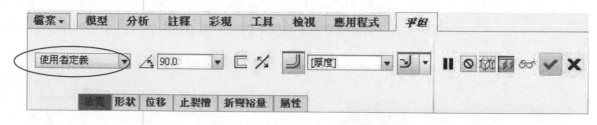

圖 8-43 平坦壁(Flat)對話方塊列

2. 選要連接之折彎線，點選如圖 8-44 所示之邊線(綠色內側)。

3. 按對話方塊列之形狀(Shape)→草繪(Sketch)，開啟

草繪(Sketch)對話框，接受如圖 8-45 所示之草繪定向，按草繪(Sketch)。進入草繪器，準備繪製平坦形狀，截面圖形必須靠在折彎線上。

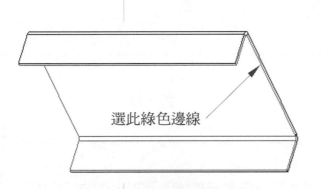

選此綠色邊線

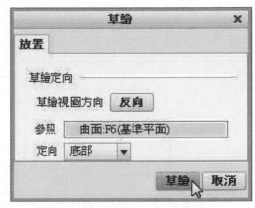

圖 8-44 選要連接之折彎線　　　　圖 8-45 草繪(Sketch)對話框

　　👌 提示：(1)選鈑材外側邊線為折彎線，折彎後之總寬度不變，若選鈑材內側邊線為折彎線，則折彎後之總寬度增加一個鈑材厚度。(2)草繪(Sketch)對話框中無須選草繪平面，因草繪平面即折彎線所在及折彎角 90 度之平面。

4. 按一下圖形視窗上方工具列的圖像 🖼 。

5. 在標籤模型(Model)中，按一下群組設定(Setup)工具列中之圖像 🖳 參照(Reference)，直接點選四條邊線當參照基準，如圖 8-46 所示。

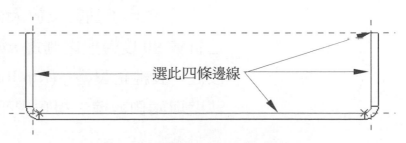

選此四條邊線

圖 8-46 選四條邊線為參照基準

6. 以 草繪(Sketching) 工具列之圖像 ⌄「直線」，畫
截面圖形銜接在折彎線位置，使端點皆鎖點在各
參照基準線之交點上，完成如圖 8-47 所示之三條
直線，圖中無需標註尺度，完成後按圖像 ✓ 確定。

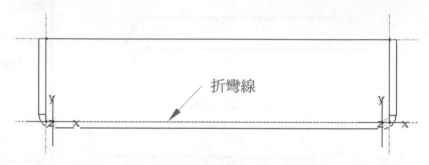

折彎線

圖 8-47 畫三條直線(截面圖形)銜接在折彎線上

🖐 提示：截面不夠或超出折彎線範圍，邏輯
上須選用止裂槽(Relief)，不選，以預設「裂縫」
(Rip)止裂槽。

7. 回 平坦(Flat) 對話方塊列，如圖 8-48 所示。接受預
設使用半徑折彎(⌣)，折彎半徑為[厚度](即鈑厚
1.00)及半徑在折彎內側(⌐)等。並觀察折彎情況
是否正確。

8. 正確後按圖像 ✓ 按鈕，即完成以平坦及裂縫止裂
槽連接右側 90 度折彎薄壁特徵，如圖 8-49 所示。

🖐 提示：翻轉及放大模型，觀察剛新建右側
之折彎 90 度薄壁之側邊，如圖 8-50 所示。乃以預
設之「裂縫止裂槽」(Rip Relief)方式連接時，新建
薄壁與兩側薄壁之拐角幾乎完全接合。

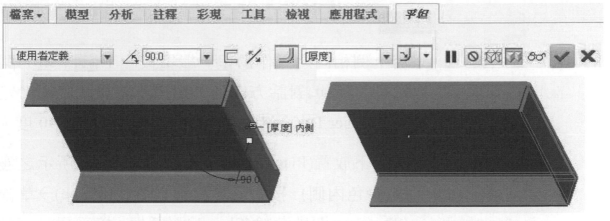

圖 8-48　觀察折彎情況是否正確　　圖 8-49　完成平坦及連接右側 90 度薄壁

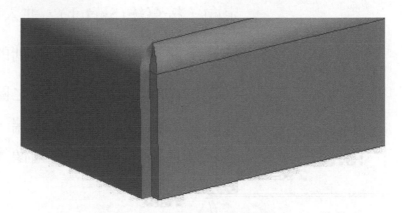

圖 8-50　以預設裂縫止裂槽連接薄壁幾乎完全接合

(b) 以平坦連接內側 90 度折彎 45 度斜邊薄壁(圖 8-51)

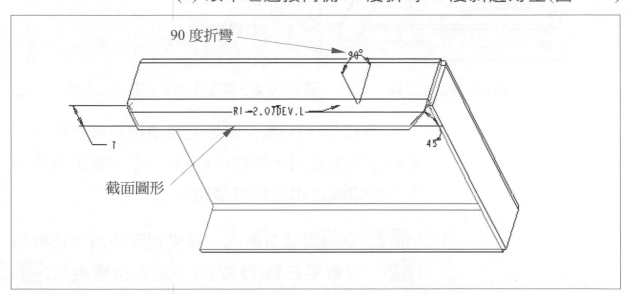

圖 8-51　以平坦連接內側 90 度折彎 45 度斜邊薄壁

過程：

1. 與上例相同之操作過程，繼續按一下 平坦，開啟 平坦(Flat) 對話方塊列。選按草繪形狀使用者定義的(User Defined)，並接受預設折彎角為 90 度。

2. 按一下放置(Placement)，點選如圖 8-52 所示之邊線(綠色內側)。按對話方塊列之形狀(Shape)→草繪(Sketch)，開啟 草繪(Sketch) 對話框，接受預設草繪定向，按草繪(Sketch)，進入草繪器。

3. 按一下圖形視窗上方工具列的圖像 。

4. 以 草繪(Sketching) 工具列之圖像 「直線」，畫截面圖形銜接在折彎線兩端，完成如圖 8-53 所示之三條直線，完成後按圖像 確定。

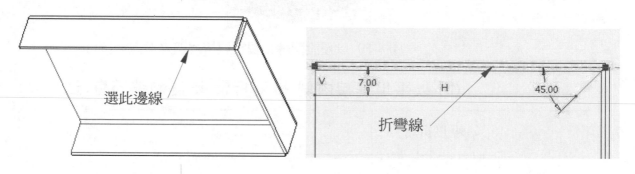

選此邊線

折彎線

圖 8-52 選要連接之折彎線　　　圖 8-53 畫三條直線(截面圖形)銜接在折彎線上

📖 提示：(1)截面剛好完整使用整條折彎線，邏輯上無須選用止裂槽(Relief)。(2)注意折彎線位置，折彎線之兩端點可鎖點。

5. 回 平坦(Flat) 對話方塊列，接受預設使用半徑折彎( )，折彎半徑為[厚度]及半徑在折彎內側( )等。並觀察折彎情況是否正確，如圖 8-54 所示。

6. 正確後圖像 ☑ 按鈕，即完成以平坦連接內側 90 度折彎 45 度斜邊薄壁特徵，如圖 8-55 所示。

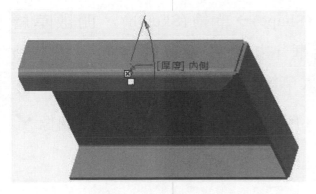

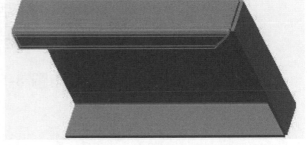

圖 8-54 觀察折彎情況是否正確　　圖 8-55 完成內側 90 度折彎 45 度斜邊薄壁

(c) 以平坦連接內右側 90 度折彎 45 度斜邊薄壁(圖 8-56)

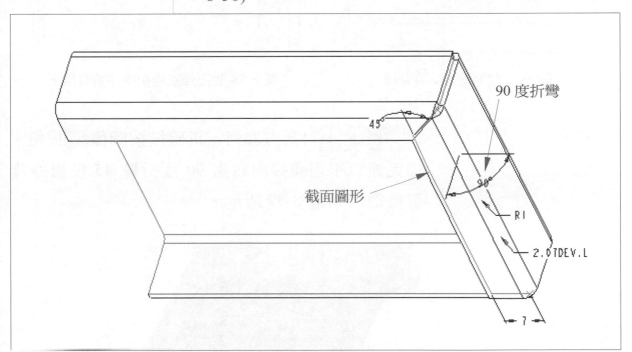

圖 8-56 以平坦連接內右側 90 度折彎 45 度斜邊薄壁

過程：

1. 與上例相同之操作過程，繼續按一下 ⬚ 平坦，按

一下放置(Placement)。

2. 點選如圖 8-57 所示之邊線(綠色內側)。按對話方塊列之形狀(Shape)→草繪(Sketch)，開啟草繪(Sketch)對話框，接受預設草繪定向，按草繪(Sketch)，進入草繪器。

3. 完成如圖 8-58 所示之三條直線，完成後按圖像✔確定。

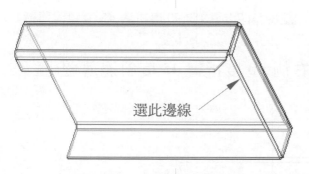

圖 8-57 選要連接之折彎線

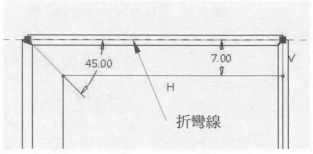

圖 8-58 畫三條直線銜接在折彎線上

4. 回平坦(Flat)對話方塊列，正確後按圖像✔按鈕，即完成以平坦連接內右側 90 度折彎 45 度斜邊薄壁特徵，如圖 8-59 所示。

圖 8-59 完成以平坦連接內右側 90 度折彎 45 度斜邊薄壁

8.6.4　步驟三：連接左側薄壁及切減孔

(a) 以矩形連接左側薄壁並使用矩形止裂槽(圖 8-60)

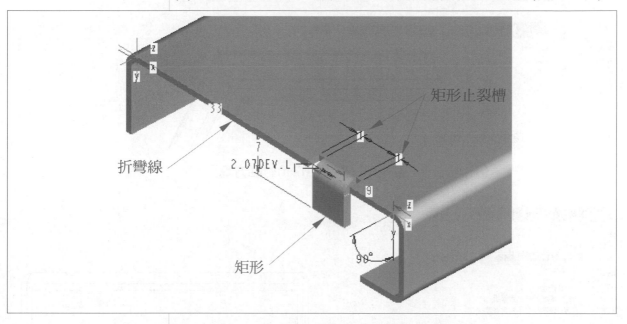

圖 8-60　以矩形連接左側薄壁並使用矩形止裂槽

過程：

1. 繼續按一下群組 形狀(Shapes) 工具列中之圖像 平坦。開啟 平坦(Flat) 對話方塊列，如圖 8-61 所示。按一下放置(Placement)。點選邊線(綠色內側)。接受預設草繪形狀矩形(Rectangle)、接受預設折彎角 90 度、使用半徑折彎( )、折彎半徑為[厚度]及半徑在折彎內側( )等。

2. 按對話方塊列之形狀(Shape)，開啟滑動面板，點選高度尺寸不包含厚度(Height dimension does not include thickness)，可再按草繪…(Shetch…)，如圖 8-62 所示。輸入高度 **7**，左側**-33** 及右側**-9**，並觀察模型中折彎情況及方向是否正確。

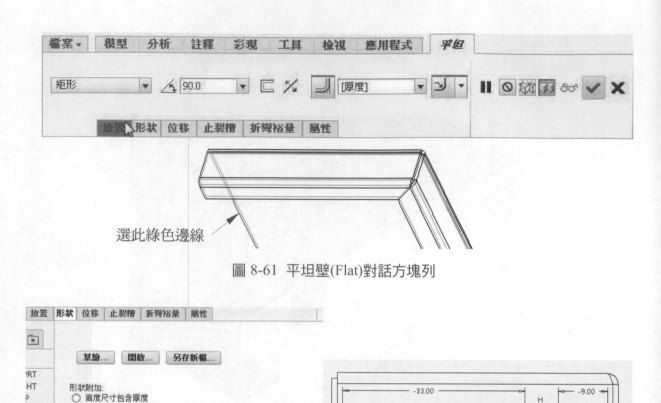

圖 8-61 平坦壁(Flat)對話方塊列

圖 8-62 形狀滑動面板(矩形,草繪)

🖝 提示：(1)輸入折彎線兩側尺度，正值為折彎線加長，負值為切減。(2)點選高度尺寸不包含厚度(Height dimension does not include thickness)可反向，或輸入高度尺度，負值亦可反向。(3)折彎角依折彎線側量度，最小為 0 度即平坦(Flat)，最大為 180 度但反向折疊。

3. 按對話方塊列之止裂槽(Relief)，開啟滑動面板，如圖 8-63 所示。在類型(Type)中點選矩形(Rectangular)，接受內定預設寬度為壁之[厚

度]([Thickness])及高度為至折彎(Up To Bend)。

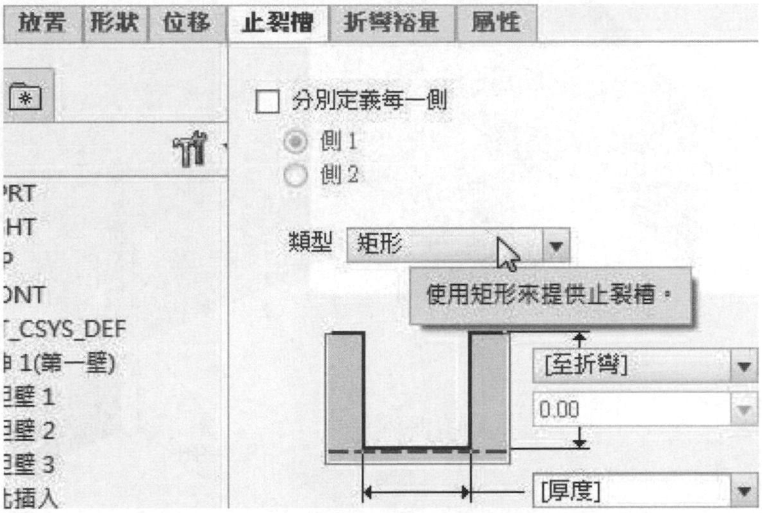

圖 8-63 止裂槽滑動面板(矩形)

4. 正確後按圖像 ✔ 按鈕,即完成以平坦連接左側 90 度矩形止裂槽折彎薄壁特徵,如圖 8-64 所示。

圖 8-64 完成以平坦連接左側 90 度矩形止裂槽折彎薄壁

🖐 提示:(1)止裂槽滑動面板,不點選「分別定義每一側」(Define each side separately),則兩側止裂槽類型相同。(2)截面未能完全使用整條邊線當折彎線時,必須選用止裂槽(Relief)。(3)不選時預設為「裂縫」(Rip)止裂槽。

(b) 以矩形連接左側薄壁使用斜圓形止裂槽(圖 8-65)

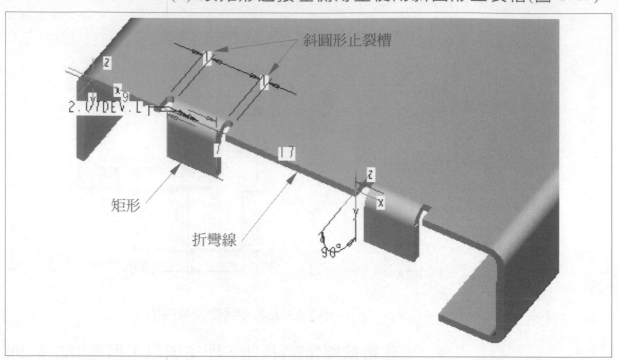

斜圓形止裂槽

矩形

折彎線

圖 8-65 以矩形連接左側薄壁使用斜圓形止裂槽

過程：

1. 與上例相同之操作過程，繼續按一下形狀(Shapes)工具列中之圖像 平坦。開啟平坦(Flat)對話方塊列，按一下放置(Placement)，點選相同邊線(綠色)，如圖 8-66 所示。

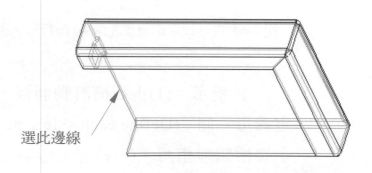

選此邊線

圖 8-66 平坦壁(Flat)對話方塊列

2. 按對話方塊列之形狀(Shape)，開啟滑動面板。點選高度尺寸不包含厚度(Height dimension does not include thickness)，可再按草繪…(Shetch…)，如圖8-67 所示。輸入高度 **7**、左側**-9** 及右側**-17**，並觀察模型中折彎情況是否適當。

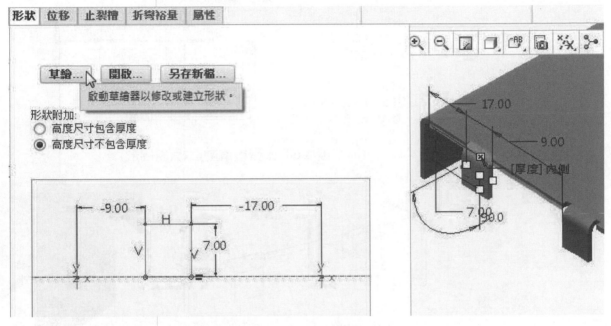

圖 8-67 形狀滑動面板(矩形)

　　　🖐 提示：(1)輸入折彎線兩側尺度，正值為折彎線加長，負值為切減。(2)點選高度尺寸不包含厚度(Height dimension does not include thickness)可反向，或輸入高度尺度，負值亦可反向。

3. 按對話方塊列之止裂槽(Relief)，如圖 8-68 所示。在類型(Type)中點選斜圓形(Obround)，接受內定預設寬度為壁之[厚度]([Thickness])及高度為至折彎(Up To Bend)。

4. 正確後按圖像 ✔ 按鈕，即完成以平坦連接左側 90

度斜圓形止裂槽折彎薄壁特徵，如圖 8-69 所示。

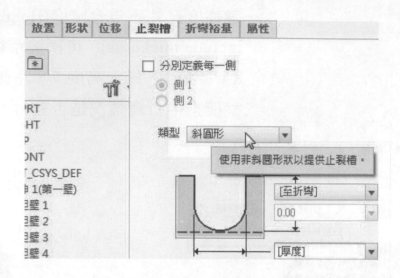

圖 8-68 止裂槽滑動面板(斜圓形)

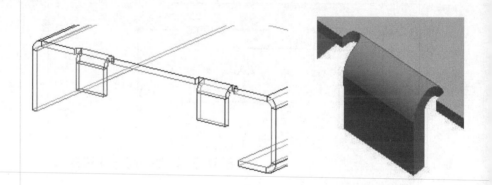

圖 8-69 完成以平坦連接左側 90 度斜圓形止裂槽折彎薄壁

　　🖝提示：(1)上兩例之輸入折彎線兩側尺度切減，乃計算平坦形狀以中心對稱而得。(2)亦可分別改以草繪平坦形狀依中心對稱位置建構。

(c) 切減圓孔特徵(圖 8-70)

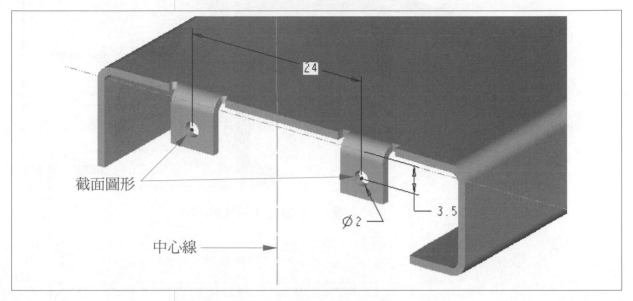

圖 8-70 切減圓孔特徵

過程：

1. 在上方的標籤模型(Model)中，按一下群組形狀(Shapes)工具列中之圖像 ⬚ 引伸(Extrude)。開啟標籤引伸(Extrude)對話方塊列，按放置(Placement)，開啟滑動面板，按定義(Define...)，開啟草繪(Sketch)對話框。

2. 點選前面剛完成部份薄壁之外表面及邊線為右側，如圖 8-71 所示。接受內定箭頭方向，應指向內側，若錯則按反向(Flip)。按草繪(Sketch)。

3. 按一下圖形視窗上方工具列的圖像 ⬚ 。

4. 在標籤模型(Model)中，按一下群組設定(Setup)工具列中之圖像 ⬚ 參照(Reference)，點選 TOP 平面及水平邊線當參照基準，如圖 8-72 所示。

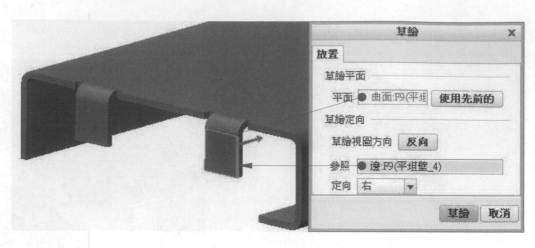

圖 8-71 草繪平面定向

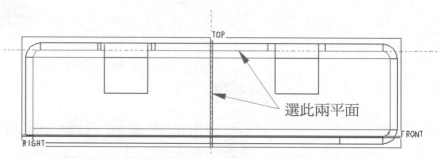

圖 8-72 選選 TOP 平面及水平邊線當參照基準

5. 以 草繪(Sketching) 工具列之圖像 ⋮ 「中心線」，
   先畫一垂直中心線，再以 ◎ 「畫圓」，畫兩相等
   圓為截面圖形，兩圓心以中心線為對稱，完成如圖
   8-73 所示之線條及尺度。

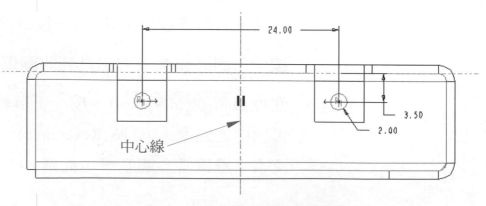

圖 8-73 完成截面圖形及尺度

6. 完成後按圖像 ✔ 確定，回 引伸(Extrude) 對話方塊
　　列中，依如圖 8-74 所示選按，即完成以引伸
　　(Extrude) 切減兩孔特徵。

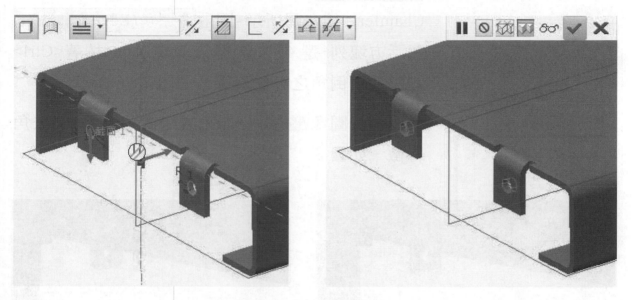

圖 8-74 完成切減孔特徵

　　👂 提示：上圖引伸特徵，其截面圖形為兩個
圓，亦可先完成一個直孔特徵，再以鏡像(Mirror)
複製另一個直孔特徵。

(d) 做五處 1x45°去角(圖 8-75)

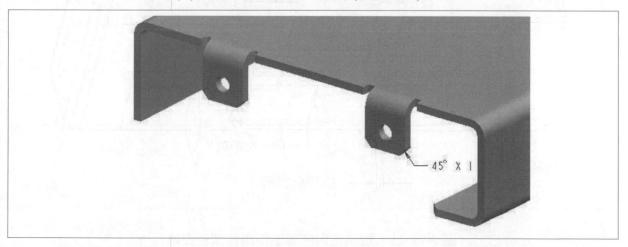

圖 8-75 做五處 1x45°去角

過程：

1. 在標籤 模型 (Model) 中，按一下群組 工程 (Engineering) 下拉工具列中之圖像 ![edge] 邊倒角(Edge Chamfer)，如左圖所示。開啟 邊倒角(Edge Chamfer) 對話方塊列，選 45 X D，輸入 D 值 **1.00**，按著<Ctrl>鍵點選要倒角之五條邊線，如圖 8-76 所示。

2. 完成後按圖像 ![check] 按鈕，即完成建構五處 1x45°去角特徵，如圖 8-77 所示。

圖 8-76 選要倒角之五條邊線

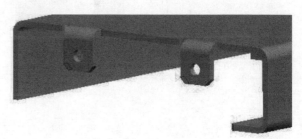

圖 8-77 完成建構五處 1x45°去角

(e) 以 T 形連接內側薄壁使用拉伸止裂槽(圖 8-78)

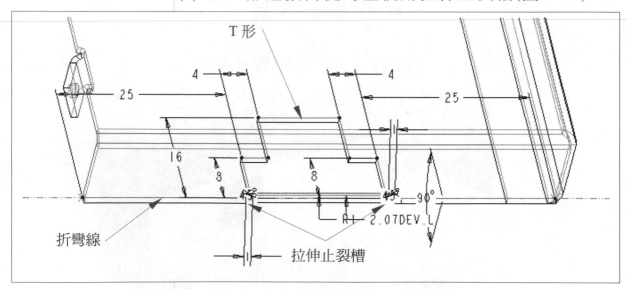

圖 8-78 以 T 形連接內側薄壁使用拉伸止裂槽

過程：

1. 在標籤 模型(Model) 中，按一下群組 形狀(Shapes)
    工具列中之圖像 ⬁ 平坦(Flat)。開啟 平坦(Flat) 對話
    方塊列，如圖 8-79 所示。接受預設折彎角為 90 度，
    選按草繪形狀 T，按一下放置(Placement)。點選綠
    色邊線(內側)，接受其他預設值。

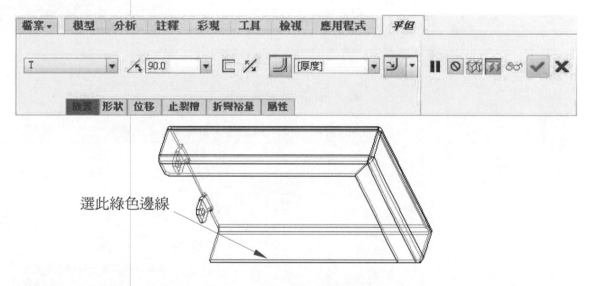

選此綠色邊線

圖 8-79　平坦壁(Flat)對話方塊列

2. 按對話方塊列之形狀(Shape)，開啟滑動面板如圖
    8-80 所示。輸入兩側裁減 **-25** 及其他，並觀察模型
    中折彎情況是否適當。

3. 按對話方塊列之止裂槽(Relief)，開啟滑動面板如
    圖 8-81 所示。選拉伸止裂槽(StrtchRelief)，接受預
    設寬度為壁之厚度(Thickness)，及預設角度為
    45.00 度。

4. 正確後按 ✔ 按鈕，即完成 T 形連接內側薄壁並使
    用拉伸止裂槽特徵，如圖 8-82 所示。

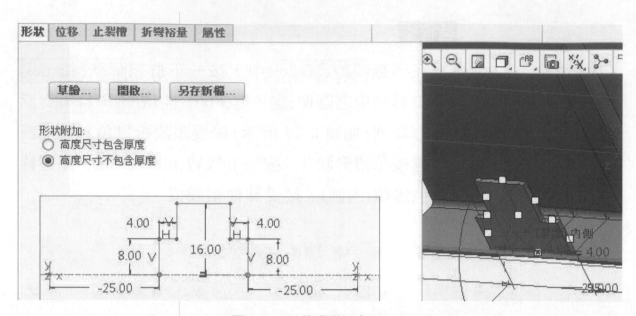

圖 8-80 形狀滑動面板(T 形)

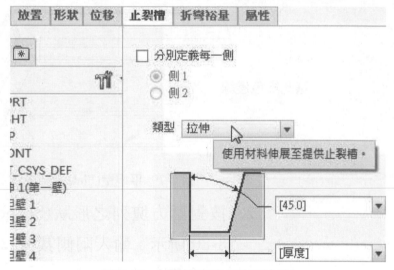

圖 8-81 止裂槽滑動面板(拉伸)

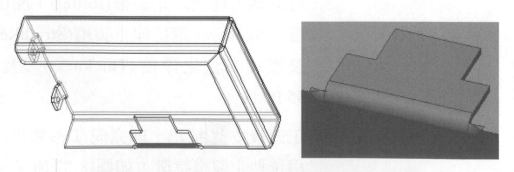

圖 8-82 完成 T 形連接內側薄壁並使用拉伸止裂槽

8.6.5 步驟四：薄切減後折彎

(a) 切減薄 U 形特徵(圖 8-83)

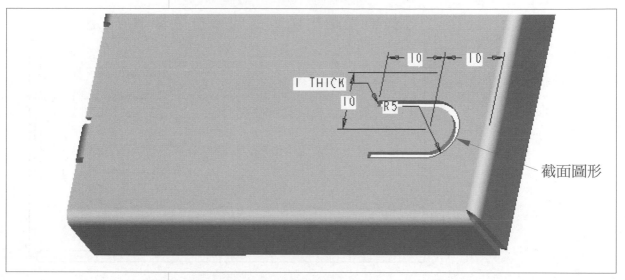

圖 8-83 切減薄 U 形特徵

過程：

1. 在標籤 模型(Model)中，按一下群組 形狀(Shapes) 工具列中之圖像 🗗 引伸(Extrude)。開啟標籤 引伸 (Extrude)對話方塊列，按放置(Placement)，再按定 義(Define...)，開啟 草繪(Sketch)對話框。

2. 翻轉模型，點選如圖 8-84 所示之表面為草繪平 面，接受內定箭頭切減材料方向，應指向內側， 按草繪(Sketch)，進入草繪器。

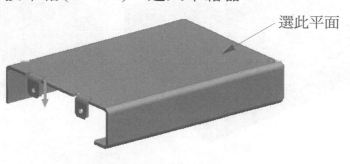

圖 8-84 選草繪平面及定向

3. 按一下圖形視窗上方工具列的圖像 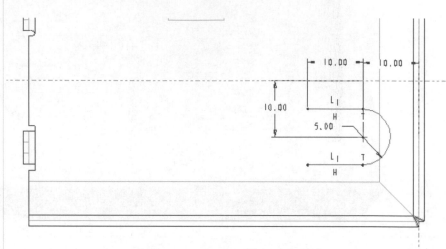 。

4. 繪製如圖 8-85 所示之截面圖形及尺度，使兩直線等長與半圓相切，完成後按圖像 ✔ 確定。

圖 8-85 完成截面圖形及尺度

5. 回 引伸(Extrude) 對話方塊列中，按 切減材料，其方向及圖像 薄切削，輸入 1mm 向內側，如圖 8-86 所示之各選項，即完成切減薄 U 形特徵。

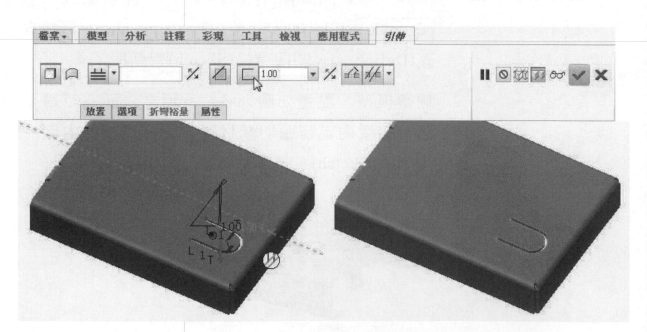

圖 8-86 切減薄 U 形特徵

(b) 以半徑 0 折彎 90 度(圖 8-87)

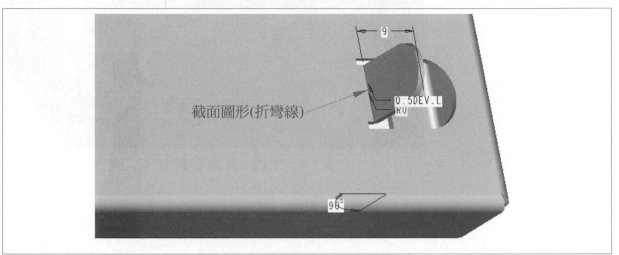

圖 8-87 以半徑 0 折彎 90 度

過程：

1. 在標籤 模型(Model) 中，選按群組 折彎(Bends) 工具列中之圖像 ⋈ 折彎(Bend)。開啟標籤 折彎(Bend) 對話方塊列。按 放置(Placement)，點選準備折彎之表面，如圖 8-88 所示。再按折彎直線(Bend Line)，按一下 草繪(Sketch)。

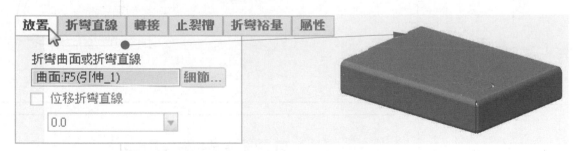

圖 8-88 折彎(Bend)對話方塊列(放置)

2. 出現 參照(Reference) 對話框，增選兩直線及圓弧當參照基準，如圖 8-89 所示。

選此當參照

圖 8-89　增選兩直線及圓弧當參照基準

3. 按一下圖形視窗上方工具列的圖像 🔁 。

4. 以 草繪(Sketching) 工具列之圖像 ✔ 「直線」在兩水平直線間畫一垂直線為折彎線，完成如圖 8-90 所示。使直線之兩端點鎖點在參照基準線上，完成後須按圖像 ✔ 確定。

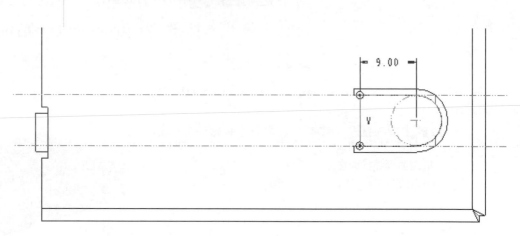

9.00

圖 8-90　完成折彎線及尺度

5. 在 折彎(Bend) 對話方塊列中，輸入折彎半徑 0，可選折彎線之某一側折彎，可自動預覽顯示折彎後情況，如圖 8-91 所示。

選折彎固定邊　　　　折彎角度方向　　折彎半徑

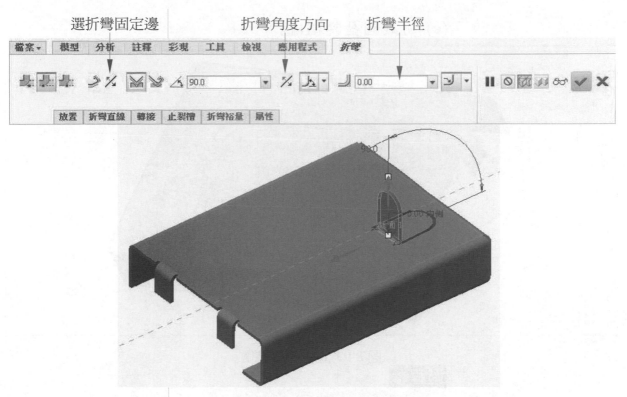

圖 8-91 預覽折彎後情況

6. 確定折彎方向正確後須按圖像 ✔ 按鈕，即完成以半徑 0 折彎 90 度特徵，如圖 8-92 所示。

圖 8-92 完成以半徑 0 折彎 90 度特徵

(c) 切減圓孔特徵(圖 8-93)

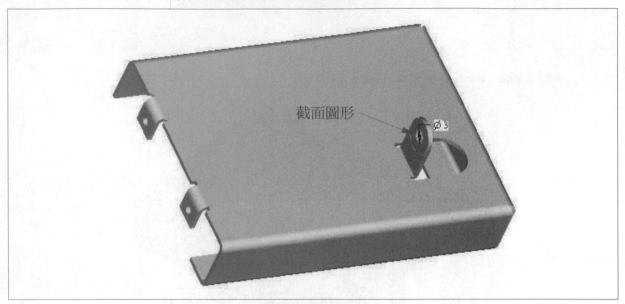

圖 8-93 切減圓孔特徵

過程 :

1. 在上方的標籤模型(Model)中，按一下群組形狀(Shapes)工具列中之圖像 引伸(Extrude)。開啟標籤引伸(Extrude)對話方塊列，按放置(Placement)，開啟滑動面板，按定義(Define...)，開啟草繪(Sketch)對話框。

2. 點選如圖 8-94 所示之箭頭方向，按草繪(Sketch)，進入草繪器。

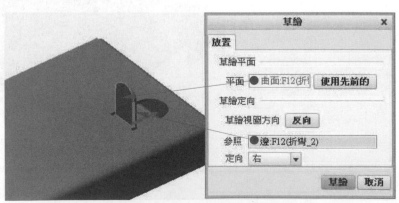

圖 8-94 選草繪平面及定向

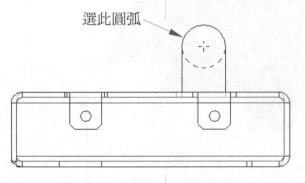

3. 按一下圖形視窗上方工具列的圖像 ⟨image⟩。

4. 以 草繪(Sketching) 工具列之圖像 ◎「同心」，如左圖所示。須選圖中之圓或圓弧，點選如圖 8-95 所示之圓弧，點畫一較小之任意圓，按滑鼠中間鍵結束畫同心圓。

5. 完成如圖 8-96 所示。正確後按圖像 ✔ 確定。

圖 8-95 選圓弧可畫同心圓

圖 8-96 完成截面圖形及尺度

6. 回 引伸(Extrude) 對話方塊列中，依如圖 8-97 所示選按，即完成以引伸(Extrude)切減孔特徵。

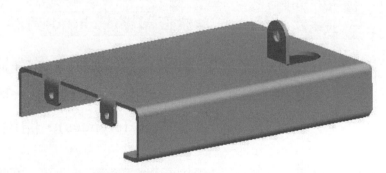

圖 8-97 完成以切減孔特徵

⟨note⟩ 提示：以上切減孔特徵，亦可在折彎前先切減，再做折彎特徵。

8.6.6 步驟五：練習以薄壁展平及折彎回去薄壁

(a) 以展平做全部展開特徵(圖 8-98)

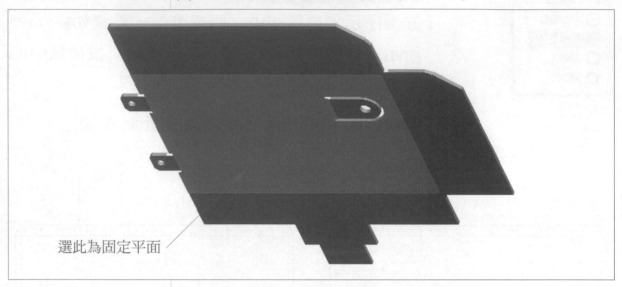

選此為固定平面

圖 8-98 以展平做全部展開特徵

過程：

1. 在標籤模型(Model)中，選按群組折彎(Bends)工具列中之圖像 展平(Unbend)，如左圖所示。開啟標籤展平(Unbend)對話方塊列，如圖 8-99 所示。

2. 展平時預設有一保持固定之鈑平面及可自動預覽，如圖 8-100 所示。可另選固定平面，或按一下參照(References)，開啟滑動面板，另選之。

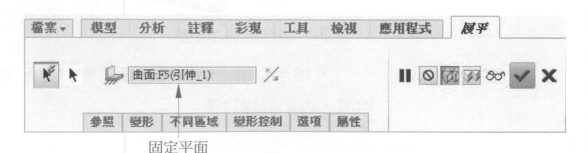

固定平面

圖 8-99 展平(Unbend)對話方塊列

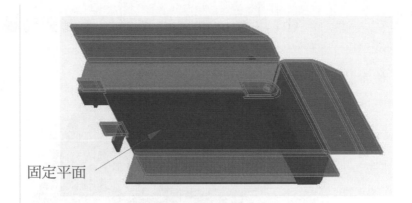

固定平面

圖 8-100　展平(固定平面)

3. 確定固定平面及展開正確後，最後按圖像 ✔ 按
鈕，即完成以展平(Unbend)做全部展開特徵，如圖
8-101 所示。

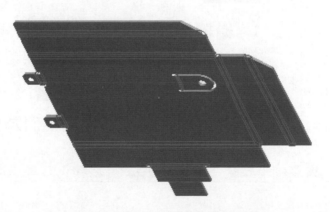

圖 8-101　以展平做全部展開特徵

　　⑨ 提示：(1)選固定邊做展平時，即為包含該
邊之鈑平面，選鈑材斷面時亦同。(2)鈑金零件做
「展平」(Unbend)動作時成為一個特徵，可重新定
義，或刪除恢復先前未展開模型。(3)在一般鈑金
展開時，常見有變形部份，在 展平(Unbend) 對話方
塊列中之 變形(Deformations) 標籤滑動面板中，會
自動偵測變形曲面。

(b) 以反折恢復折彎部份未展開時模型(圖 8-102)

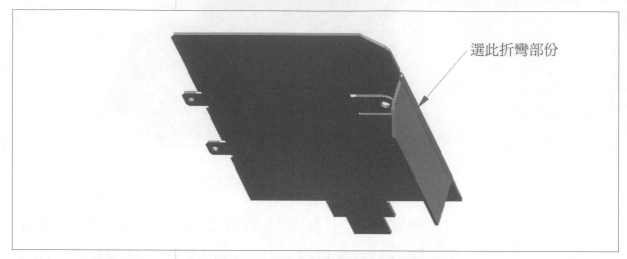

選此折彎部份

圖 8-102 以反折恢復折彎部份未展開時模型

過程：

1. 繼續按群組折彎(Bends)工具列中之圖像 反折 (Bend Back)，如左圖所示。開啟標籤反折(Bend Back)對話方塊列，如圖 8-103 所示。預設反折所有折彎及原展平固定平面為反折固定平面。

所有折彎 另選折彎 反折固定平面

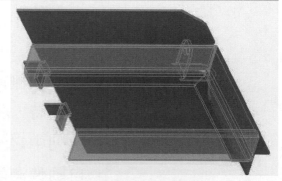

圖 8-103 反折(Bend Back)對話方塊列及預覽

2. 可另選反折折彎及反折固定平面。按一下對話方塊列中之參照(References)，開啟滑動面板。在展平的幾何(Unbend Geometry)收集器中先移除所有折彎部份，再另外點選如圖 8-104 中所示之折彎部份。固定幾何(Fixed Geometry)亦可另外點選。

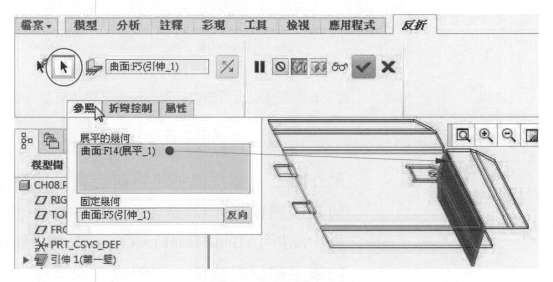

圖 8-104 選反折折彎

　　提示：(1)固定幾何(Fixed Geometry)想另外點選時，應選折彎部份之另一側，才有不同反折效果。(2)注意：展平的幾何(Unbend Geometry)及固定幾何(Fixed Geometry)收集器須填滿淡色時為目前收集區。(3)Creo 收集器中選物件時，須同時按<Ctrl>鍵才可複選。

在反折(Bend Back)對話方塊列，若預覽正確須按圖像✔按鈕，即完成如圖 8-105 所示。以反折(Bend Back)恢復折彎部份未展開時模型之特徵。

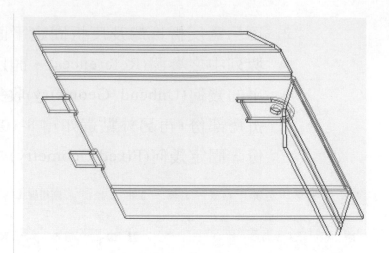

圖 8-105 完成以反折恢復折彎部份未展開時模型

　　💡 提示：(1)鈑金零件做「反折」(Bend Back)動作時為一個特徵，可重新定義，或刪除恢復先前之展開模型。(2)要先做「展平」(Unbend)才可做「反折」(Bend Back)。(3)注意:請勿新增不必要的展平和反折特徵，它們會增大零件尺寸，且可能導致再生時出現問題。

8.7 重點歸納

(a) 鈑金壁，第一壁

1. 開始建立第一片鈑金件的薄壁稱為第一壁(First Wall)，同時必須決定鈑材厚度及方向。

2. 鈑金壁(Wall)以單邊引伸(Extrude)鈑金壁時，必須為單一的開放截面圖形，從截面圖形的垂直方向單邊拉伸形成鈑金壁。

3. 鈑金壁有兩大類型(Wildfire 版)：

　　• 未附加的(Unattached)：即分離壁或稱主要壁，

是獨立的，不需存在其他的壁即可建立，如第一片建構之鈑金壁等。

- 一般壁：即附加的壁或稱次要壁，從屬於至少一個分離壁，為分離壁的子件，須附加在其他壁上。

4. 如果刪除分離壁(主要壁)，一般壁也會跟著被刪除，當有第一壁之後才可建構一般壁。

5. 引伸(Extrude)鈑金壁只能建構未附加的分離壁。

6. 鈑金件以線架構顯示時，鈑材之兩表面分別以白及綠(內定)兩顏色表示。

(b) 平坦, 止裂槽, 折彎線

1. 以平坦(Flat)連接鈑金折彎壁時，必須選直的邊線當折彎線。

2. 折彎線選鈑材內或外側邊線，則折彎後之總寬度皆增加一個鈑材厚度。

3. 連接鈑金薄壁，沒有剛好使用整條折彎線時，必須選用止裂槽(Relief)。

4. 止裂槽的種類有：

- 無止裂槽(No Relief)：剛好使用整條折彎線時不需止裂槽。
- 裂縫(Rip)：需止裂槽時，系統自動選為預設選項，無需輸入值。
- 拉伸(Strtch)：可輸入拉伸止裂槽之寬度，預設為壁之「厚度」(Thickness)，及輸入止裂槽之角

度，預設為 45°。

- 矩形(Rectangular)：須輸入矩形止裂槽之寬度，預設為壁之「厚度」(Thickness)，及輸入止裂槽之深度，預設為「至折彎」(Up To Bend)。

- 斜圓形(Obround)：必須輸入斜圓形止裂槽之寬度，預設為壁之「厚度」(Thickness)，及輸入止裂槽之深度，預設為「至折彎」(Up To Bend)。

(c) 折彎, 展平, 反折

1. 平坦之薄壁折彎(Bend)時，可選折彎線之兩側或任一側邊折彎薄壁。

2. (Wildfire 版)折彎可分 Angle(角) 及 Roll(滾動) 兩種方式。Angle(角) 即 Creo 版折彎(Bend)對話方塊列之圖像 須輸入折彎角折彎。Roll(滾動) 即 Creo 版折彎(Bend)對話方塊列之圖像 折彎至尾端。

3. 當平坦之薄壁非全部折彎時，就必須選 w/Transition(帶有轉接)，即必須有折彎與不折彎間之轉接區(Wildfire 版)。

4. 展平(Unbend)將鈑金件成品展開，可先選(有預設)固定平面，再選折彎圓弧部份(曲面或邊)展平，或再選全部展平。

5. 反折(Bend Back)又稱折彎回去，可將展平的薄壁再折回部份或全部恢復原來樣子。

6. 要先做展平(Unbend)才可做反折(Bend Back)。

7. 折彎(Bend)、展平(Unbend)及反折(Bend Back)皆為

特徵，刪除特徵即可復原來樣子。

8. 請勿新增不必要的展平和反折特徵，它們會增大零件尺寸，且可能導致再生時出現問題。

習 題 八

1. 以公制 mm 單位，繪製下列鈑金(Sheetmetal)零件，並練習展平。(有<u>底線</u>為挑戰題)

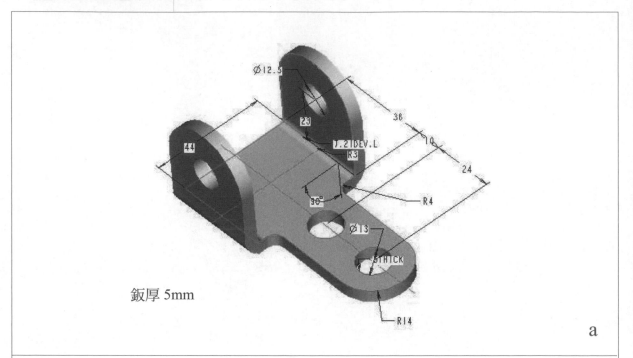

鈑厚 5mm

a

鈑厚 3mm

b

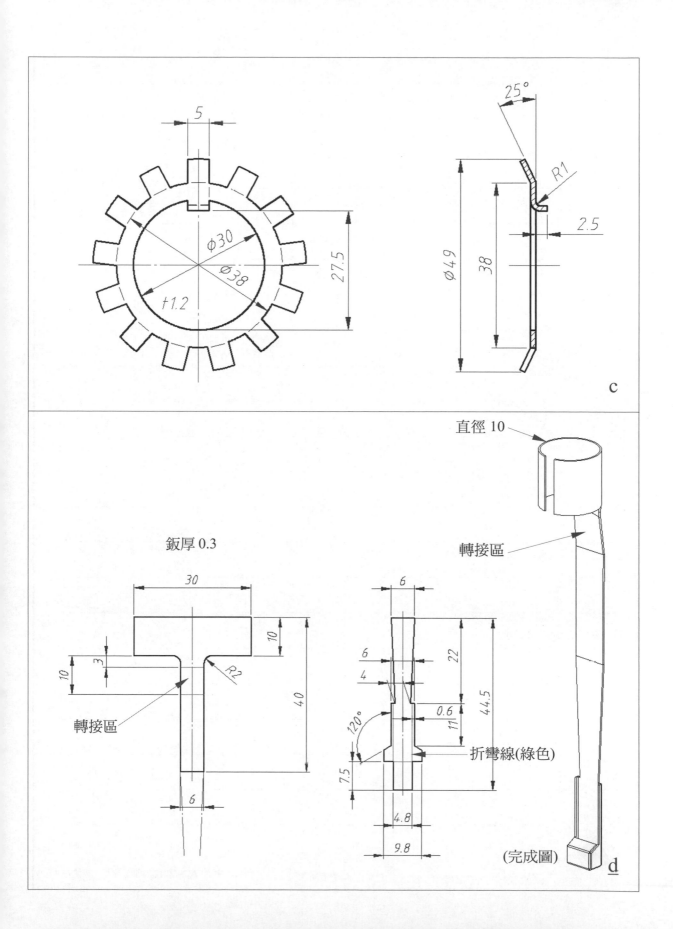

c

鈑厚 0.3

轉接區

直徑 10

轉接區

折彎線(綠色)

(完成圖)

d

9

組 件

練習組裝已有之零件

組裝干涉分析

修改零件之顏色

爆炸圖

簡化表示法

組件工程圖

9.1　組件

　　將多個零件(Components)(或稱元件)組裝在一起,稱為組件(Assembly)或次組件,如同零件由特徵合併而成一樣,組件也由零件或次組件合併而成。在建立組件或次組件時,必須首先建立基準特徵或基本元件,然後才可插入組件或次組件到現有組件和基準特徵中。通常以在組件中建立三個正交的基準平面作為第一個特徵,就可以相對於這些平面來組裝元件,或在組件模式下建立一個零件作為第一個元件。

　　在進入組件時若選「使用預設範本」(Use default template),即可以內定預設三個正交的基準平面(ASM_FRONT、ASM_TOP 及 ASM_RIGHT)做為第一個特徵,如圖 9-1 所示。其優點如下:

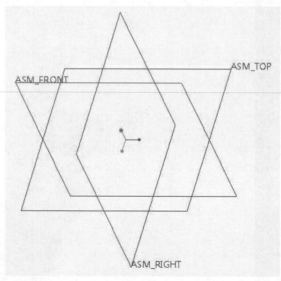

圖 9-1　組件的第一個特徵(三個正交的基準平面)

1.　可以重新定義組裝的第一個元件的放置約束。

2.　可以陣列新增的第一個元件,建立靈活的設計。

3. 可以將後面的元件重新排列，使之排在第一個元件之前(只要這些元件不是第一個元件的子件)。

在的組件模式下，不但可以根據零件的組合方式來設計零件，而且可以將零件和次組件組合成組件，然後對該組件進行模擬、修改、分析及重新定向。

9.1.1　插入元件

可由按群組元件(Component)工具列中之圖像 組裝(Assemble)，如左圖所示，選取並開啟零件插入組件中。將開啟標籤元件放置(Component Placement)對話方塊列。當插入元件(Component)放置到組件中時，有預設定義及使用者定義兩種方法，以及多種元件放置的約束(Constraints)類型，且可分開元件及組件視窗以方便分開選取參照。預設設定將為使用者定義之「自動的」(Automatic)放置約束類型。從組件和元件中選擇一對有效參照後，將自動選擇適合該對參照的約束類型。

9.2　組裝零件

組裝零件至組件中又稱為元件放置(Placement)，組裝時可分開顯示單獨元件及組件視窗或只顯示組件視窗，如圖 9-2 所示。Creo 版則增加可採 3D 拖拉方式移動及旋轉元件(CoPilot)，如圖 9-3 所示。

顯示元件及組件視窗

圖 9-2　顯示元件及組件視窗

圖 9-3　3D 拖拉

元件的放置大約可分為兩種方法，即預設定義(Predefined Constraint)及使用者定義(User Defined)兩種，說明如下：

9.2.1 預設定義

預設定義的約束(Predefined Constraint)可定義元件在組件內的移動，包含連接對(Connection)類型的約束。連接對可定義某種特定的運動類型，當選定可進行運動的連接對後，相應的約束隨即出現，不能刪除、變更、移除或新增這些約束類型，只能新設定、刪除、禁用及啟動整個連接對。預設定義的約束將保留一些自由度以做為模擬、機構分析及動畫等之用，又稱為連接對定義。預設定義完成後之模型樹，如左圖所示，其中 BASE.PRT 為基底(Ground)。

組裝時必須依元件在組件內的可能移動之設定，當顯示完成連接對定義(Connection Definition Complete)才算元件組裝完成，如圖 9-4 所示。若消除元件在組件內的移動，可轉換為使用者定義的約束。

無自由度基底

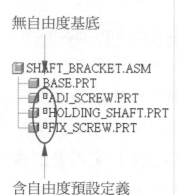

含自由度預設定義

元件在組件內的移動

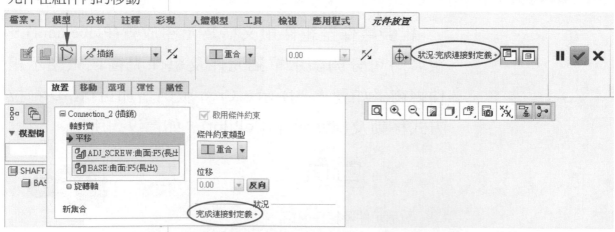

圖 9-4 完成連接對定義時，才表組裝成功

　　預設定義集合清單(Predefined Set list)，如圖 9-5
所示。說明如下：

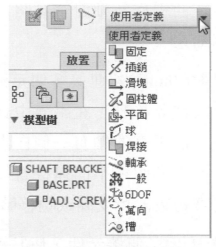

圖 9-5 預設定義集合清單

1. 固定(Rigid)：將兩個元件連接在一起，以使其不會
   相對於彼此移動，將使用任何有效的約束類型來
   約束它們。以這種方式連接的元件會變成單個主
   體，固定連接對集合約束與使用者定義的約束集
   合類似。

2. 插銷(Pin)：將元件連接至參照軸，使元件沿著參
   照軸以一個自由度旋轉或移動。可選取軸、邊、
   曲線或曲面作為軸參照，以及選取基準點、頂點
   或曲面作為平移參照。插銷(Pin)連接對集有兩種
   條件約束：軸對齊和重合。

3. 滑塊(Slider)：將元件連接至參照軸，使元件沿著
   該軸以一個自由度移動。可選取邊或對齊軸作為
   對齊參照，以及選擇曲面作為旋轉參照。滑塊連
   接對集合有兩種約束：軸對齊和平面貼合，對齊
   可約束沿軸的旋轉。

4. 圓柱體(Cylinder)：連接元件，使其以兩個自由度沿著特定軸移動或繞著特定軸旋轉。可選取軸、邊或曲線作為軸對齊參照。圓柱體連接對集有一個約束。

5. 平面(Planar)：連接多個元件，使它們在平面中相對於彼此移動，在平面中具有兩個自由度，繞與該平面垂直的軸有一個自由度。可選取貼合或對齊曲面參照。平面連接對集合有一個平面貼合或對齊約束。可反向或位移貼合或對齊約束。

6. 球(Ball)：連接元件，使其可朝任意方向旋轉，具有三個自由度(360°旋轉)。可選取對齊參照的點、頂點或曲線端點。球連接對集合具有一個點對點對齊約束。

7. 焊接(Weld)：將一個元件與另一個元件連接在一起，使它們不會相對於彼此移動。以元件的座標系統與組件中的座標系統對齊，將元件放置於組件內，在組件內使用開放式自由度可對元件進行調整。焊接連接對具有一個座標系統對齊約束。

8. 軸承(Bearing)：球(Ball)與滑塊(Slider)連接對的組合，具有四個自由度。有三個自由度(360°旋轉)，以及沿參照軸的移動。可選擇元件或組件上的點作為第一參照，以及選組件或元件上的邊、軸或曲線作為第二參照。點參照可繞著邊自由旋轉，也可以沿著其長度移動。軸承連接對具有一個邊上點對齊約束。

9.　一般(General)：有一或兩個可放置的約束，與使用
　　者定義的約束類型相同。一般連接對無法使用相
　　切、點在曲線上，以及點在非平面曲面上等約束。

10.**6DOF**：不影響元件相對於組件的運動，因為未應
　　用任何約束。元件的座標系統與組件中的座標系
　　統對齊。X、Y 和 Z 組件軸為運動軸，可繞這些
　　軸旋轉或沿某運動軸而平移。

11.萬向(Gimbal)：又稱平衡環，具有置中條件約束的
　　樞軸連接點。會對齊座標系中心，但不會對齊軸，
　　以允許自由旋轉。

12.槽(Slot)：點在非直線軌跡上，此連接對有四個自
　　由度，其中點在三個方向上沿著軌跡而變動。在
　　元件或組件上選擇一個點作為第一參照，參照點
　　沿著非直線的參照軌跡而變動，軌跡具有放置連
　　接對時所設定的端點。槽連接對具有一個點與多
　　邊或多曲線對齊的約束。

9.2.2 使用者定義

　　使用者定義(User Defined)方法為預設選項，適用
一般零件之組裝，在 3D 空間放置零件時，為使零件
能固定在某位置上，通常須三個(x、y 及 z)固定方位，
有時因某約束類型後(如選軸線對齊)，可減少一個固
定方位，即所謂的允許假設(Allow Assumptions)，但
最終放置狀態(Placement Status)須顯示為完全受限制
(Fully Constrained)時，才表組裝完全，如圖 9-6 所示。
但放置狀態若為部份約束時與預設定義類似。使用者

定義組裝完成後之模型樹，如左圖所示。

使用者定義組裝完全時，因零件已固定在空間方位，無法進一步做模擬、機構分析及動畫等之用，但可投影一般組合圖，含剖面(X-sec)及零件表等。

圖 9-6 顯示「完全受限制」時，才表組裝完全

使用者定義的放置(Placement)滑動面板，其約束類型(Constraint Type)清單中有下列 11 種約束類型，如圖 9-7 所示。說明如下：

圖 9-7 使用者定義的約束類型

1. ⚡自動的(Automatic)：為預設選項，將依所選之兩個參照自動選可能之約束類型，以提高工作效率。其他約束類型所選之參照若不適用該約束類型時，將自動轉換成自動的(Automatic)約束類型，即自動改選其他適用之約束類型。

2. 🔲距離(Distance)：即包含 Wildfire 版之貼合(Mate)、對齊(Align)及位移(Offset)等。參照可選基準軸與平面，乃軸與平面、兩軸及兩平面之位移距離。可輸入位移距離改變元件之放置，當輸入值為負值時為反相之距離。當所選參照兩平面之法向不同時(基準平面法向不同時分別顯示黑色及咖啡色)，預設位移(offset)值為 0.0，有反向(Flip)之按鈕，即可能為兩面貼合(Mate)或對齊(Align)。如圖 9-8 所示為參照選兩平面之可能結果。

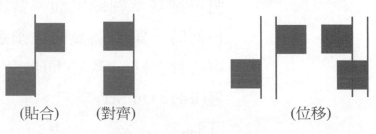

(貼合)　　　(對齊)　　　　　　　　　(位移)

圖 9-8 距離(選兩平面)

3. ◹角度位移(Angle Offset)：放置元件，使其與組件參照成一個角度。參照可選基準軸或平面，依所選參照顯示位移角度，可輸入角度改變元件放置之方向，當輸入值為負值時為反相之角度。當參照先選平面時，則另一參照只能選平面。

4. 🔳平行(Parallel)：使元件參照的方向與參照的方向平行。參照通常可選基準軸或平面，參照先選

平面時，則另一參照只能選平面。當參照選兩圓錐或圓柱面時，亦會使元件物件之中心軸與組件物件之中心軸平行。

5. ⬛重合(Coincident)：使元件參照的位置與組件參照重合。參照可選基準軸與平面，依所選參照移動元件使元件參照與組件參照重合。通常參照先選平面時，則另一參照只能選平面。即包含 Wildfire 版的線上的點(Pnt On Line)等。

6. ⬛法向(Normal)：使元件參照垂直於組件參照。參照可選基準軸或平面，通常參照先選平面時，則另一參照只能選平面。

7. ⬛共面(Coplannar)：使元件參照與組件參照放置在同一平面。第一個參照可選基準軸，第二個參照可選基準軸或平面。當第一個參照選圓錐或圓柱面時，第二個參照也須選圓錐或圓柱面，可兩中心軸在同一平面。即包含 Wildfire 版的曲面上的邊(Edge On Srf)等。

8. ⬛置中的(Centered)：將元件參照與組件參照放置在同一中心位置。參照可選圓錐或圓柱面，可兩中心軸重疊。即相同於 Wildfire 版的插入(Insert)，將元件的旋轉曲面插入組件的旋轉曲面中，可使兩旋轉曲面的軸線同軸。

9. ⬛相切(Tangent)：定位兩個不同類型的參照，使其彼此面對，形成面相切方位。參照可選表面或基準平面，使元件的表面或基準平面與組件的表

面或基準平面位相切方位。即包含 Wildfire 版的相切(Tangent)及曲面上的點(Pnt On Srf)等。

10. ⬚固定(Fix)：就目前元件在圖形視窗中目前的位置直接固定元件。即元件可能已經由其他約束類型放置或 3D 拖拉方式移動及旋轉等，尚未顯示為完全受限制(Fully Constrained)時採用。

11. ⬚預設(Default)：將元件預設的座標系統與組件預設的座標系統自動對齊來放置元件。通常在放置第一個零件時使用，如組合圖中之本體或底座等，在模擬、機構分析及動畫中為固定不動之元件，稱為基底(Ground)。

　　◉提示：選兩參照時，(1)當出現「不完全約束」(Not Full Constrained)表可約束(部份約束)但元件未移動。(2)當出現「約束無效」(Constraints Invalid)表目前情況下無法做約束。(3)當所選之參照無法放入收集器中，或無法選時，表目前所選之參照無法做約束。

9.3　模型組裝干涉分析

　　組裝完畢後，最好做模型組裝干涉分析檢查，以了解是否零件形狀大小正確，或組裝位置是否正確等，在上方標籤分析(Analysis)中，按一下群組檢查幾何(Inspect Geometry)工具列之圖像整體干擾(Global Interference)，進入整體干擾(Global Interference)對話框，按一下圖像 ⬚ ，若有干涉情況時將會在中間收集欄中顯示，如圖 9-9 所示。有三處干涉，圖形

視窗中以顏色表示干涉情況，藍色及紅色表兩元件有干涉，粗線咖啡色表干涉區域。

有干涉情況發生時，可「開啟」(Open)元件修正或「編輯定義」(Edit Definition)元件修正組裝等，至無干涉情況發生為止。

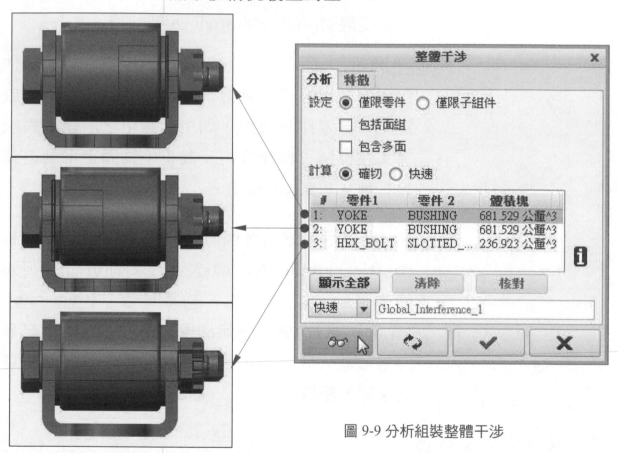

圖 9-9 分析組裝整體干涉

9.4 修改零件顏色

元件實體模型預設為隱灰色，可任意修改零件的顏色及顏色的各種屬性，如反光及明暗度，甚至使顏色成透明狀，能觀察內部結構等。可由標籤模型(Model)中，按一下群組模型顯示(Model Display)工具列中之圖像外觀庫(Apperance Gallery)，開啟下拉對話

框，如圖 9-10 所示。第一個顏色 ref_color1 為內定預設，另有其它多種顏色可選用及修改。

改元件顏色時，可選顏色，將出現刷子，點選要改顏色之元件(按<Ctrl>鍵可複選)，完成按確定(OK)即可。按清除外觀(Clear Apperance)，點選要清除顏色之元件(按 Ctrl>鍵可複選)可清除所改顏色成預設顏色。要修改已選用顏色可按編輯模型外觀(Edit Model Appearances)，將開啟模型外觀編輯器(Model Appearance Editor)對話框，可編輯模型已用顏色，模型預設顏色 ref_color1 無法編輯。

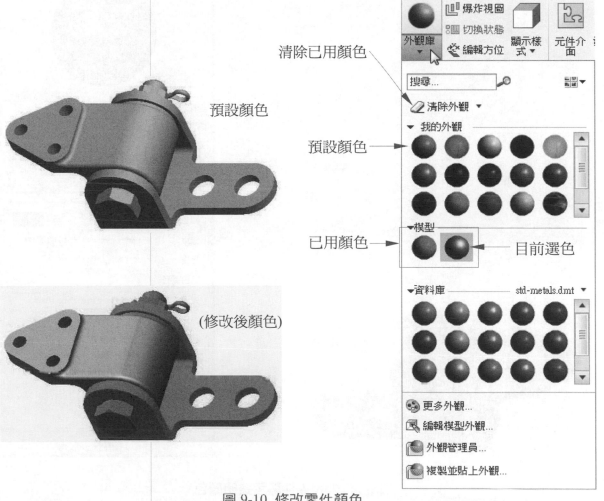

圖 9-10 修改零件顏色

9.4.1 透明顏色

除內定預設顏色外，組件中將外表元件設定為透明狀，有利觀察內部結構，如圖 9-11 所示。在 模型外觀編輯器(Model Appearance Editor) 對話框中，先選模型已用顏色，再調整「透明度」(Transparency)的滑桿，可直接顯示透明程度。

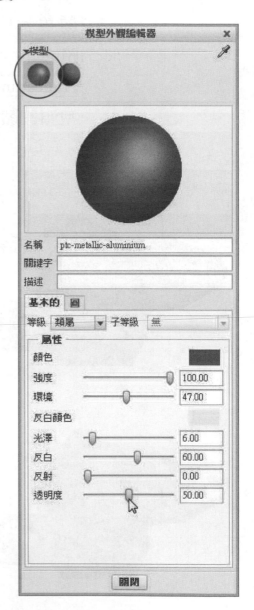

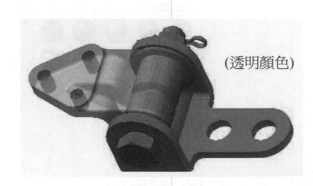

(透明顏色)

圖 9-11 外表零件顯示透明顏色

9.5　爆炸圖

　　　　顯示組件之爆炸圖，有利於了解元件組裝之次序、位置及組裝操作等。可編輯位置(Edit Position)來設定不同爆炸狀態之元件位置。以使用者定義(User Defined)放置且完全受限制(Fully Constrained)的組件，有一預設爆炸(Default Explode)狀態。

　　　　展示爆炸狀態，可由標籤模型(Model)中，按一下群組模型顯示(Model Display)工具列中之圖像 🖳 爆炸視圖(Exploded View)，模型即顯示預設爆炸視圖，如圖 9-12 所示。再按圖像 🖳 爆炸視圖(Exploded View)，模型將恢復不爆炸狀態，如圖 9-13 所示。

圖 9-12　預設爆炸視圖

圖 9-13　不爆炸視圖

　　　　可編輯爆炸位置，由標籤模型(Model)中，按一下群組模型顯示(Model Display)工具列中之圖像 🛠

編輯方位(Edit Position)，開啟標籤爆炸工具(Explode Tool)對話方塊列，依平移(預設)、旋轉及視圖平面等三種移動類型，選元件即可移動位置。亦可繪製爆炸線及編輯線條式樣等，完成後按圖像✔按鈕，即為編輯後之預設爆炸狀態方位，如圖 9-14 所示。

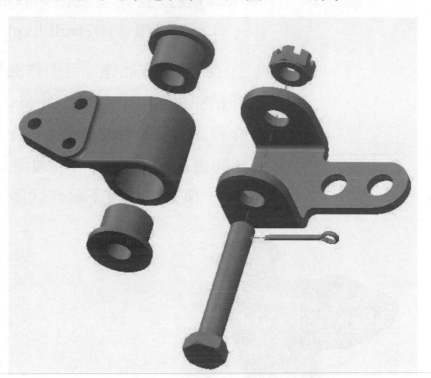

圖 9-14 編輯後之預設爆炸視圖

儲存爆炸情況位置，可由標籤檢視(View)，再按一下群組模型顯示(Model Display)工具列中之圖像管理視圖▼(Manage Views▼)，再選視圖管理員(View Manager)，如圖 9-15 所示。開啟視圖管理員(View Manager)對話框，按標籤爆炸(Explode)，先按新建(New)，以預設名稱 Exp0001(或其他名稱)；再按編輯(Edit)工具列中之圖像⚒編輯方位(Edit Position)，如圖 9-16 所示，編輯後再按儲存…(Save…)即可。

圖 9-15　選視圖管理員　　　　　　　圖 9-16　編輯及儲存爆炸視圖

9.6　簡化表示法

　　當遇零件較多或複雜之零件時，組件將須花較長時間顯示，可試按一下圖形視窗上方工具列如左圖所示。工具列中的各圖像，觀察模型重新顯示之時間，發現當以 隱藏線 或 消隱 顯示時，因需計算隱藏線，故須花較長時間顯示，若改以「簡化表示」(Simp Rep)顯示時，當可節省顯示時間，或自行設定以簡化表示某些複雜零件，節省顯示時間，以方便做其他操作。有各種不同程度之簡化表示，例如內定預設之簡化表示以及自行設定之簡化表示。

　　以簡化表示(Simp Rep)可減少再生、擷取和顯示需要的時間，以提高工作之效率，並允許自訂工作環境使其只包含目前感興趣的資訊。例如可以從組件中刪除目前未處理的子組件，透過排除零件的某些特徵

或定義特定的工作區，可簡化零件的幾何等。在工程圖中，可建立簡化表示的視圖。

可由標籤檢視(View)，再按一下群組模型顯示(Model Display)工具列中之圖像管理視圖▼(Manage Views▼)，再選視圖管理員(View Manager)。開啟視圖管理員(View Manager)對話框，按標籤簡化表示(Simp Rep)，進入簡化表示選取，如圖 9-17 所示。前有➡者為目前的簡化表示。

圖 9-17　簡化表示

9.6.1　簡化表示之名稱

簡化表示的主要類型有「幾何」、「圖形」和「符號」表示等三種，圖形和幾何表示可加速複雜組件的擷取過程，但無法修改其中的元件特徵，只可顯示如切削和孔等組件特徵，因此在提高效能的同時仍可顯示精確的幾何模型。

　　依不同程度及情況有七種內定之簡化表示，選擇時將組件的全部零件設成某程度的簡化表示，七種內定之簡化表示說明如下：(圖 9-17)

1. **預設表示(Master Rep)**：剛建立組件時預設表示與主表示一樣，但可重新定義及更新預設表示，以建立不同主表示之變化版。

2. **主表示(Master Rep)**：即未做簡化表示之一般正常表示方法，無節省顯示時間。將反映組件的全部細節，包括所有成員。

3. **輕量圖形表示(Light Graphics Rep)**：可擷取組件元件的組件資訊與 3D 縮圖。可在組件中手動往底下層級探索，並用內部元件縮圖取代縮圖。欲使用特定元件，可以用傳統表示取代任何縮圖。

4. **預設包絡表示(Default Envelope Rep)**：包絡即只顯示物件之簡單外殼圖形，有如手機之包膜。可用包絡來表示組件元件。存在多個包絡時，可以選取預設包絡來表示所選元件。須另存建立一相同簡單外形(羽量化特徵)之元件檔案做為替代。

5. **符號表示(Symbolic Rep)**：可以符號來表示元件。符號的放置方式與基準點類似，預設象徵符號的象徵點標籤會顯示在組件中，可以將質量屬性應用到符號簡化表示。

6. **幾何表示(Geometry Rep)**：只能取得幾何資訊可以修改編輯特徵。可刪除隱藏線，獲得度量資訊並精確計算質量屬性及參照其他組件元件等，可節省一

些顯示時間。

7. 圖形表示(Graphics Rep)：只能取得圖形顯示資訊
無法修改編輯特徵，可快速瀏覽大型複雜之組件，
可節省較多顯示時間。

9.6.2 設定簡化表示

在 視圖管理員(View Manager) 對話框及標籤簡化
表示(Simp Rep)，按一下新建(New)，如圖 9-18 所示。
預設名稱為 Rep0001(或輸入其他名稱)，按<Enter>即
進入新建簡化表示。修改時按編輯(Edit)選重新定義
(Redefine)，可修改已設定的簡化表示。

預覽

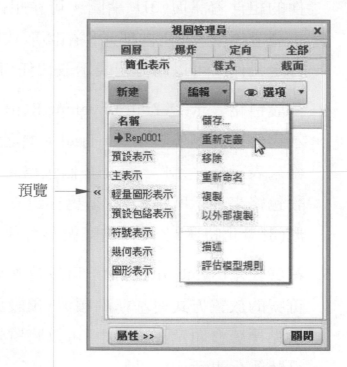

圖 9-18 修改編輯簡化表示

在新建簡化表示名稱時，預設為排除所有元件，
編輯新的簡化表示。可先從組件位置選大部份要簡化

表示之所有元件，如圖 9-19 所示選主表示。再選少部
份元件之排除、替代情況或選預設包絡表示，如圖
9-20 所示，選排除調整螺絲(ADJ_SCREW.PRT)。

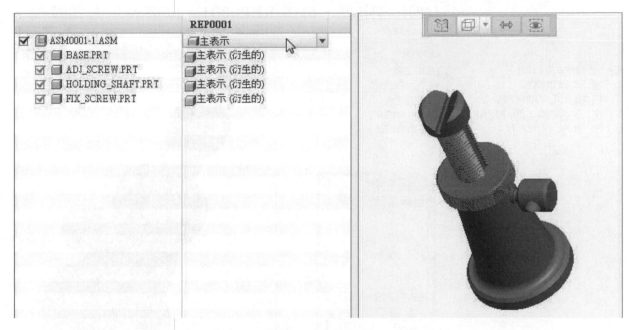

圖 9-19 新建簡化表示(選主表示)

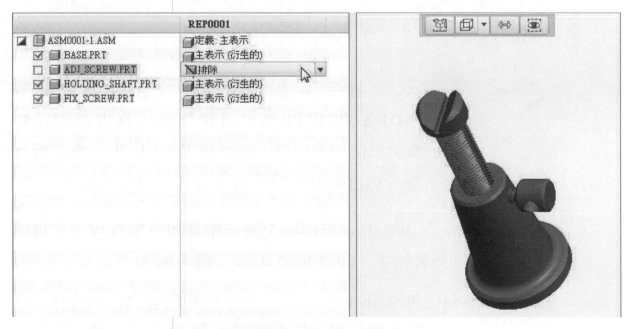

圖 9-20 新建簡化表示(選排除調整螺絲)

在新建簡化表示名稱時，亦可用替代(Substitute)將有複雜外表之元件簡化，如圖 9-21 所示，在組件選全部主表示時，將元件調整螺絲(ADJ_SCREW.PRT)以使用者定義，再選 REP0001，以按表示方式替代。

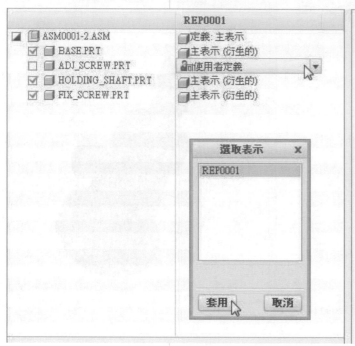
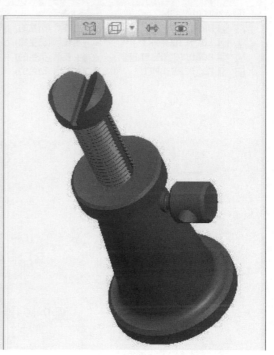

圖 9-21 新建簡化表示(按表示方式替代)

🖎 提示：上例組件中之元件調整螺絲(ADJ_SCREW.PRT)，因其外表以有複雜輥花特徵，以使用者定義，再以按表示(By Rep)方式替代時，可自動用簡單外表來替代複雜輥花特徵。

Wildfire 板的簡化表示則採用分類為包含、排除及替代等，如圖 9-22 所示，說明如下：

1. 包含(Include)：選擇想以何種簡化表示的零件，原則上應與現在目前的簡化表示(前有➜者)不同。

2. 排除(Exclude)：即選擇不想顯示之零件。

3. 替代(Substitute)：替代方法有:(1)按表示(By Rep)、(2)按包絡(By Envelope)及(3)按模型(By Model)等三種，說明如下：

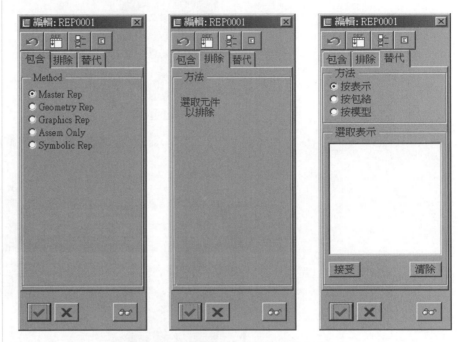

圖 9-22 設定簡化表示之標籤

- 按表示(By Rep)：元件(或次組件)外表必須有複雜特徵，將出現簡化表示，在選好簡化表示後，並自動以該元件之簡單外表來替代原本外表複雜的該元件，如圖 9-23 所示。

- 按包絡(By Envelope)：需先建構一相同簡單外形之元件或次組件做為替代。在元件被取代之後，將以該簡單外形元件來替代組件中及模型樹中相同幾何位置的元件，如圖 9-24 所示。

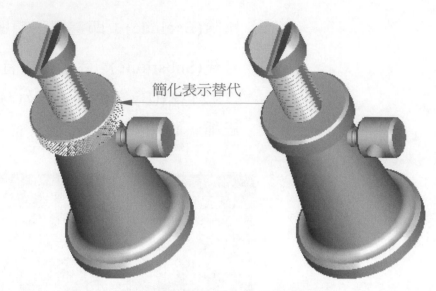

簡化表示替代

圖 9-23 簡化表示之元件(按表示)

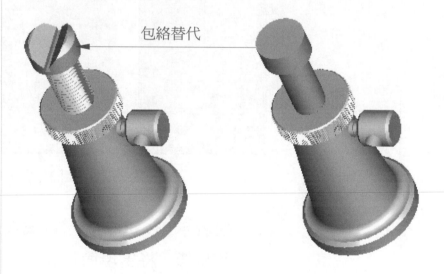

包絡替代

圖 9-24 簡化表示之元件(按包絡)

- 按模型(By Model)：有兩種(1)族表(Family Table)：
  該元件必須為族表所建立的例證(Instance)，即
  可自動替代該族表中的其他元件(例證)。(2)互換
  (Interchange)：可自動替代在新建組件時為「互換
  組件」(Interchange Assembly)中且「類型」(Type)
  選「簡化元件」(Simplify Component)組裝的相

同(簡化對象)元件。

　　◈ 提示：(1)上例中之調整螺絲，因其外表以有複雜輥花特徵，以按表示(By Rep)替代時，可自動用簡單外表來替代複雜輥花特徵。(2)按包絡(By Envelope)時，則必須先建構一相同簡單外形之元件或次組件做為替代。

9.7 組裝零件及工程圖(shaft_bracket.asm & shaft_bracket.drw)

　　練習組裝已有之零件成組件，本範例將採用「使用者定義」(User Defined)方法，含各種常用之基本組件操作等。再投影組件的工程圖，含零件表及件號等。組件模型檔案名稱為 shaft_bracket.asm，組件工程圖檔案名稱為 shaft_bracket.drw，完成後之組件模型及其工程圖，分別如圖 9-25 及圖 9-26 所示。

圖 9-25 建構完成之組件模型(shaft_bracket.asm)

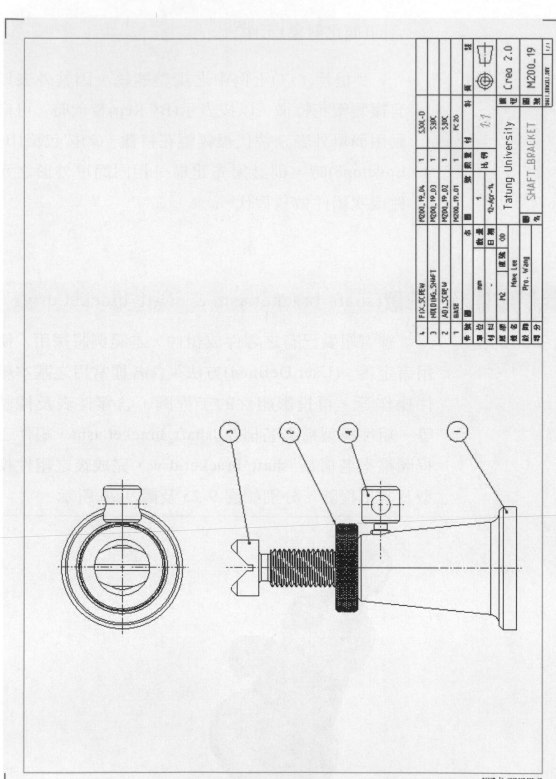

圖 9-26　建構完成之組件工程圖(shaft_bracket.drw)

　　將已有之四個零件組裝，分析是否有干涉現象，及將各零件設置成不同顏色，再做模型之爆炸圖，然後將「調整螺絲」以簡化表示法顯示，最後投影工程圖並自動展開零件表，建構過程分六步驟：(圖 9-27)

(a)　步驟一：組裝四個已有之零件

(b)　步驟二：模型組裝干涉分析

(c)　步驟三：修改零件顏色

(d)　步驟四：爆炸圖

(e)　步驟五：簡化表示法

(f)　步驟六：組件工程圖

(a)組裝已有之零件　(b)模型組裝干涉分析　(c)修改零件顏色　　　(d)爆炸圖

  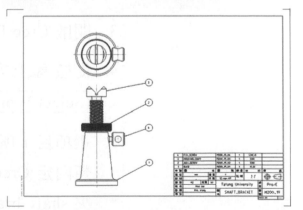

(e)簡化表示法　　　　　　　(f)組件工程圖

圖 9-27　建構過程分六步驟

9.7.1 步驟一：組裝四個已有之零件

(a) 複製組件範本及格式檔案至 Creo 適當目錄中

1. 將書後所附 CD 片之資料夾(目錄) templates 中之所有 *_asm_drawing.drw 檔案複製至 Creo 載入程式中的 templates 資料夾中(例如：C:\Program Files\ PTC \ Creo 2.0 \ Parametric \ Common Files \ F000\ templates)。

2. 將書後所附 CD 片之資料夾(目錄) formats 中之所有 *_asm.frm.1 檔案複製至 Creo 載入程式中的 formats 資料夾中(例如：C:\Program Files\PTC\Creo 2.0\Parametric\Common Files\F000\formats)。

(b) 新建工作目錄，以公制畫新組件

1. 在硬碟中新建一個組合圖工作目錄(資料夾)，名為 **shaft_bracket** 或其他喜歡的名稱。

2. 將書後所附 CD 片中資料夾 ch09 中之 shaft_bracket 中之四個零件檔，複製至硬碟中剛新建之 shaft_bracket 資料夾中。

3. 開啟 Creo Parametric 2.0 程式。

4. 從螢幕上方的標籤 首頁(Home) → 選取工作目錄 (Select Working Directory)，如圖 9-28 所示。

5. 選項目 1 所建的資料夾 shaft_bracket，目前所有各類內定 Creo 的讀取與儲存檔案將會直接指向資料夾 shaft_bracket，以方便管理。此動作相同於其他應用軟體之專案(Project)等。

圖 9-28 選取工作目錄(shaft_bracket)

6. 按一下新建或功能表檔案(File)→新建(New...)。

7. 進入新建(New)對話框,如圖 9-29 所示。在類型(Type)中另外點選組件(Assembly)及在子類型(Sub-type)中接受內定設計(Design),輸入組件名稱為 **shaft_bracket**,點掉使用預設範本(Use default template),未做設定前內定範本為英制,按確定(OK),準備另選公制單位 mm 繪製組合圖。

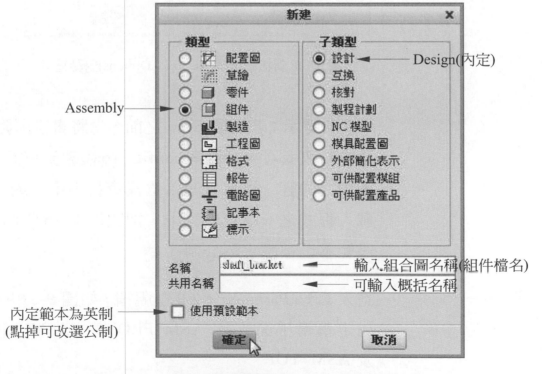

圖 9-29 準備畫組件 shaft_bracket(公制)

8. 進入 新檔案選項(New File Options) 對話框，如圖
9-30 所示。在 範 本 (Template) 中 另 外 點 選
mmns_asm_design，為公制範本，按確定(OK)。

圖 9-30 新檔案選項(New File Options)對話框

　　 提示：若開啟 Creo 之前，先將書後所附 CD
片資料夾 text 中之檔案 config.pro 複製至桌面 Creo
圖像之內容、捷徑之開始位置資料夾中。或 Creo
載入程式之 text 資料夾中，則開啟 Creo 時內定預
設範本已被設定為公制。

9. 進入 Creo Parametric 2.0 主視窗，如圖 9-31 所示。
內定基準平面改為 ASM_FRONT、ASM_RIGHT
及 ASM_TOP。

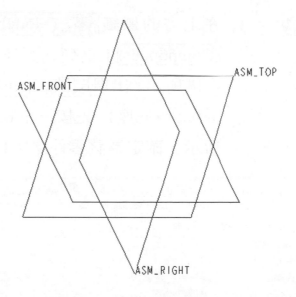

圖 9-31　組件之內定基準平面

(c) 組裝第一個零件「底座」base.prt(圖 9-32)

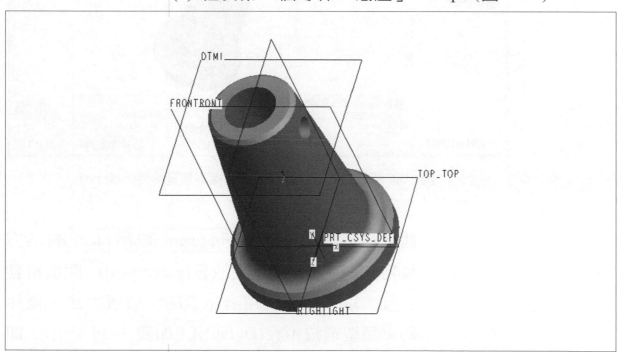

圖 9-32　組裝第一個零件「底座」base.prt

過程：

1. 在上方的標籤模型(Model)中，按一下群組元件 (Component)工具列之圖像 組裝(Assembly)，如 左圖所示。出現開啟(Open)對話框，選取零件檔案 base.prt(底座)，先按一下預覽(Preview)，如圖 9-33 所示，確定為該零件之後再按開啟(Open)。

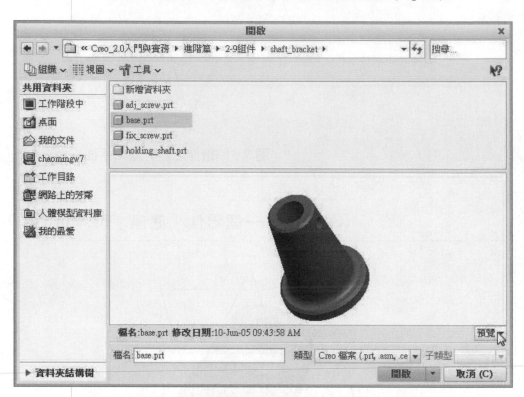

圖 9-33 開啟(Open)對話框，選取檔案預覽零件(base.prt)

2. 開啟標籤元件放置(Component Placement)對話方 塊列，按對話方塊列之放置(Placement)，開啟滑動 面板，以預設「使用者定義的」放置方法，條件 約束類型選按預設(Default)，如圖 9-34 所示。即 元件與組件之預設原點座標系統、FRONT、RIGHT 及 TOP 平面皆對齊。

3. 按圖像 按鈕，即完成組裝元件「底座」base.prt。

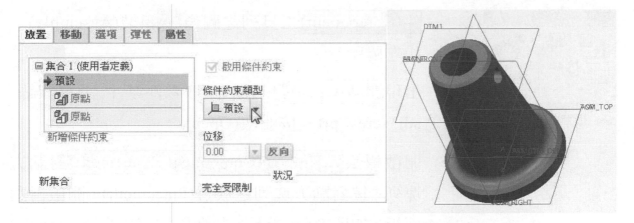

圖 9-34　元件組裝對話方塊列(條件約束類型預設)

　　　　🐚 提示：(1)狀況(Status)須顯示為「完全受限
制」(Fully Constrained)時，才表組裝完全。(2)通
常第一個組裝之元件為大型的，主要的及不須作
動之零件，如底座、本體等。

(d) 組裝零件「調整螺絲」adj_screw.prt(圖 9-35)

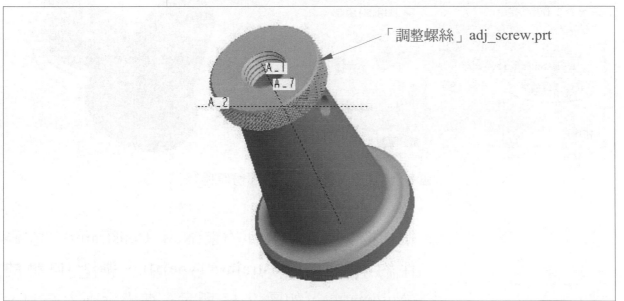

圖 9-35　組裝零件「調整螺絲」adj_screw.prt

過程：

1. 繼續在上方的標籤模型(Model)中，按一下群組元

件(Component)工具列之圖像 組裝(Assembly)，如左圖所示。

2. 出現開啟(Open)對話框，選取零件零件「調整螺絲」adj_screw.prt，按開啟(Open)。

3. 開啟標籤元件放置(Component Placement)對話方塊列，按對話方塊列之放置(Placement)，開啟滑動面板，如圖 9-36 所示。在條件約束類型(Constraint Type)中 重合(Coincident)，即希望使兩件之平面約束為重合。

4. 選兩平面，得約束狀態(Status)為「部份限制」(Partially Constrained)。方向不對按反向(Flip)。

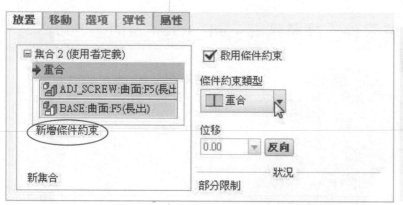

圖 9-36 以重合選兩平面得部份限制

5. 繼續按一下新增條件約束(New Constraint)。在條件約束類型(Constraint Type)中，選 自動的(Automatic)，如圖 9-37 所示。準備選兩中心軸，即希望使兩件之中心軸能被 Creo 自動約束為重合。

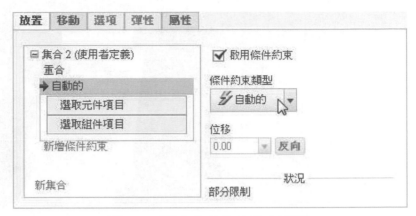

圖 9-37 選自動的條件約束類型

6. 選兩中心軸,如圖 9-38 所示。若自動選條件約束
   類型為 ⊞ 距離(Distance)時,則須改選 ⊥ 重合
   (Coincident),得約束狀態(Status)為「完全受限制」
   (Fully Constrained),但情況為「允許假設」(Allow
   Assumptions)。

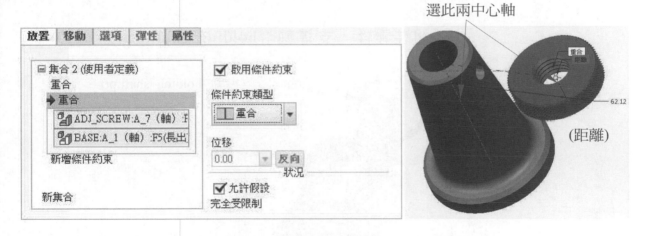

圖 9-38 以自動及重合選兩中心軸得完全受限制(允許假設)

7. 改選 ⊥ 重合(Coincident)後,觀察組裝情況,正確
   後,在 元件放置(Component Placement) 對話方塊列
   中,按圖像 ✓ 按鈕,即完成第二個零件「調整螺
   絲」adj_screw.prt 組裝,如圖 9-39 所示。

圖 9-39 完成零件 adj_screw.prt 組裝

提示：(1)「調整螺絲」adj_screw.prt 仍有 360 度水平旋轉之自由度，但目前位置已可接受，故為允許假設(Allow Assumptions)，即水平旋轉固定在目前位置。 (2)亦可多按一下新增條件約束(New Constraint)，約束水平旋轉之位置。

(e) 組裝零件「支撐軸」holding_shaft.prt(圖 9-40)

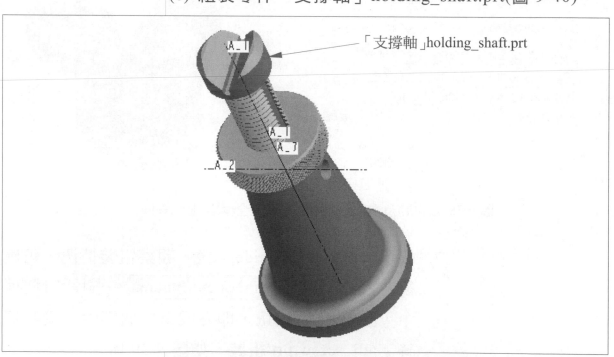

圖 9-40 組裝零件「支撐軸」holding_shaft.prt

過程：

1. 繼續按一下群組元件(Component)工具列之圖像 组裝(Assembly)。出現開啟(Open)對話框，選取零件零件「支撐軸」holding_shaft.prt，按開啟(Open)。

2. 開啟元件放置(Component Placement)對話方塊列，如圖 9-41 所示。選兩平面。亦可按放置(Placement)滑動面板，在約束類型(Constraint Type)中選距離(Distance)，選兩平面並輸入位移距離 **40**，即希望使兩件之平面約束為相距 40mm。

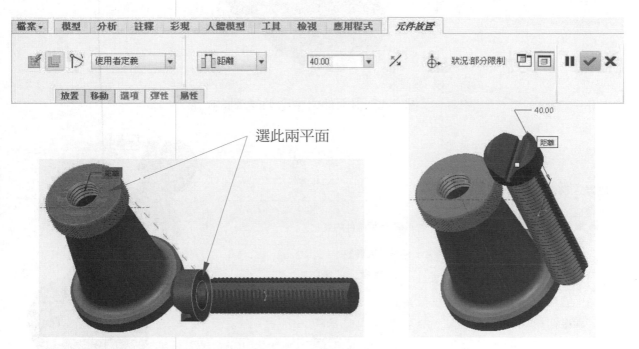

選此兩平面

圖 9-41 以距離(Distance)選兩平面(輸入距離 40)

3. 因目前約束狀態(Status)為「部份限制」(Partially Constrained)，可在放置(Placement)滑動面板繼續按一下新增條件約束(New Constraint)，或直接選

兩件之中心軸，如圖 9-42 所示。

4. 接受預設自動的(Automatic)，即希望使兩件之參照自動約束，當選兩中心軸時自動約束為 ⊥ 重合(Coincident)，如圖 9-43 所示，若非則選 ⊥ 重合(Coincident)。

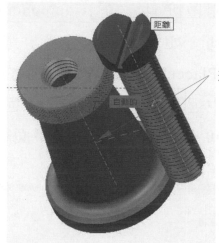

圖 9-42 選兩件之中心軸(自動的)

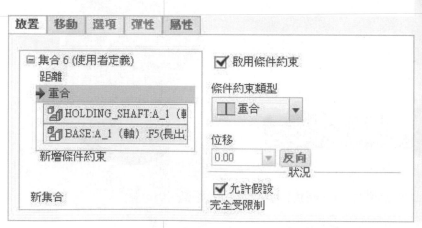

圖 9-43 選兩中心軸自動約束為重合

5. 目前得約束狀態(Status)為「完全受限制」(Fully Constrained)的「允許假設」(Allow Assumptions)。

6. 若組裝無誤後，按圖像 ✅ 按鈕，即完成第三個零件「支撐軸」holding_shaft.prt 組裝，如圖 9-44 所示。若組裝不正確則請見下一提示中圖 9-45 所示及說明。

圖 9-44　完成零件 holding_shaft.prt 組裝

　　🖙 提示：(1)當組裝次序或所選圖元不同時，其情況會不同，尤其選「自動的」(Automatic)時。組裝只要正確及完全受限制即可，其過程多情況並非唯一。(2)若「支撐軸」holding_shaft.prt 之螺桿上之切槽沒對齊「底座」base.prt 右側之螺孔時，必須再按一下新增條件約束(New Constraint)，然後如圖 9-45 所示，選組件及元件之 FRONT 基準平面，條件約束類型選 ⌶ 重合(Coincident)，若仍不對則按一下反向(Flip)，必須使支撐軸切槽正確的面對底座右側螺孔。(3)放置滑動面中之集合，當前有 ➡ 者為目前正執行中之條件約束收集器。

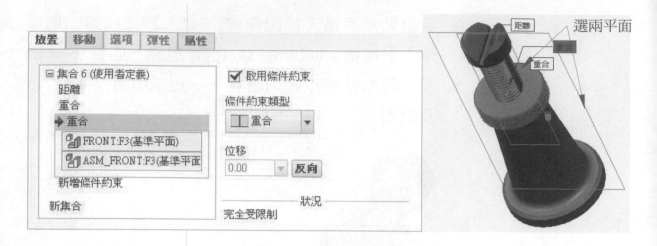

圖 9-45 選兩件之基準平面(重合)，使支撐軸切槽位置正確

(f) 組裝零件「固定螺絲」fix_screw.prt(圖 9-46)

圖 9-46 組裝零件「固定螺絲」fix_screw.prt

過程：

1. 按一下群組 元件(Component) 工具列之圖像 組

裝(Assembly)。出現 開啟(Open) 對話框,選取零件
零件「固定螺絲」fix_ screw.prt,按開啟(Open)。

2. 開啟 元件放置(Component Placement) 對話方塊
   列,按話方塊列之元件視窗,如圖 9-47 所示。選 ⊥
   重合(Coincident),選兩平面,按一下 ⚡ 反向
   (Flip),使兩件之平面約束為面對面。得約束狀況
   (Status)為「部份限制」(Partially Constrained)。

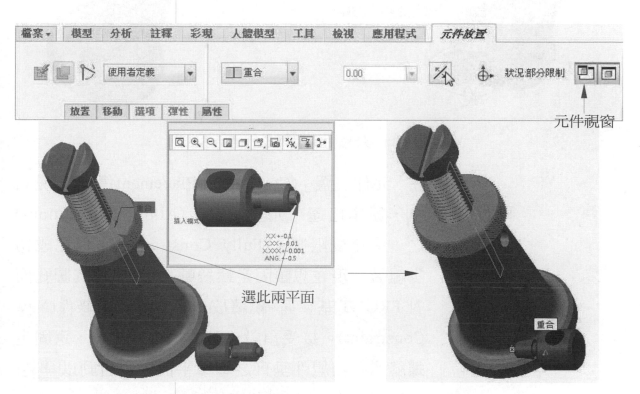

圖 9-47 以元件視窗、反向及重合選兩平面

3. 按一下新增約束條件(New Constraint),接受預設
   自動的(Automatic),繼續直接選兩中心軸,如圖
   9-48 所示。希望自動約束為 ⊥ 重合(Coincident),
   若非則選 ⊥ 重合(Coincident)。

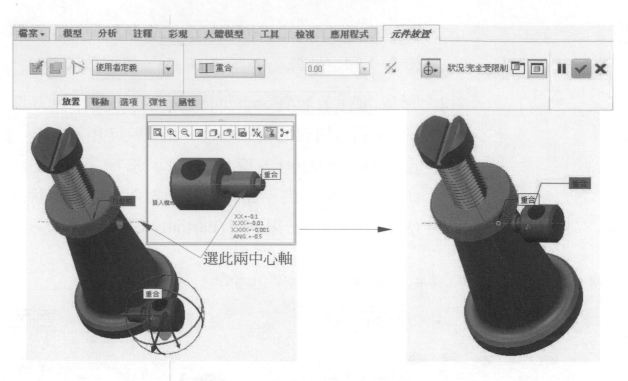

圖 9-48 以自動的選兩中心軸(重合)

4. 在「元件位置」(Component Placement)對話方塊列中，原本已達「允許假設」(Allow Assumptions)之「完全受限制」(Fully Constrained)，已完成初步組裝，現在想讓固定螺絲轉 90 度，使其圓孔面對 FRONT 基準面。繼續按一下新增約束條件(New Constraint)，接受預設自動的(Automatic)，選固定螺絲水平與組件垂直之基準平面，將自動以 ⊥ 重合(Coincident)及 ⊾ 角度位移(Angle Offset)，如圖 9-49 所示。並輸入角度 0。

5. 確定無誤後，須按圖像 ✔ 按鈕，即完成第四個零件「固定螺絲」fix_screw.prt 組裝，並使圓孔面對 FRONT 平面方向，如圖 9-50 所示。

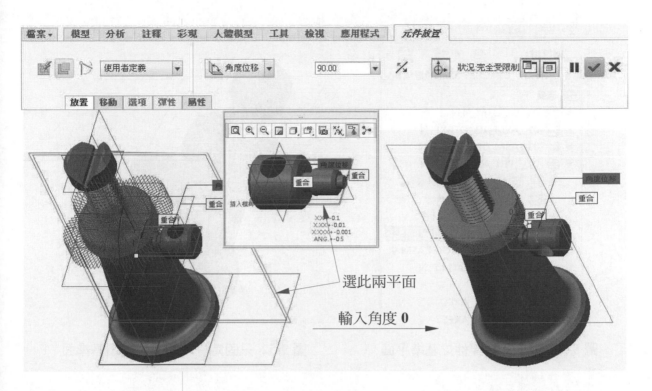

圖 9-49　選固定螺絲水平與組件垂直之基準平面　　　　圖 9-50　完成固定螺絲組裝

　　　提示：(1)當組件中因基準平面太多不好選，可關閉部份零件之基準平面，按一下左側模型樹中的 顯示(Show→圖層樹(Layer Tree)，進入 Layers(圖層樹)對話框，如圖 9-51 所示。先打開 01__PRT_ALL_DTM_PLN，再點選零件 ADJ_SCREW.PRT，按右鍵選隱藏(Hide)，再繼續將零件 BASE.PRT 及 HOLDING_SHAFT.PRT 按右鍵選隱藏(Hide)，該三個零件中所有基準面將被隱藏起來，如圖 9-52 所示。只剩「固定螺絲」fix_screw.prt 與組件能顯示基準面。 (2)被隱藏之特徵或元件，可再按右鍵選「取消隱藏」(Unhide)，將恢復不隱藏。

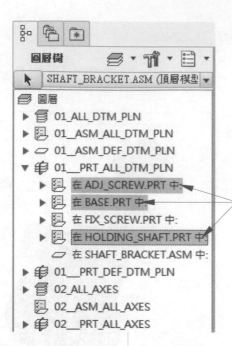

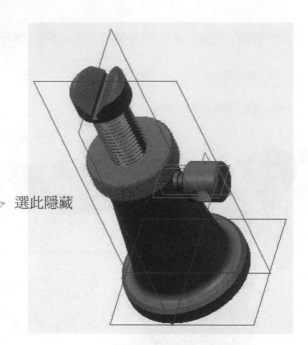

選此隱藏

圖 9-51 關閉某些零件之基準平面　　圖 9-52 只固定螺絲與組件顯示基準面

　　🖐 提示：(1)零件組裝後發現有錯誤時，選取該零件，按右鍵選「編輯定義」(Edit Definition)，可修改零件組裝約束條件。(2)選兩平面重合(Coincident)時，因兩平面不平行且中心軸已在此之前重合，將依已有之約束做旋轉，故須輸入角度位移。(3)以預設自動的(Automatic)選元件與組件做約束條件時，可能因當時之條件情況不完全一樣，而每次之自動結果將不盡相同，若非為所要再另選之即可。

9.7.2 步驟二：模型組裝干涉分析(圖 9-53)

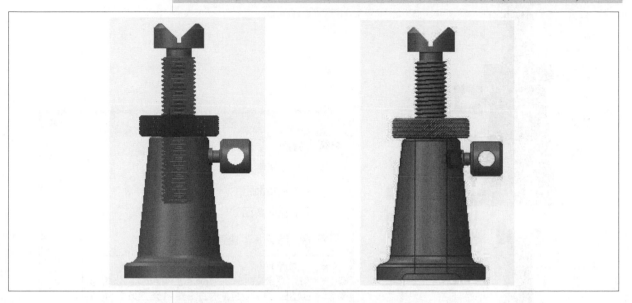

圖 9-53 模型組裝干涉分析

過程：

1. 在上方的標籤分析(Analysis)中，按一下群組檢查幾何(Inspect Geometry)工具列之圖像整體干涉(Global Interference)，進入整體干擾(Global Interference)對話框，如圖 9-54 所示。按一下，有干涉時將會在「結果」(Results)收集欄中顯示。

2. 圖中顯示兩處干涉，一為「調整螺絲」ADJ_SCREW與「支撐軸」HOLDING_SHAFT，二為「底座」BASE 與「固定螺絲」FIX_SCREW，兩處干涉皆為螺紋部份，在此暫考慮為正常，尤其以裝飾(Cosmetic)繪製螺紋時理應顯示為干涉。模型中以紅色及藍色表示兩干涉零件，以粗線咖啡色顯示干涉範圍。

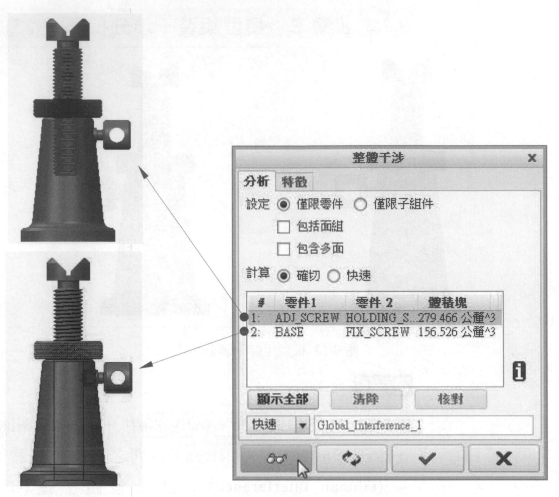

圖 9-54 模型組裝干涉分析

　　🖎 提示：零件組裝後發現有干涉時，表示零件設計有錯誤或組裝有錯誤。(1)零件有錯誤時，選取錯誤零件，按著右鍵選開啟(Open)，將該零件修正之，再回組件按 ⬛ 即可。(2)組裝有錯誤時，選取組裝錯誤零件，按著右鍵選編輯定義(Edit Definition)，修正組裝約束。

9.7.3　步驟三：修改零件顏色(圖 9-55)

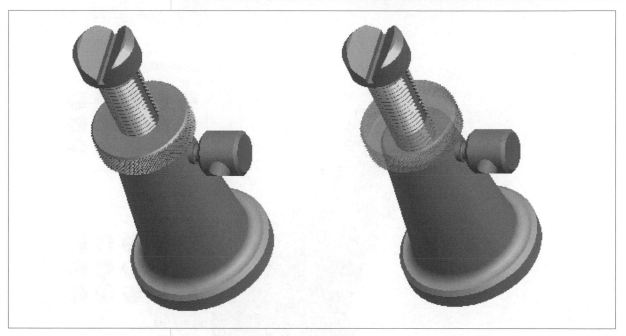

圖 9-55 修改零件顏色

過程：

外觀庫

1. 在標籤 模型(Model) 中，按一下群組 模型顯示 (Model Display) 工具列之圖像外觀庫(Appearance Gallery)，如左圖所示。

2. 進入下拉 外觀編輯器(Appearance Editor) 對話框，如圖 9-56 所示。第一個顏色(ref_color1)為內定預設無法修改。在我的外觀(My Appearances)中先選按綠色，出現刷子，刷選模型中之「固定螺絲」fix_screw.prt，完成後須按確定(OK)，即可改零件「固定螺絲」fix_screw.prt 成綠色。

    ✍ 提示：(1)按選顏色將出現刷子，刷選零件即可改成該顏色。(2)按清除外觀，再刷選模型中之被修改顏色之零件，可刪除該顏色成預設顏色。

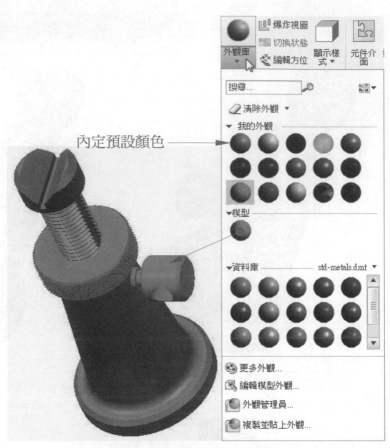

內定預設顏色

圖 9-56 外觀編輯器對話框(選綠色)

3. 繼續選按內定提供之顏色，共重複做三個喜歡之
顏色，完成如圖 9-57 所示之顏色。

圖 9-57 完成修改零件顏色

　　🖉 提示：選按「編輯模型外觀」(Edit Model Appearances…)，選好模型中之顏色，再調整「透明度」(Transparency)的滑桿，可直接顯示該顏色之透明程度，如圖 9-58 所示之「調整螺絲」adj_screw.prt，可顯示內部結構。

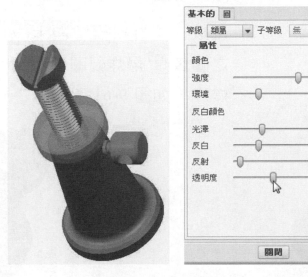

圖 9-58 修改零件顏色成透明

9.7.4　步驟四：爆炸圖

(a) 顯示爆炸圖(圖 9-59)

圖 9-59 顯示爆炸圖

過程：

1. 在標籤 模型(Model) 中，按一下群組 模型顯示 (Model Display) 工具列中之圖像 ⬚ 爆炸視圖 (Exploded View)，如圖 9-60 所示。模型顯示預設爆炸視圖。

2. 再按一下群組 模型顯示(Model Display) 工具列中之圖像 ⬚ 爆炸視圖(Exploded View)，模型恢復不爆炸，如圖 9-61 所示。

分解狀態： 預設效爆炸

圖 9-60 預設爆炸圖

圖 9-61 恢復不爆炸

(b) 設定爆炸圖

1. 按一下上方的標籤 檢視(View)，再按一下群組 模型顯示(Model Display) 工具列中之圖像管理視圖▼ (Manage Views▼)，如圖 9-62 所示，再選 視圖管理員(View Manager)。

2. 開啟 視圖管理員(View Manager) 對話框，按標籤 爆

炸(Explode)，按新建(New)，如圖 9-63 所示。以預
設名稱 Exp0001(或輸入其他名稱)，按<Enter>。

圖 9-62 管理視圖

圖 9-63 檢視管理員對話框

3. 按一下編輯(Edit)，再選按 🌣 編輯方位，開啟標籤
   爆炸工具(Explode Tool)對話方塊列，如圖 9-64 所
   示。以預設平移運動類型，(1)直接點選零件，出
   現 3D 拖拉(可三主軸方向平移)。(2)可再點選其他
   相關零件移動，至適當為止。

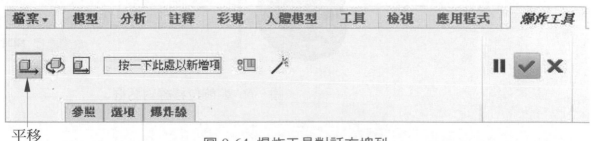

平移

圖 9-64 爆炸工具對話方塊列

4. 按一下爆炸線(Explode Lines)開啟滑動面板，點選
   圖像 ✏ 裝飾位移線，如圖 9-65 所示。

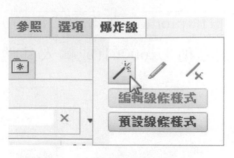

圖 9-65 爆炸線滑動面板

5. 開啟裝飾位移線(Cosmetic Offset Line)對話框，如圖 9-66 所示，參照 1 收集器選位移線之開始位置 (底座圓弧面)，參照 2 收集器選位移線之結束位置 (支撐軸底面)。最後按套用(Apply)即完成。

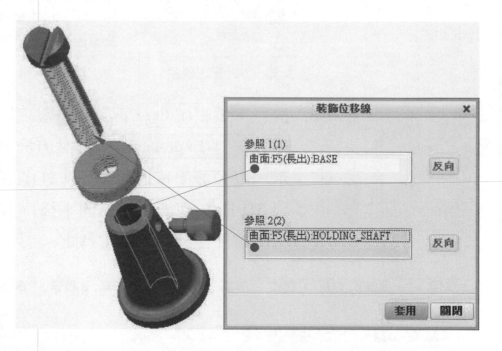

圖 9-66 裝飾位移線對話框

6. 以類似方法，再點選固定螺絲之位移線。完成兩條爆炸裝飾位移線後，須按對話方塊列之圖像 ✔ 按鈕，回視圖管理員(View Manager)對話框，如圖

9-67 所示。再按編輯(Edit)，點選儲存…(Save…)。
即完成設定爆炸視圖 Exp0001。

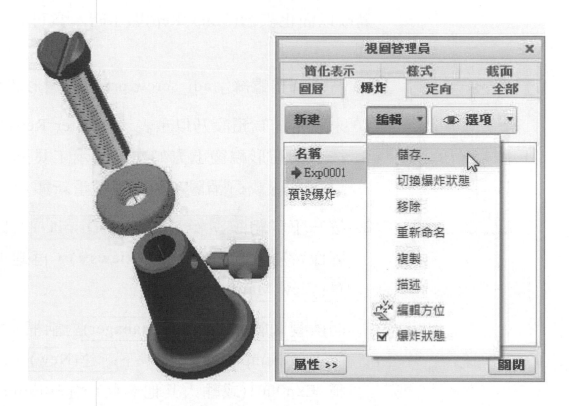

圖 9-67 視圖管理員對話框(儲存)

　　🎝 提示：(1)裝飾位移線，參照 1 收集器選位
移線之開始位置，參照 2 收集器選位移線之結束
位置，會自動畫出整條位移線。(2)視圖管理員
(View Manager)對話框中爆炸視圖名稱前之 ➡ 表
示目前爆炸狀況。

9.7.5　步驟五：簡化表示法

　　特徵多及複雜之零件將花較長時間顯示，試按一
下圖形視窗上方工具列中的各圖像，如左圖所示，觀
察注意模型重新顯示之時間。其中「調整螺絲」

(adj_screw.prt)表面輥花特徵較複雜，當以隱藏線或消隱顯示時，因需計算隱藏線，必須花較長時間顯示，若改以簡化表示(Simp Rep)顯示時，當可節省顯示時間。

(a) 將「調整螺絲」adj_screw.prt 改成圖形表示

1. 未設定前為預設乃以主表示(Master Rep)顯示，先按一下圖形視窗上方如左圖所示工具列中的圖像 圖隱藏線或 圖消隱，觀察模型重新顯示之時間。

2. 按一下群組模型顯示(Model Display)工具列中之圖像管理視圖▼(Manage Views▼)，再選視圖管理員(View Manager)。

3. 開啟視圖管理員(View Manager)對話框，按標籤簡化表示(Simp Rep)，按一下新建(New)。以預設名稱 Exp0001(或輸入其他名稱)，按<Enter>，如圖9-68 所示。

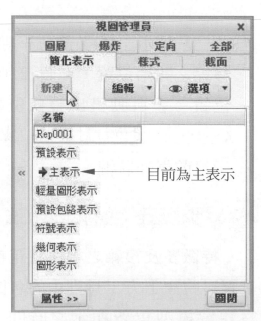

圖 9-68 視圖管理員對話框(新建)

4. 開啟 編輯:REP0001(Edit:REP0001) 對話框,在組件
   SHAFT_BRACKET.ASM 位置,先按選主表示
   (Master Rep),如圖 9-69 所示,即全部為主表示。
   在零件「調整螺絲」ADJ_SCREW.PRT 位置,再
   按選圖形表示(Graphics Rep),如圖 9-70 所示。最
   後按套用(Apply)及確定(OK)。

5. 即完成新建 Rep0001 表示,只將「調整螺絲」
   (adj_screw)改成圖形表示,其餘為主表示,如圖
   9-71 所示。

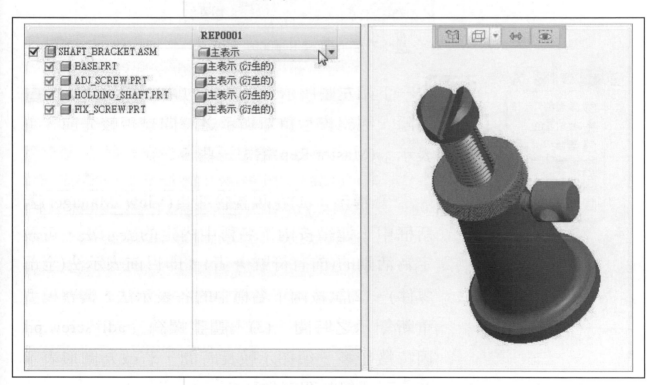

圖 9-69 在組件 SHAFT_BRACKET.ASM 位置選主表示

圖 9-70 在零件調整螺絲(ADJ_SCREW.PRT)位置選圖形表示

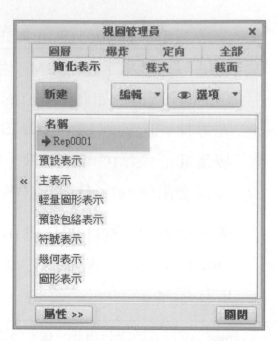

圖 9-71 完成新建 Rep0001 表示

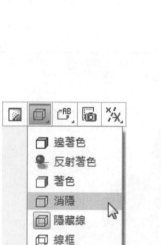

6. 按一下如左圖所示工具列中的圖像□隱藏線或□ 消隱，觀察模型重新顯示之時間是否較先前「主 表示」(Master Rep)縮短一些。

　　⚘提示：(1)在 視圖管理員(View Manager) 對 話框中，連續按兩下名稱中內定的表示法，可設 定為活動的(前有符號➜者)，即目前表示法(全部 零件)。(2)試按兩下名稱中的各表示法，觀察模型 重新顯示之時間。(3)「調整螺絲」adj_screw.prt 因特徵較多，須顯示較長時間，若改為圖形表示 時，可感覺時間節省許多。

(b) 將「調整螺絲」adj_screw.prt 改成不顯示

1. 繼續在 視圖管理員(View Manager) 對話框中，按新 建(New)，接受內定預設第二個簡化表示名稱 Rep0002，按<Enter>。

2. 開啟 編輯:REP0002(Edit:REP0002) 對話框，在組件 SHAFT_BRACKET.ASM 位置，先按選主表示 (Master Rep)，然後在零件「調整螺絲」ADJ_SCREW.PRT 位置，再按選排除(Exclude)，如圖 9-72 所示。最後按套用(Apply)及確定(OK)。即完成新建 Rep0002 表示，不顯示零件「調整螺絲」(adj_screw.prt)。

3. 回 視圖管理員(View Manager) 對話框，按兩下主表示(Master Rep)，恢復正常顯示。

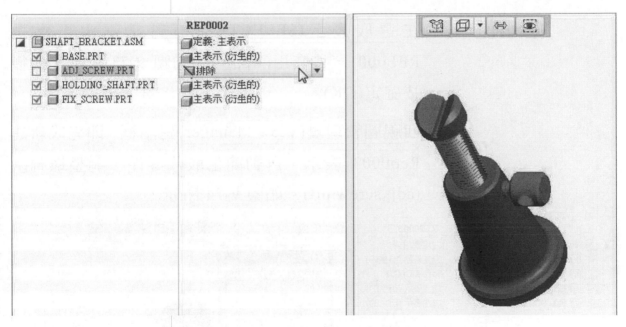

圖 9-72 完成不顯示零件調整螺絲

🐾 提示：(1)被排除顯示之元件，仍存在組件中，只是暫時不顯示而已。(2)在 模型樹(Model Tree) 顯示框及圖形視窗左下方，會顯示目前表示法。

(c) 將「調整螺絲」adj_screw.prt 改成取代

1. 繼續在 視圖管理員(View Manager) 對話框中，按新建 (New)，接受內定預設第三個簡化表示名稱 Rep0003，按<Enter>。

2. 開啟 編輯:REP0003(Edit:REP0003) 對話框，在組件 SHAFT_BRACKET.ASM 位置，先選按主表示 (Master Rep)，然後在零件「調整螺絲」 ADJ_SCREW.PRT 位置，再選按使用者定義(User Defined)。

3. 在 選取表示 (SELECT REP) 對話框中再點選 REP0001，按套用(Apply)，如圖 9-73 所示。最後按確定(OK)。

4. 回 視圖管理員(View Manager) 對話框，即完成新建 Rep0003 表示，自動簡化取代零件「調整螺絲」 (adj_screw.prt)。如圖 9-74 所示。

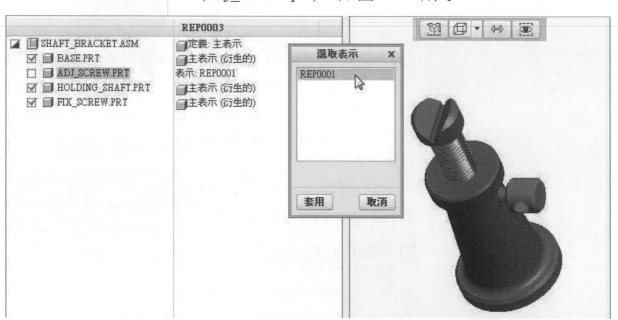

圖 9-73 完成簡化取代零件調整螺絲

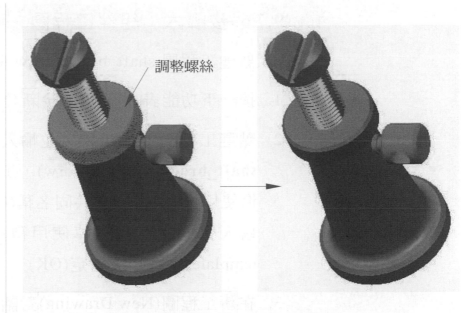

圖 9-74 完成簡化取代零件調整螺絲

5. 在視圖管理員(View Manager)對話框中，連續按兩下名稱中的表示法，可設定為活動的(前有符號➤者)，即目前表示法。其中 REP0001，REP0002 及 REP003 為剛剛所建立之簡化表示法。連續按兩下主表示(Master Rep)，按關閉(Close)，模型將恢復成一般正常顯示。

(d) 存檔

1. 按一下功能表檔案(File)➔儲存(Save)。或按上方工具列之 🖫 圖像。

2. 開啟儲存物件(Save Object)對話框，直接按確定(OK)，以作動中之原始檔名儲存。

9.7.6 步驟六：組件工程圖

(a) 新建工程圖 shaft_bracket.drw 使用格式空白

1. 按一下功能表 檔案(File)→新建(New...)。

2. 點選工程圖(Drawing)，並輸入圖面名稱(Name)為 **shaft_bracket**，(不含.drw)，工程圖與零件通常習慣使用相同名稱，在共同名稱(Common Name)可不輸入留白亦可，點掉使用預設範本(Use default template)，選好按確定(OK)。

3. 在 新工程圖(New Drawing) 對話框中，如圖 9-75 所示。

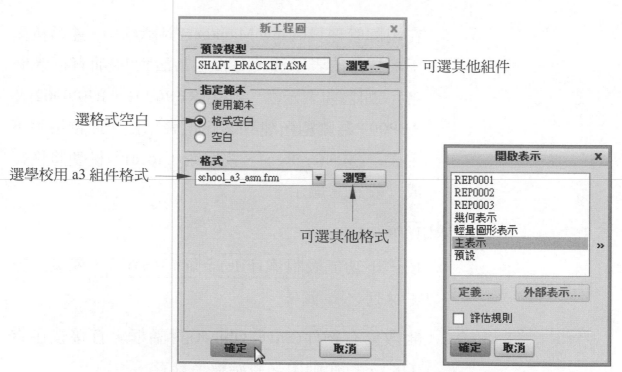

圖 9-75 格式選 school_a3_asm 圖紙, 以主表示顯示

4. 預設模型(Default Model)應為 SHAFT_BRACKET. ASM，指定範本(Specify Template)選格式空白

(Empty with format)，格式(Format) 則按瀏覽 (Brower…)另外點選 school_a3_asm.frm 為格式，選 好按確定(OK)。進入工程圖 開啟表示(Open Rep) 對話框，選主表示(Master Rep)為工程圖開啟方式。

5. 將出現學校用 A3 組合圖用圖框及標題欄，如圖 9-76 所示。並自動展開零件表。

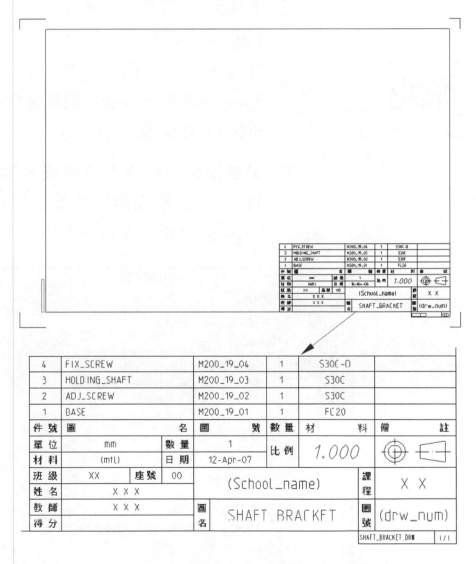

4	FIX_SCREW		M200_19_04	1	S30C-D		
3	HOLDING_SHAFT		M200_19_03	1	S30C		
2	ADJ_SCREW		M200_19_02	1	S30C		
1	BASE		M200_19_01	1	FC20		
件 號	圖	名	圖 號	數 量	材	料	備 註
單 位	mm	數 量	1	比 例	1.000	⊕	◁
材 料	(mtl)	日 期	12-Apr-07				
班 級	XX 座 號 00			(School_name)		課 程	X X
姓 名	X X X						
教 師	X X X	圖 名	SHAFT BRACKET			圖 號	(drw_num)
得 分							

SHAFT_BRACKET.DRW　1/1

圖 9-76 學校用 A3 組合圖用圖框及標題欄

💡 提示：(1)若格式(Format)檔案不在 Creo 之 formats 資料夾中，亦可從硬碟中自行選用。(2)顯示零件表中資料，乃因零件中已設定對映之參數，請參閱第四章第 4.7.5(d)節所述。

(b) 投影俯視及前視圖

1. 在標籤 配置圖(Layout) 中，按一下群組 模型檢視▼ (Model Views▼) 中之圖像一般的...(General...)，如左圖所示。開啟 選取總合狀態(Select Combined State) 對話框，接受預設無總合狀態(No Combined State)，直接按確定(OK)。

2. 點選圖框中約靠左上位置，(即約俯視圖中心位置)，先出現立體圖並進入 工程圖視圖(Drawing View) 對話框，如圖 9-77 所示。

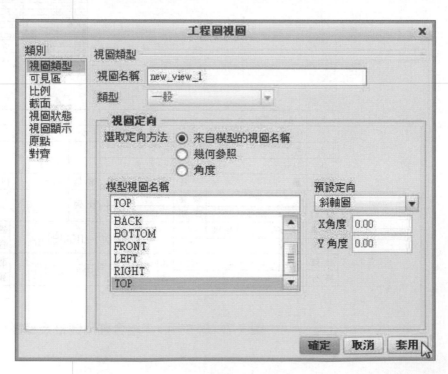

圖 9-77 工程圖視圖對話框(顯示類型)

3. 選 TOP，按套用(Apply)，選好按關閉(Close)。圖
中將投影俯視圖(Top View)，如圖 9-78 所示。

圖 9-78 投影俯視圖(Top view)

⑨ 提示：考慮關閉各種基準參照平面、軸、點
及座標等之顯示，按一下圖形視窗上方工具列的
圖像，點掉全選(Select All)，如圖 9-79 所示，再
按(重繪)。

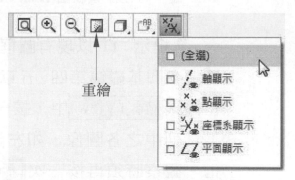

圖 9-79 點掉各種基準之顯示

4. 繼續在標籤配置圖(Layout)中，按一下群組模型檢
視▼(Model Views▼)中之圖像投影(Projection...)，
如左圖所示。

5. 放置在俯視圖下方之前視圖投影位置，將顯示前視圖，如圖 9-80 所示。將工程圖投影設為 1:1，並顯示中心軸及顯示隱灰的相切邊線。

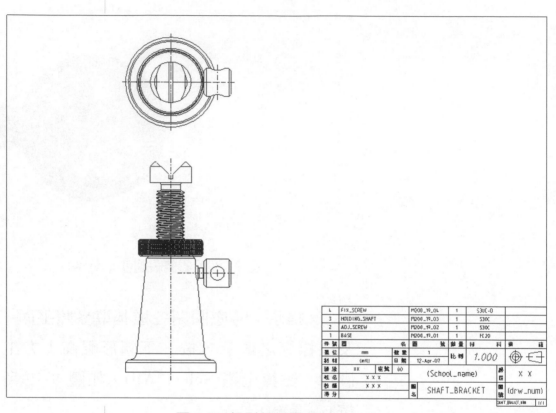

L	FIX_SCREW	M200_19_04	1	S30C-0
3	HOLDING_SHAFT	M200_19_03	1	S30C
2	ADJ_SCREW	M200_19_02	1	S30C
1	BASE	M200_19_01	1	FC20

圖 9-80 投影前視圖(Front view)

顯示 ▼

提示：(1)以現有圖框及標題欄投影視圖，詳情請參閱基礎篇第四、五章及前面第四章所述。(2)在標籤檢視(View)中，按一下群組顯示▼(Show▼)工具列中之各圖像，如左圖所示。觀察視圖之變化。觀察時須再按一次 (重繪)圖像。(3)按兩下標題欄中之比例值，輸入 **1**，即可將投影比例值設為 1.000。(4)顯示中心軸及隱灰的相切邊線，請參閱基礎篇第四章所述。

(c) 填寫標題欄內容

1. 填妥標題欄內容，完成如圖 9-81 所示之一例。

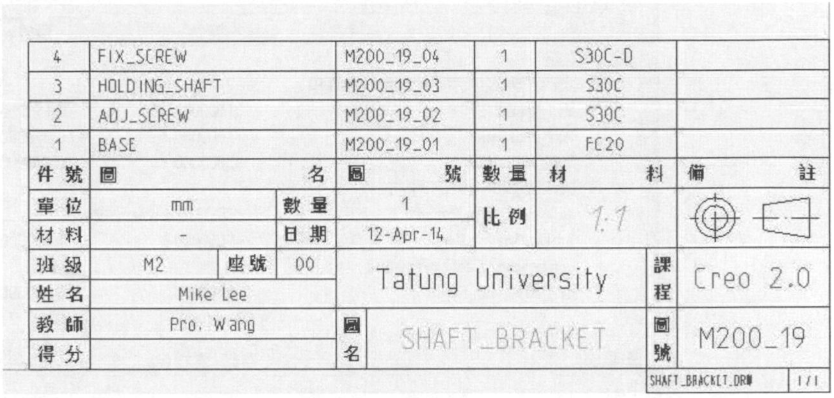

4	FIX_SCREW			M200_19_04	1	S30C-D	
3	HOLDING_SHAFT			M200_19_03	1	S30C	
2	ADJ_SCREW			M200_19_02	1	S30C	
1	BASE			M200_19_01	1	FC20	
件 號	圖	名	圖	號	數 量	材 料	備 註

圖 9-81　完成標題欄內容之一例

　　 提示：(1)標題欄中之「圖號」可由組件之參數 DRW_NUM 傳遞，詳情請參閱前面第四章第 4.7.4 節(d)所述。(2)標題欄中之「日期」則可改輸入參數&todays_date 得系統當天之日期。(3)按上方功能表的 檔案(File) → 準備(Prepare) → 工程圖屬性(Drawing Properties)，按一下細節選項(Detail Options)的變更(Change)。開啟 選項(Options) 對話框，如圖 9-82 所示，按開啟組態檔案(Open a configuration file)，在電腦中選工程圖組態檔 cns3_tw.dtl，比例可顯示 1:1。(工程圖設定檔*.dtl 正常應放在 Creo Parametric 2.0 原載入程式中的 text 資料夾(目錄)中，或目前目錄中)。參閱基礎篇第 4.3 節所述。(4)若在上方標籤 表格(Table) 中，按一下群組 資料(Data) 工具列中之圖像 切換符號(Switch Symbols)，將顯示零件表各欄之使用參數，再按一次可恢復。

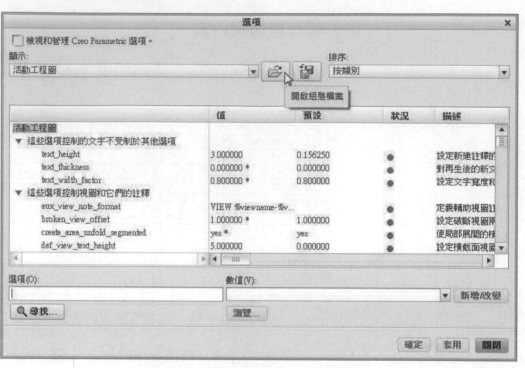

圖 9-82　工程圖選項(Options)對話框

(d) 顯示件號(球標)

1. 繼續在上方標籤 表格(Table) 中，按一下群組 球標 (Balloons) 工具列中之圖像建立球標 (Create Balloons)。再選 → 建立球標–按檢視 (Create Balloons-By View)，即依視圖，如圖 9-83 所示。

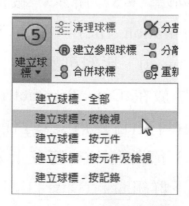

圖 9-83　建立球標(依視圖)

2. 點選前視圖，將出現球標，如圖 9-84 所示。

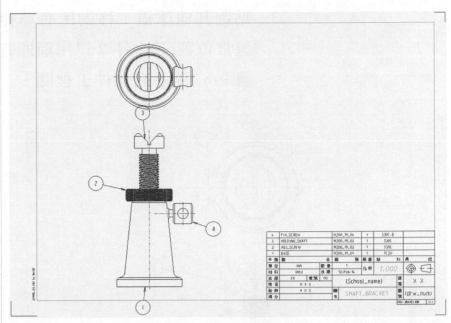

圖 9-84　顯示件號(球標)

(e) 移動件號(球標)

1. 點選任一球標，選到變綠，可直接移動球標至適
   當位置。按右鍵選編輯附件(Edit Attachment)，如
   圖 9-85 所示。

2. →Change Ref(變更參照)→On Surface(曲面上)
   →Filled Dot(實心點)。另外選實心點想放置的位置
   (須在同一零件上)，如圖 9-86 所示。→Done/Return
   (完成/返回)。

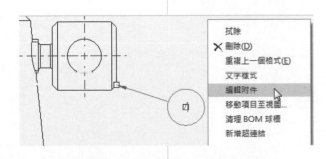

圖 9-85　選球標按右鍵選編輯附件

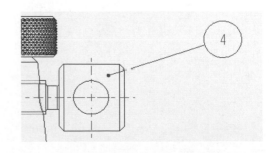

圖 9-86　移動球標及點至適當位置

3. 點選其他球標，移動所有球標、實心點及箭頭至
   適當位置(其中件 2 以用箭頭指在圖元上)，完成如
   圖 9-87 所示之組件工程圖。

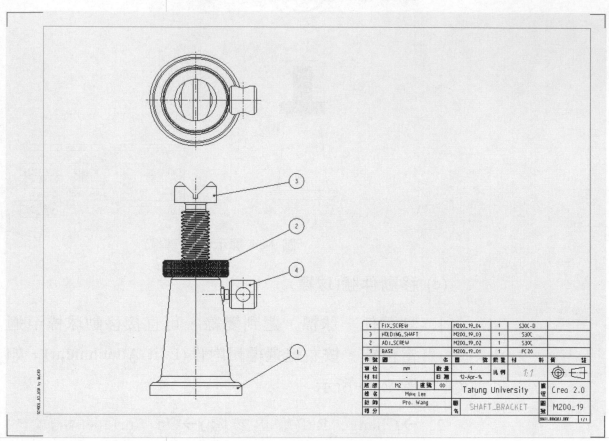

圖 9-87 完成組件工程圖

9.8　重點歸納

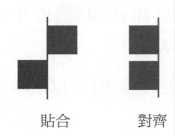

貼合　　　　對齊

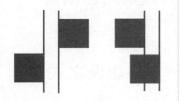

貼合位移　對齊位移

(a) ▯▯距離(Distance)

1. 即包含 Wildfire 版之貼合(Mate)、對齊(Align)及位移(Offset)等。當距離為 0 時為貼合(Mate)或對齊(Align)。

2. 貼合(Mate)為實體上之平面面對面，對齊(Align)為實體上之平面排齊，位移(Offset)即兩平面相距一個輸入之距離，配合貼合(Mate)及對齊(Align)使兩面相距一個輸入之距離。

3. 對齊(Align)亦可為實體上之線或軸等對齊。

4. 亦可選基準平面(Datum Plane)做為配合貼合(Mate)及對齊(Align)之平面，因基準平面非實體無厚度，須再選一個法線方向。

5. 零件組裝後發現有錯誤時，選取該零件以重定義(Redefine)，可修改零件組裝約束條件。

(b) ▯重合(Coincident)

1. 使元件參照的位置與組件參照重合。參照可選基準軸與平面，依所選參照移動元件使元件參照與組件參照重合。

2. 當選兩軸時如 Wildfire 版之對齊(Align)，會使兩軸在同一直線上。

(c) 整體干擾

1. 整體干擾(Global Interference)為檢查整體組裝零件是否有干涉現象，一般除螺紋部份外，零件間發

生干涉現象時，即表零件設計有錯誤，必須修改零件排除錯誤。

2. 開啟錯誤零件修正後，回組件時須 ⚟ 再生 (Regenerate)該零件，即可排除錯誤。

3. 模型中以藍色及紅色表示目前兩干涉零件，以粗咖啡色顯示干涉範圍。

(d) 修改零件顏色

1. 將各零件修改成不同顏色(Color)，將增強產品圖示效果。

2. 甚至將零件修改成透明顏色，可觀察內部結構。

(e) 爆炸圖

1. 顯示組件之爆炸圖，有利於了解元件組裝之次序、位置及組裝操作等。

2. 可建立和修改多個爆炸狀態，從而定義出所有元件的爆炸方位。

(f) 簡化表示

1. 簡化表示(Simp Rep)其目的為對不重要之複雜零件減少其重新顯示時間，甚至不顯示。

2. 內定標準之簡化表示(Simp Rep)有七種，說明如下：

• 預設表示(Master Rep)：剛建立組件時預設表示與主表示一樣，但可重新定義及更新預設表示，以建立不同主表示之變化版。

• Master Rep(主表示)：即未做簡化表示之一般正

常表示方法，無節省顯示時間。將反映組件的全部細節，包括所有成員。

- 輕量圖形表示(Light Graphics Rep)：可擷取組件元件的組件資訊與 3D 縮圖。可在組件中手動往底下層級探索，並用內部元件縮圖取代縮圖。欲使用特定元件，可以用傳統表示取代任何縮圖。

- 預設包絡表示(Default Envelope Rep)：包絡即只顯示物件之簡單外殼圖形，有如手機之包膜。可用包絡來表示組件元件。存在多個包絡時，可以選取預設包絡來表示所選元件。須另存建立一相同簡單外形(羽量化特徵)之元件檔案做為替代。

- Geometry Rep(幾何表示)：只能取得幾何資訊可以修改編輯特徵，可節省一點點顯示時間。可刪除隱藏線，獲得度量資訊並精確計算質量屬性等。

- Graphics Rep(圖形表示)：只能取得圖形資訊無法修改編輯特徵，可節省顯示時間。

- Symbolic Rep(符號表示)：可以符號來表示元件。符號的放置方式與基準點類似，預設象徵符號的象徵點標籤會顯示在組件中，可以將質量屬性應用到符號簡化表示。

3. 簡化表示(Simp Rep)時亦可選排除(Exclude)之，可不顯示該零件。

4. 簡化表示(Simp Rep)過程，將較少數的留在最後點選，即先選全部以某種簡化表示，再點選少數零件的簡化表示。

(g) 組件工程圖

1. 組件工程圖請使用書後所附 CD 之範本(Template)或格式(Format)檔，有含*_asm.*者。

2. 可利用已設定好之參數，由零件模型自動傳遞至組件工程圖中之零件表內。

3. 組件工程圖之零件表可依元件自動以各種方式排列並展開。

4. 組件工程圖中球標又稱件號，可依零件表自動指出及移動件號位置等。

5. 組件工程圖中之件號，依規定必須排列整齊。

6. 組件工程圖操作與零件工程圖類似，請參閱基楚篇第四、第五章及前面第四章所述。

🏠 習 題 九

1. 組裝下列各零件，零件放在 CD 片之 ch9 之 roller_support 資料夾中，並做「整體干擾」(Global Interference)分析，修正錯誤零件。

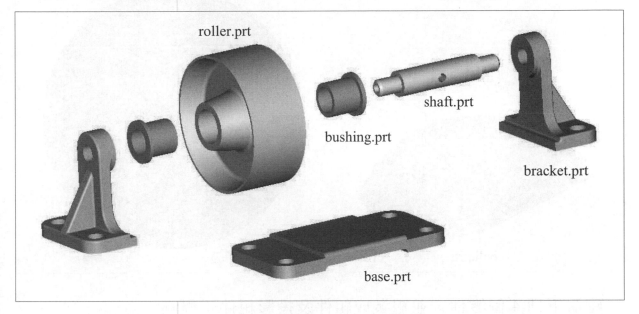

roller.prt
shaft.prt
bushing.prt
bracket.prt
base.prt

2. 組裝下列各零件，零件放在 CD 片之 ch9 之 antivibration_mount 資料夾中，並做「整體干擾」(Global Interference)分析，修正錯誤零件，以及修改大約如下圖各零件之顏色及爆炸圖。

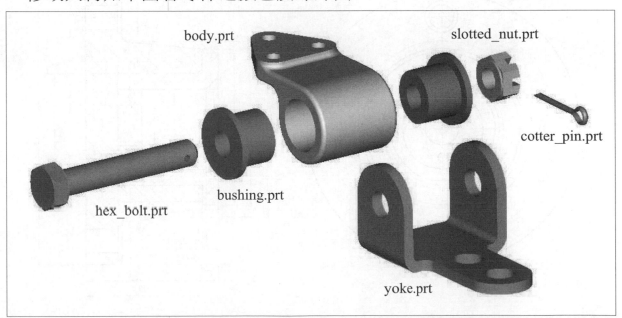

body.prt
slotted_nut.prt
cotter_pin.prt
hex_bolt.prt
bushing.prt
yoke.prt

3. 組裝下列零件 ball.prt，在 CD 片之 ch9 之 ball 資料夾中，組裝成一顆球，並修改各部份成不同顏色如下圖。

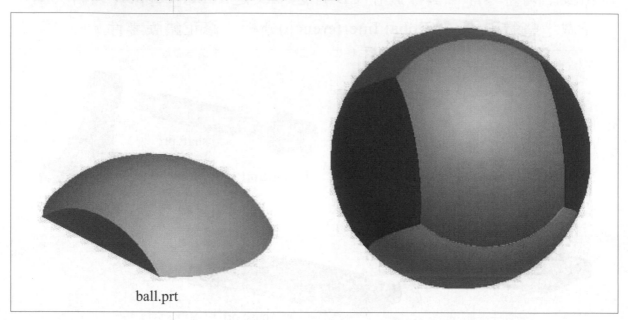

ball.prt

4. 建構下列 4 個零件，並組裝成組件及投影組件工程圖。

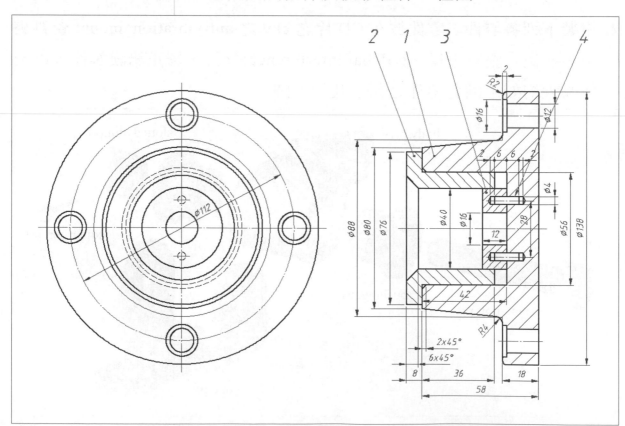

5. 建構下列 7 個零件，並組裝成組件及投影組件工程圖。

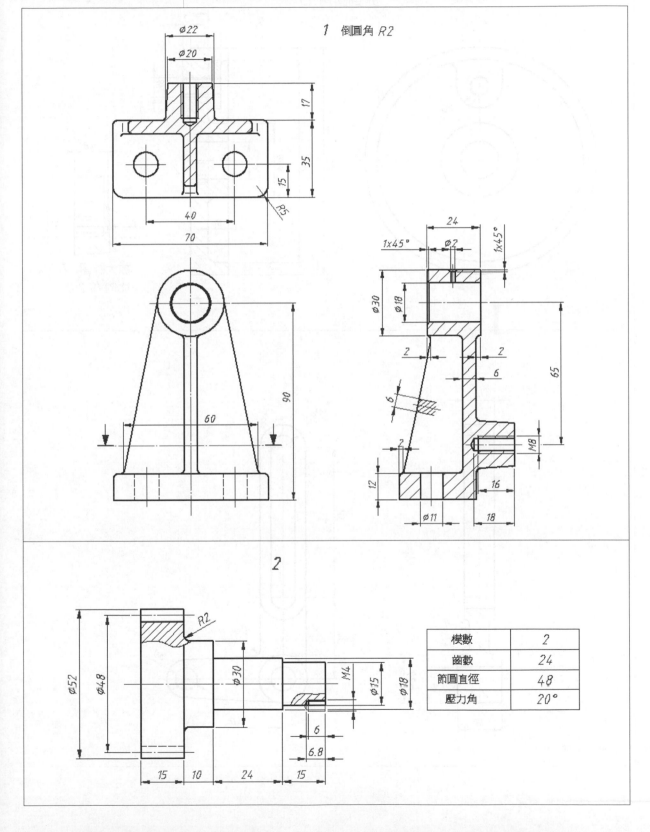

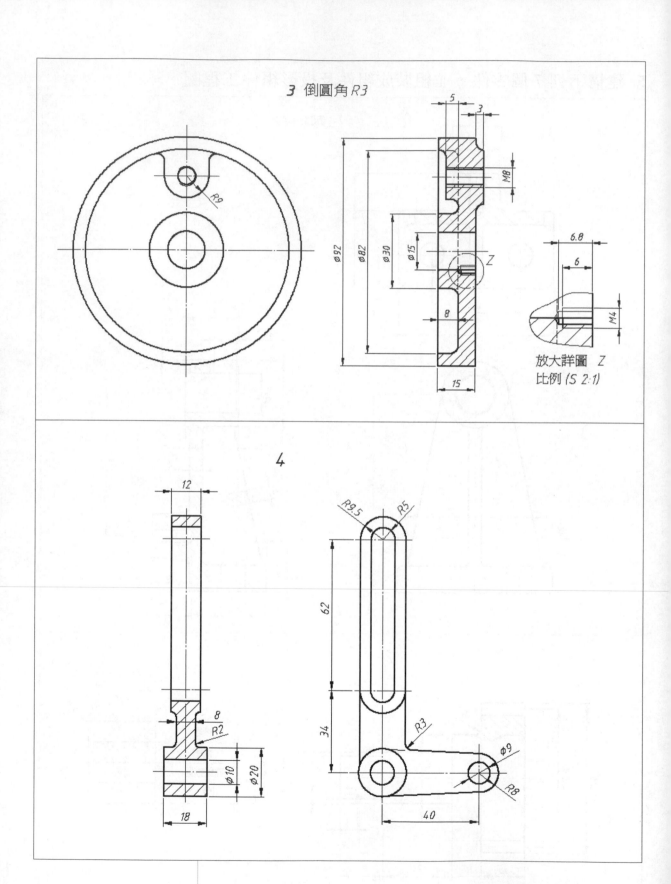

3 倒圓角 R3

放大詳圖 Z
比例 (S 2:1)

4

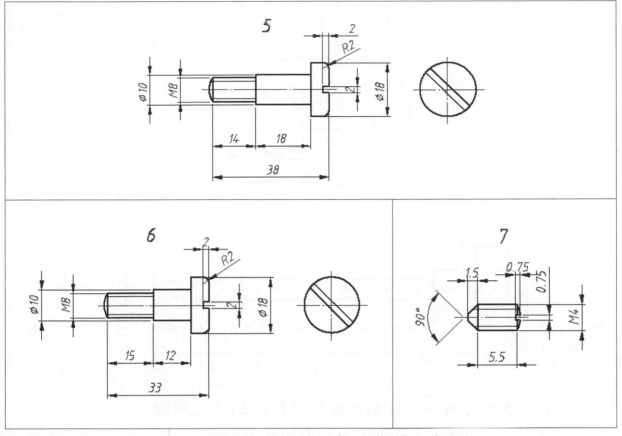

6. 建構下列 4 個零件，並組裝成組件及投影組件工程圖。

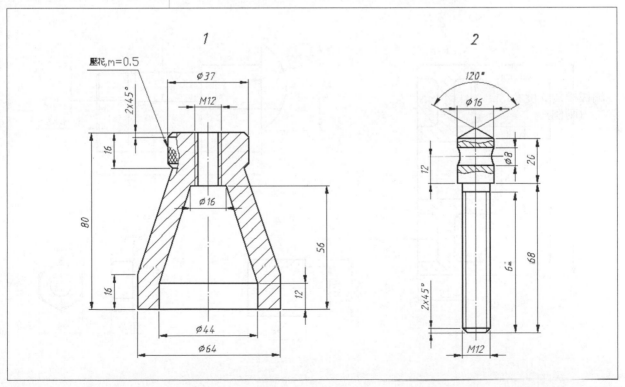

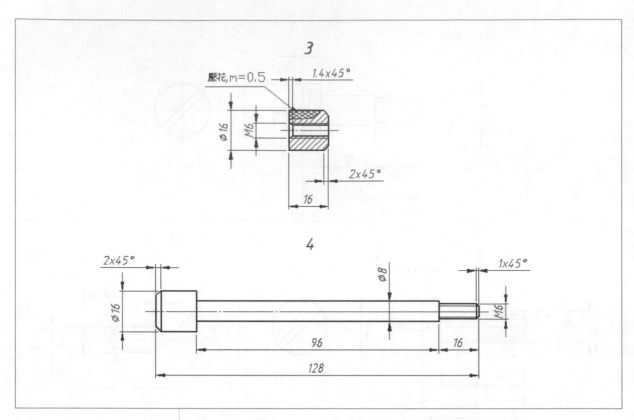

7. 建構下列 5 個零件，並組裝成組件及投影組件工程圖。

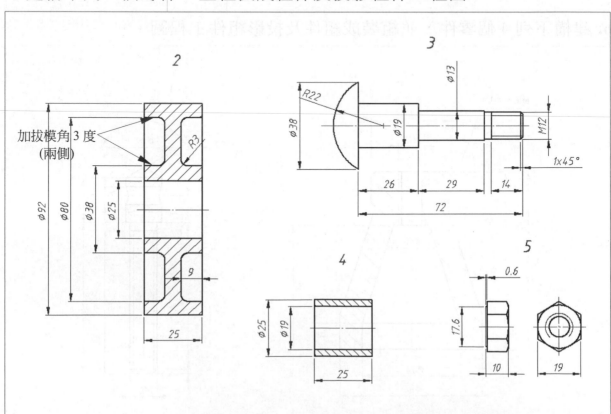

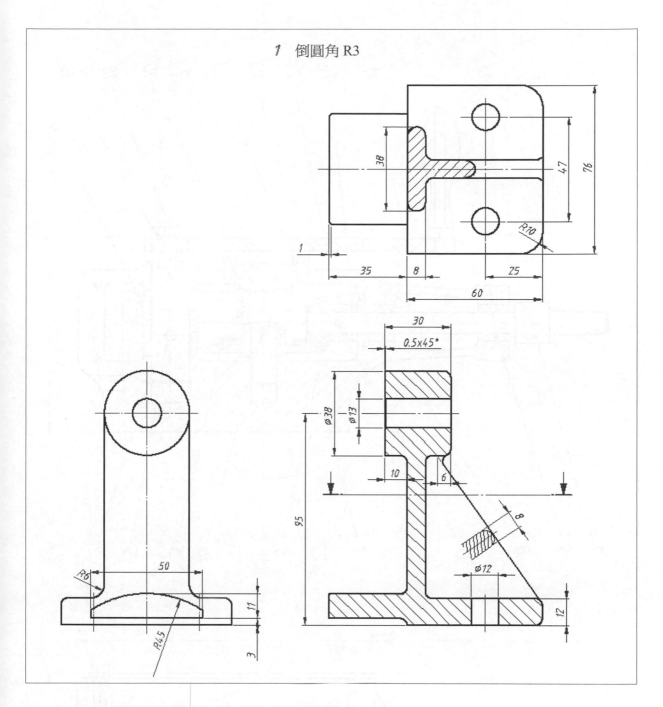

1 倒圓角 R3

8. 以比例 1:1 建構下列各零件，並組裝成組件及投影組件工程圖。

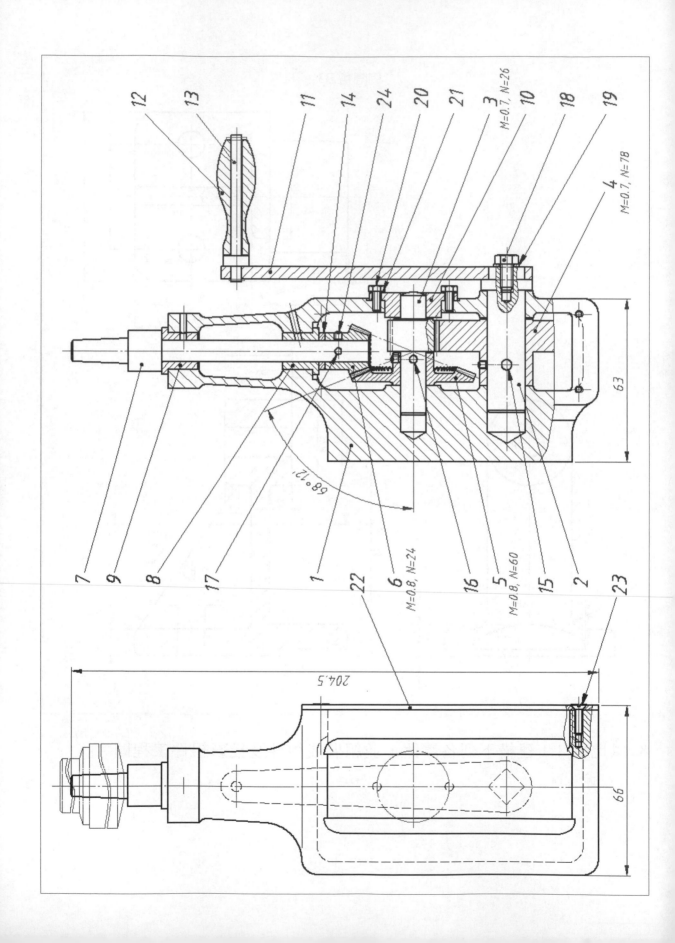

綜合練習

下列各題依比例 1:1 建構 3D 實體模型

A.1-齒輪

A.2-齒輪泵本體

A.3-固定鉗座

A.4-固定座

A.5-歐丹軸底座

A.6-旋塞閥本體

A.7-定心器本體

A.8-速回機構本體

A.9-圓桿夾具底座

A.10-機油泵底殼

A.11-軸蓋

A.12-蝸桿軸

A.13-蝸輪

A.14-從動軸

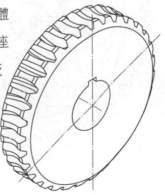

A.1 編號 205B-齒輪

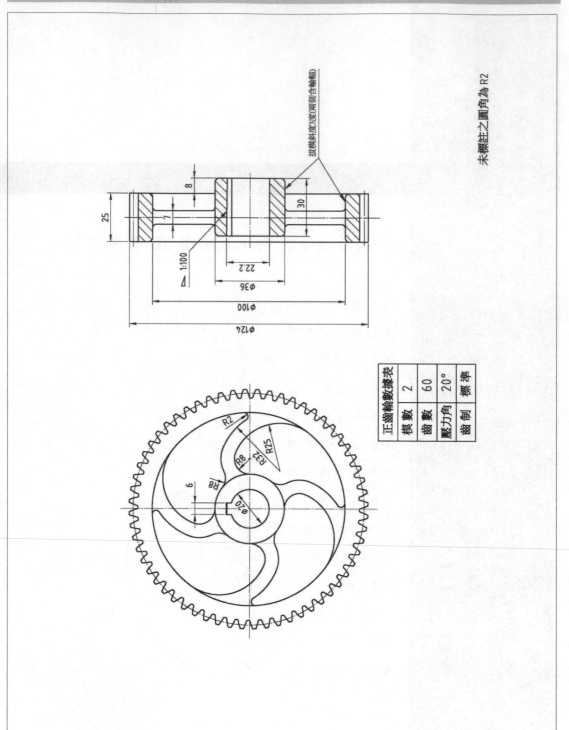

正齒輪數據表	
模數	2
齒數	60
壓力角	20°
齒制	標準

未標註之圓角為 R2

A.2 編號 202B-齒輪泵本體

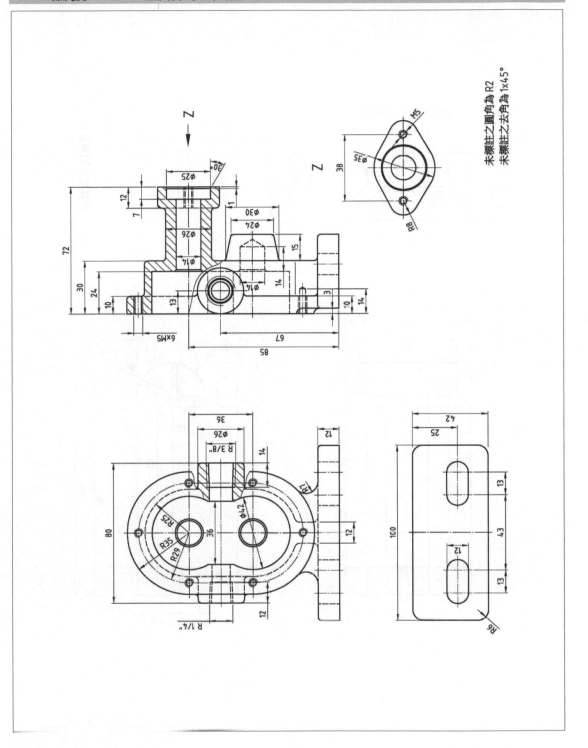

A.3 編號 203B-固定鉗座

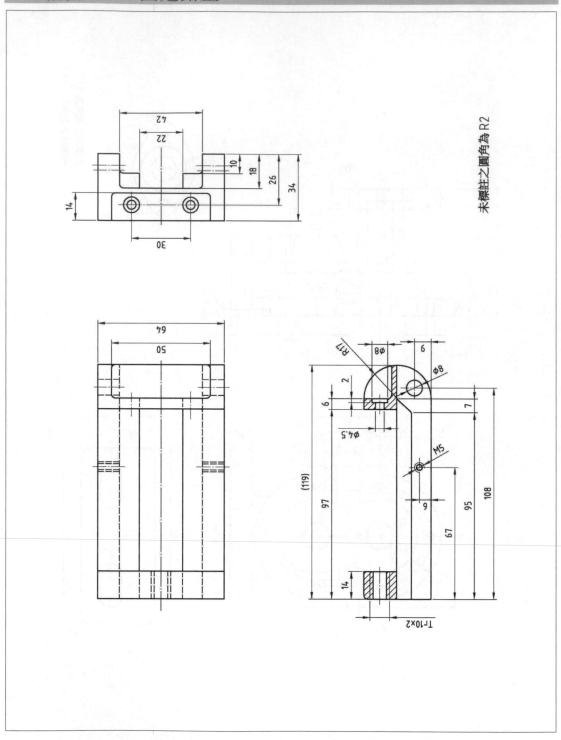

未標註之圓角為 R2

A.4 編號 204B-固定座

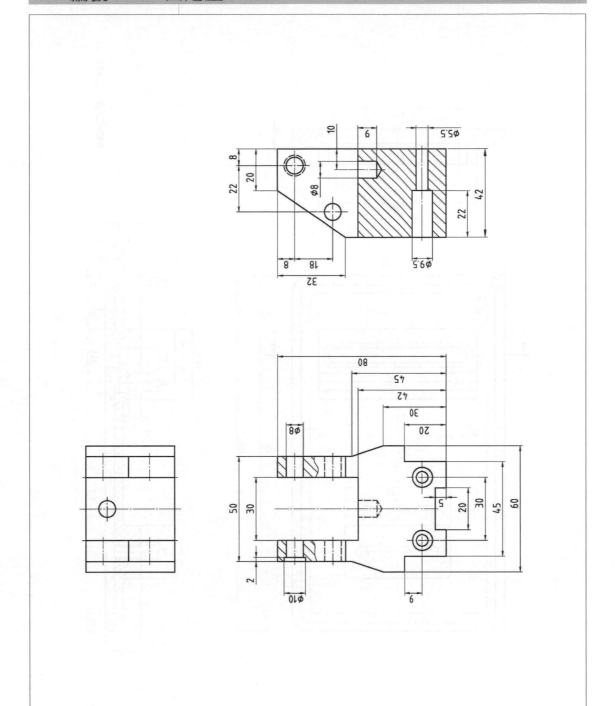

A.5 編號 205B-歐丹軸底座

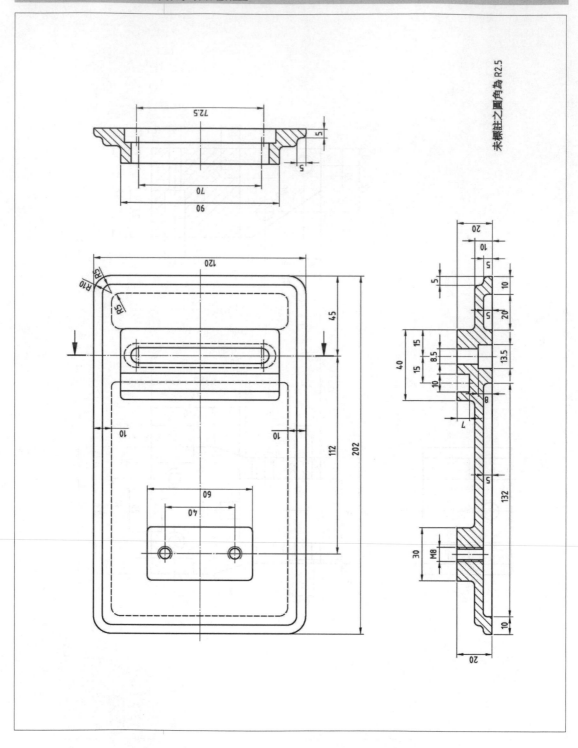

A.6　編號 206B-旋塞閥本體

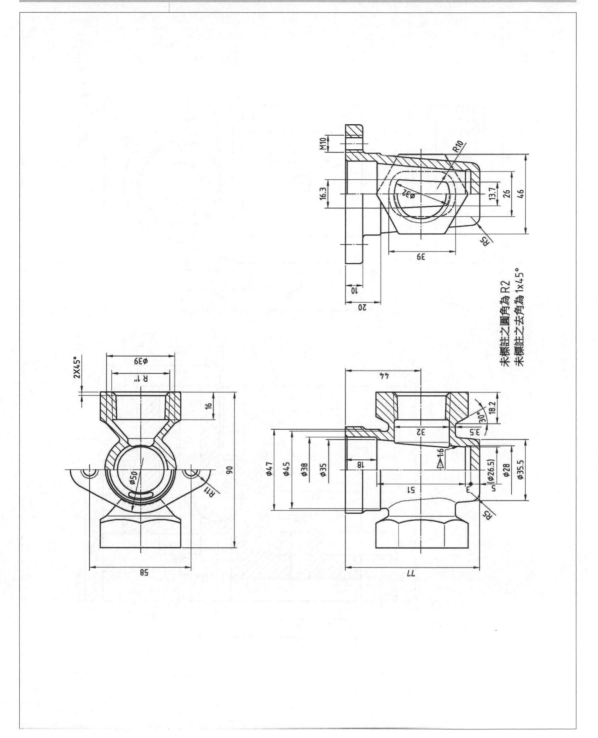

未標註之圓角為 R2
未標註之去角為 1x45°

A.7 編號 207B-定心器本體

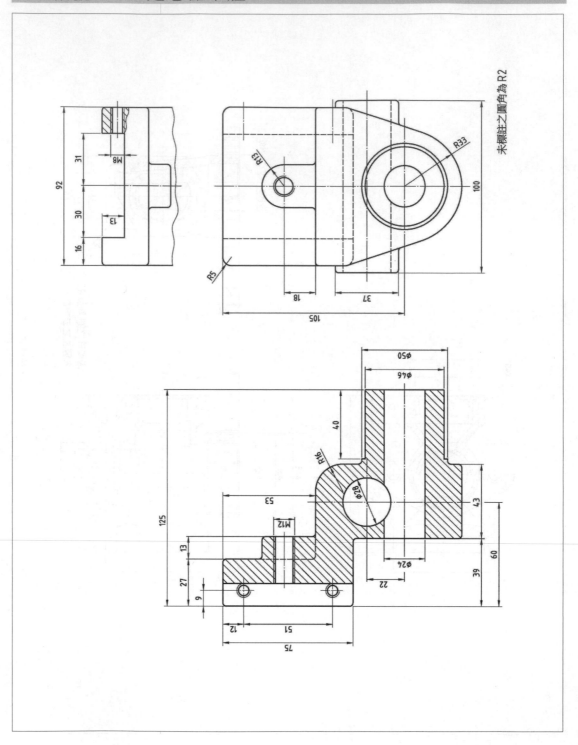

A.8 編號 208B-速回機構本體

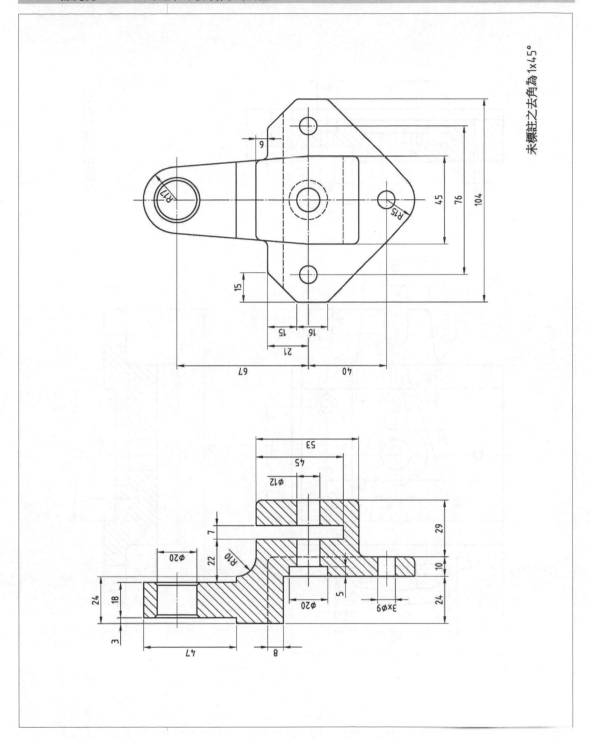

未標註之去角為 1x45°

A.9 編號 209B-圓桿夾具底座

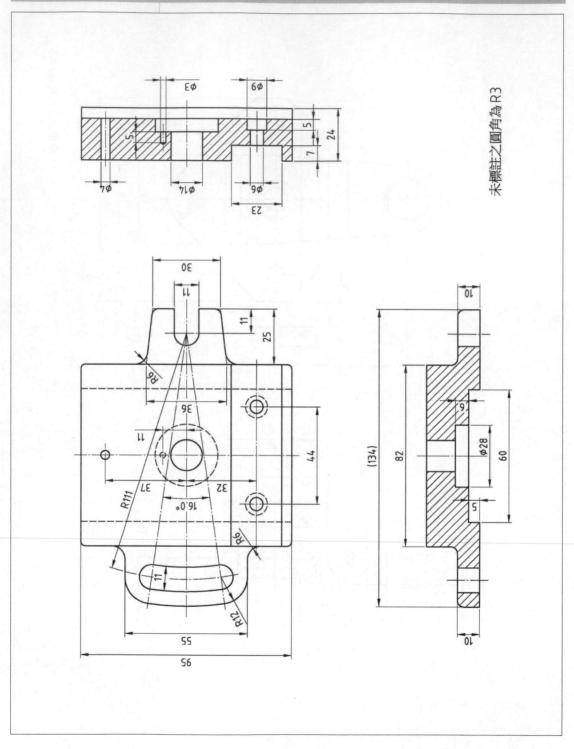

未標註之圓角為 R3

A.10 編號 210B-機油泵底壳

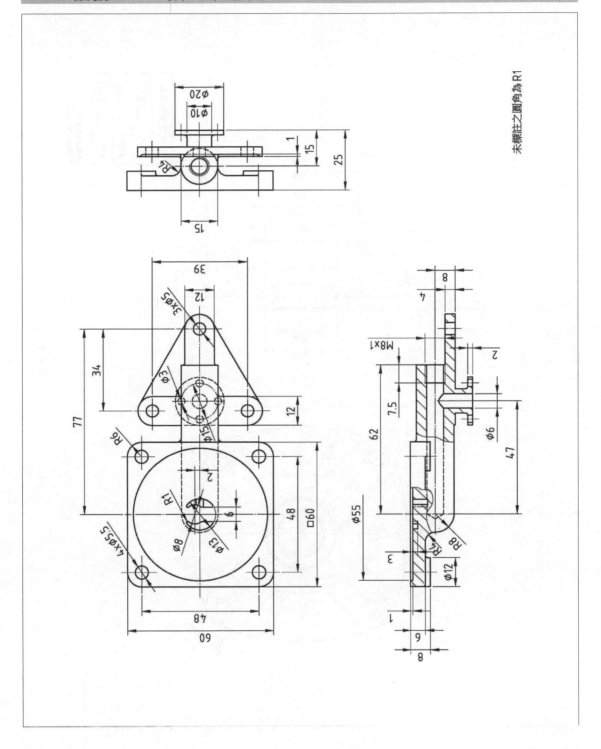

A.11 編號 201A-軸蓋

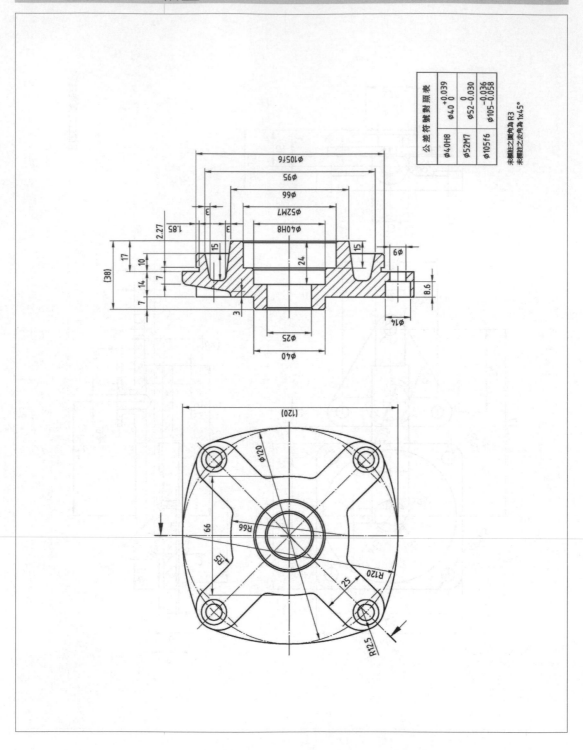

公差符號對照表

公差符號	對照
φ40H8	φ40 +0.039 / 0
φ52M7	φ52 0 / -0.030
φ105f6	φ105 -0.036 / -0.058

未標註之圓角為 R3
未標註之去角為 1x45°

A.12 編號 201A-蝸桿軸

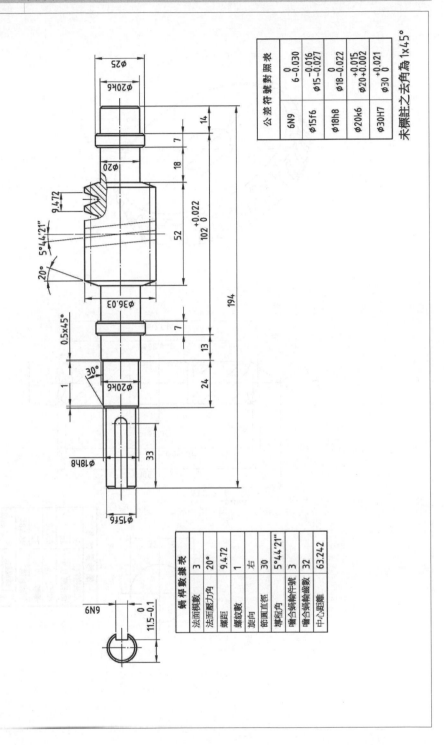

公差符號對照表	
6N9	0 6-0.030
φ15f6	-0.016 φ15-0.027
φ18h8	0 φ18-0.022
φ20k6	+0.015 φ20+0.002
φ30H7	+0.021 φ30-0

未標註之去角為1x45°

蝸桿數據表	
法面模數	3
法面壓力角	20°
螺距	9.472
螺紋數	1
旋向	右
節圓直徑	30
導程角	5°44'21"
嚙合蝸輪件號	3
嚙合蝸輪齒數	32
中心距離	63.242

A.13 編號 201A-蝸輪

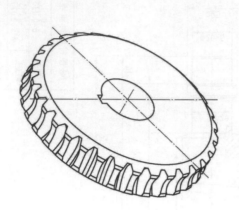

公差符號對照表		
6F9	6 +0.040 +0.010	φ30 +0.021 0
φ30H7		

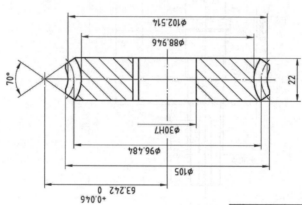

φ102.574
φ88.944
70°
22
φ30H7
φ96.484
φ105
63.242 +0.046 0

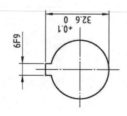

6F9
32.6 +0.1 0

蝸輪數據表	
法面模數	3
法面壓力角	20°
周節	9.472
齒數	32
節圓直徑	96.484
嚙合蝸桿 螺紋數	1
旋向	右
節圓直徑	30
導程角	5°44'21"
螺距	9.472
嚙合蝸桿件號	2
中心距離	63.242

A.14 編號 201A-從動軸

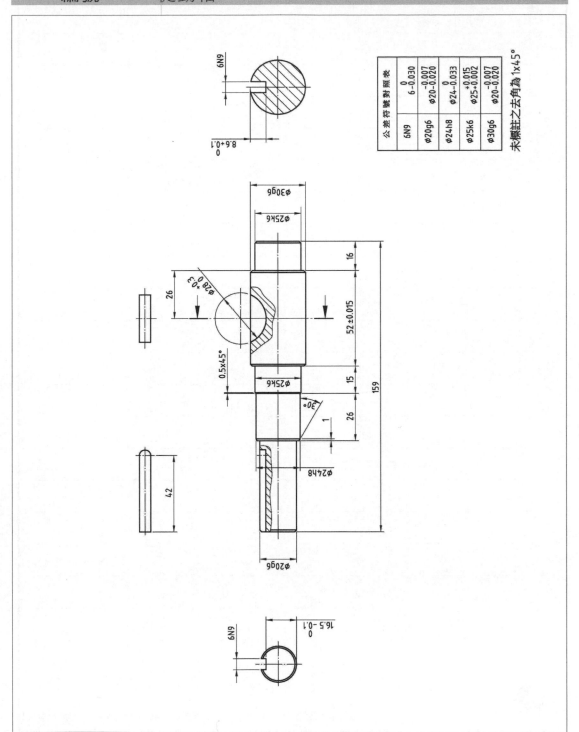

公差符號對照表	
6N9	0 6 -0.030
φ20g6	-0.007 φ20 -0.020
φ24h8	0 φ24 -0.033
φ25k6	+0.015 φ25 +0.002
φ30g6	-0.007 φ20 -0.020

未標註之去角為1x45°

綜合練習題-自己想建構步驟！每題都要水平看,要完全依尺度繪製哦!

國家圖書館出版品預行編目資料

Creo Parametric 2.0. 進階篇 ／ 王照明編著. - -
初版. - -新北市 ：全華圖書, 2014.06
　　面； 公分
　　ISBN 978-957-21-9405-8 (平裝附光碟片)

　1. 電腦輔助設計　2. 電腦輔助製造

440.029　　　　　　　　　　　　103007305

Creo Parametric 2.0 入門與實務－進階篇(附範例光碟)

作者 ／ 王照明

執行編輯 ／ 葉家豪

發行人 ／ 陳本源

出版者 ／ 全華圖書股份有限公司

郵政帳號 ／ 0100836-1 號

印刷者 ／ 宏懋打字印刷股份有限公司

圖書編號 ／ 06208007

初版一刷 ／ 2014 年 6 月

定價 ／ 新台幣 620 元

ISBN ／ 978-957-21-9405-8 (平裝附光碟)

全華圖書 ／ www.chwa.com.tw

全華網路書店 Open Tech ／ www.opentech.com.tw

若您對書籍內容、排版印刷有任何問題，歡迎來信指導 book@chwa.com.tw

臺北總公司(北區營業處)
地址：23671 新北市土城區忠義路 21 號
電話：(02) 2262-5666
傳真：(02) 6637-3695、6637-3696

南區營業處
地址：80769 高雄市三民區應安街 12 號
電話：(07) 381-1377
傳真：(07) 862-5562

中區營業處
地址：40256 臺中市南區樹義一巷 26-1 號
電話：(04) 2261-8485
傳真：(04) 3600-9806

親愛迎加入 全華會員

● 會員獨享

　會員享購書折扣、紅利積點、生日禮金、不定期優惠活動…等。

● 如何加入會員

　填妥讀者回函卡直接傳真 (02) 2262-0900 或寄回，將由專人協助登入會員資料，待收到
E-MAIL 通知後即可成為會員。

如何購買 全華書籍

1. 網路購書

　全華網路書店「http://www.opentech.com.tw」，加入會員購書更便利，並享有紅利積點
回饋等各式優惠。

2. 全華門市、全省書局

　歡迎至全華門市（新北市土城區忠義路21號）或全省各大書局、連鎖書店選購。

3. 來電訂購

(1) 訂購專線：(02) 2262-5666 轉 321-324

(2) 傳真專線：(02) 6637-3696

(3) 郵局劃撥（帳號：0100836-1　戶名：全華圖書股份有限公司）

※ 購書未滿一千元者，酌收運費70元。

全華網路書店 www.opentech.com.tw

全華網路書店 www.opentech.com.tw
E-mail: service@chwa.com.tw

※ 本會員制如有變更則以最新修訂制度為準，造成不便請見諒。

親愛的讀者：

感謝您對全華圖書的支持與愛護，雖然我們很慎重的處理每一本書，但恐仍有疏漏之處，若您發現本書有任何錯誤，請填寫於勘誤表內寄回，我們將於再版時修正，您的批評與指教是我們進步的原動力，謝謝！

全華圖書 敬上

勘誤表

書號			作者
書名			
頁數	行數	錯誤或不當之詞句	建議修改之詞句

我有話要說：(其它之批評與建議，如封面、編排、內容、印刷品質等‧‧‧‧)

✂ （請由此線剪下）

讀者回函卡

姓名：　　　　　　　　　　生日：西元　　　　年　　　月　　　日 性別：□男 □女

電話：（　　　）　　　　　　傳真：（　　　）　　　　　　手機：

e-mail：　　　　　　（必填）

註：數字零，請用 Φ 表示，數字1與英文L請另註明並書寫端正，謝謝。

通訊處：□□□□□

學歷：□博士 □碩士 □大學 □專科 □高中‧職

職業：□工程師 □教師 □學生 □軍‧公 □其他

學校/公司：　　　　　　科系/部門：

‧需求書類：

□A.電子 □B.電機 □C.計算機工程 □D.資訊 □E.機械 □F.汽車 □I.工管 □J.土木
□K.化工 □L.設計 □M.商管 □N.日文 □O.美容 □P.休閒 □Q.餐飲 □B.其他

‧本次購買圖書為：　　　　　　　　書號：

‧您對本書的評價：

封面設計：□非常滿意 □滿意 □尚可 □需改善，請說明
內容表達：□非常滿意 □滿意 □尚可 □需改善，請說明
版面編排：□非常滿意 □滿意 □尚可 □需改善，請說明
印刷品質：□非常滿意 □滿意 □尚可 □需改善，請說明
書籍定價：□非常滿意 □滿意 □尚可 □需改善，請說明
整體評價：請說明

‧您在何處購買本書？
□書局 □網路書店 □書展 □團購 □其他

‧您購買本書的原因？（可複選）
□個人需要 □幫公司採購 □親友推薦 □老師指定之課本 □其他

‧您希望全華以何種方式提供出版訊息及特惠活動？
□電子報 □DM □廣告（媒體名稱　　　　　　　　）

‧您是否上過全華網路書店？(www.opentech.com.tw)
□是 □否 您的建議

‧您希望全華出版那方面書籍？

‧您希望全華加強那些服務？

～感謝您提供寶貴意見，全華將秉持服務的熱忱，出版更多好書，以饗讀者。

全華網路書店 http://www.opentech.com.tw 客服信箱 service@chwa.com.tw

2011.03 修訂